東大の文系数学

25ヵ年 [第12版]

本庄 隆 編著

教学社

は じ め に

　本書は東京大学の 1999 年度から 2023 年度までの入試問題を分類収録し，解法を付したものです。選抜入試としての評価・検討に必要な基礎的データ（各問の正答率や得点分布，合格者平均と不合格者平均およびその差など）は，東大に限らず日本の大学では公開されていませんので，それらをもとにした分析は付すことはできませんでした。これらが作成されているかどうかはわかりませんが，いくつかの特定大学について，一部予備校が受験生に依頼した再現答案の分析データや入試後に送付される個別得点を見ると，大学によっては合否の弁別が十分につかない出題がなされることがよくあります。最後まで考え，正しい論理に配慮した根拠記述を作成するには，難度や記述量が試験時間・出題数に照らして無理のあるセットの場合です。幸い最近の東大文系においては出題数・難易度・記述量ともに文系生徒にとって適切な配慮がなされています。受験を控えたみなさんには，本書を活用して東大の問題の質・レベルをできるだけ早めに体験しておくことをお勧めします。これは大変重要なことですので，是非，本書を手もとに置いて活用されることを期待します。

　また，本書の姉妹本「京大の文系数学」にも良問が多くありますので，あわせて学習することを強くお勧めします。

　本書は高 1・高 2 のみなさんにとっても，授業内容の理解を深めるのに役立つような構成にしてあります。是非活用してください。

　さて，日本の教育システムは育成よりも選抜に著しく偏重し，入試のために驚くほどの費用と時間と労力を費やします。それらは本来，大学においては教育力の向上に，中等教育においては指導要領と大学レベルの間にある重要で美しいテーマの学習に向けられるべきです。米国や国際バカロレアの教育課程では，高校課程に大学初年級のアドバンストコースを用意し，その履修状況を入学の参考にしたり，また，評価を目的とする数学の試験では，専門家が制限時間内で解ける量の半分程度が妥当とされる一種の基準があるとも聞きます。日本の，多くの中高入試や大学入試では，その逆といってもいいぐらいですから大変です。このような入試が受験生に与える強迫的な観念や焦燥感は，学問的な感動や興味関心とは正反対のものです。結果として数学嫌いが増えるのなら不幸なことです。みなさんは焦ることなく，数学的な誠実さと計算を大切にして，論理とアイデアを楽しみ，推敲の効いた丁寧な思索と記述を続けてください。それが最も重要で確実な道なのです。また，問題を解き散らかすのではなく，「ちょっと待てよ」と考えて式や図形でいろいろ遊び，新しい結果や観点を見出せたならなお良いことです。これらに留意し，本書に収録された問題を解くことを通して，良い結果が得られることを心からお祈りいたします。

本庄　隆

本書の構成

◆収録問題：1999 年度から 2023 年度までの 25 年間（前期）の全問を収録しました。

◆分　類：セクションの配列は，できるだけ高校 1 年時からの利用が可能になるように，原則として学習指導要領に基づく教育課程の配列に準じました。後に学習する分野の知識を用いる解法があるとしても，それらを前提としない解法があり得る問題はより早い分野に取り入れてあります。ただし問題設定に未習事項が用いられている場合には，それらについて習熟してから取り組むようにしてください。

◆レベル分け：まずまずの記述に要する時間が 20〜30 分以内の問題をレベル A，30〜40 分前後の問題をレベル B，40〜50 分前後の問題をレベル C としました。また，試験場で完答があまり望めないものはレベル D としています。心身ともに集中のできる状態で取り組み，計算ミスなどがそれほどない経過（あまりないかもしれませんが）で解いた場合を想定しました。受験生と接する機会の多い筆者の経験から，想定した受験生は，平均的な合格者のレベルとしています。入学試験では異常な緊張状態にありますから，レベル A が B に，レベル B が C に化すことは常です。呼吸を整えてリラックスして取り組みましょう。試験を終えた多くの受験生を見ると，学部や他教科との兼ね合いにもよりますが，レベル A・B を解くとほぼ合格しているようですし，学部によってはレベル A のみの正答とレベル B での部分点で合格ということもよくあります。レベル C は実際には 1/3 以下程度の部分点にとどまることが多いと思われます。レベル D はいわゆる合否に影響を与えない問題です。

◆ポイント：解法の糸口を簡単に付したものです。実際に自分で解かずに，これだけを見てもわかりにくいことが多いので，まずは自分で十分に考えてください。

◆解　法：分類テーマに従い，教育課程の学習順序からみて，前提となる知識が少なくて済む解法を尊重しました。また，根拠記述に配慮したものにしました。複数の解法を提示してある場合は，原則として，愚直であっても自然と思われる方向の解法を先に取り上げました。もっとも，何が自然かは人により異なることも多いので，まずは自分の解法で解決がつくようにしてください。ただし，別な解法も学ぶか，自分の解法のみに固執するかで着想の幅は大いに違ってきますから，自分の解法以外のものもよく検討してください。ここに挙げた解法よりも良い解法を得られたみなさんのお便りや質問を頂けることを期待します。

◆注：簡単な補足や部分的な別処理などを記してあります。

◆研　究：その問題に関連する事項で，教育課程で取り上げられていないもの・発展的なものについてできるだけ証明を付した解説を試みました。

◆付　録：整数，空間の幾何についての基礎事項をまとめました。

（編集部注）本書に掲載されている入試問題の解答・解説は，出題校が公表したものではありません。

目　次

問題編──別冊

解答編

§1　整　数

1　2022年度〔3〕　Level B

ポイント (1)　mod 3 での $n(n+2)$ の周期性をとらえ，次いで，これを用いて，a_n の周期性をとらえる。

(2)　$a_{n+1}-a_n^2=n(n+2)$ を用いて $a_{2023}-(a_{2022})^2$ と $a_{2024}-(a_{2023})^2$ を具体的に考える。また，隣り合う2整数は互いに素であることを用いる。

解法

(1)　$a_1=4$，$a_{n+1}=a_n^2+n(n+2)$（n は正の整数）から，a_n はすべて正の整数である。
以下，mod 3 で考える。
まず，$n(n+2)$（$n=1$, 2, 3, …）について考える。
3で割った余りについて
・n は順次，1，2，0の繰り返し
・$n+2$ は順次，0，1，2の繰り返し
なので
　　　$n(n+2)$ は順次，0，2，0の繰り返し（周期3）　……①
となる。
次いで，①のもとで，a_n（$n=1$, 2, 3, …）について考える。
　　　$a_1\equiv1$，
　　　$a_2\equiv1^2+0\equiv1$，　$a_3\equiv1^2+2\equiv0$，　$a_4\equiv0^2+0\equiv0$，
　　　$a_5\equiv0^2+0\equiv0$，　$a_6\equiv0^2+2\equiv2$，　$a_7\equiv2^2+0\equiv1$
したがって，a_n を3で割った余りは a_2 以降順次，1，0，0，0，2，1の繰り返し（周期6）
　　　$\boxed{1, 0, 0, 0, 2, 1}$, $\boxed{1, 0, 0, 0, 2, 1}$, …
となる。このことと，$a_1\equiv1$ から，a_n は a_1 以降順次
　　　$\boxed{1, 1, 0, 0, 0, 2}$（mod 3）の繰り返し（周期6）
となる。このことと，$2022=6\cdot337$ から
a_{2022} を3で割った余りは　　2　……(答)

〔注1〕　$\boxed{1, 1, 0, 0, 0, 2}$（mod 3）の繰り返しとなることを数学的帰納法で示す解法も可能である。

(2) $a_{n+1} = a_n{}^2 + n(n+2)$ から

$$a_{2023} - (a_{2022})^2 = 2022 \cdot 2024$$
$$a_{2024} - (a_{2023})^2 = 2023 \cdot 2025$$

a_{2022}, a_{2023}, a_{2024} の最大公約数を g とすると，g は $a_{2023} - (a_{2022})^2$ と $a_{2024} - (a_{2023})^2$ の公約数，すなわち $2022 \cdot 2024$ と $2023 \cdot 2025$ の公約数であることが必要である。

ここで，隣り合う 2 整数は互いに素なので

2022 と 2023，2023 と 2024，2024 と 2025

はそれぞれ互いに素である。

よって，$2022 \cdot 2024$ と $2023 \cdot 2025$ の公約数は，2022 と 2025 の公約数に限られる。

さらに，$2025 - 2022 = 3$ なので，2022 と 2025 の正の公約数は 1，3 に限られる。

したがって，g は 1 または 3 となる。

ここで，(1)から，a_{2022} は 3 の倍数ではないから

$g = 1$ ……(答)

〔注2〕 $2022 \cdot 2024 = (2 \cdot 3 \cdot 337) \cdot (2^3 \cdot 11 \cdot 23) = 2^4 \cdot 3 \cdot 11 \cdot 23 \cdot 337$ と，

　　$2023 \cdot 2025 = (7 \cdot 17^2) \cdot (3^4 \cdot 5^2) = 3^4 \cdot 5^2 \cdot 7 \cdot 17^2$ から，g は 1 または 3 である，としてもよい。

2　2021 年度　〔4〕（文理共通）　　　　　　　　　　Level　D

ポイント　(1)　$KA \equiv LB \pmod 4$ と $K \equiv L \pmod 4$ を用いる。

(2)　$_{4a+1}C_{4b+1} = \dfrac{(4a+1)\cdot 4a \cdot\ \cdots\ \cdot (4a-4b+1)}{(4b+1)\cdot 4b\cdot\ \cdots\ \cdot 1}$ の分母・分子を 4 の倍数の項のみの積とそれ以外の項の積に分けて考える。さらに，後者の中の 4 で割って 2 余る数の項を約分してみる。

(3)　(2)で定めた K, L にはそれぞれ $4b+j$, $4a+j$ の形の項が同数ずつ現れ，$2b+k$, $2a+k$ の形の項が同数ずつ現れることを利用する。

(4)　(3)の利用を考える。

解 法

(1)　　$KA \equiv LB \pmod 4$　（$KA = LB$ より）

　　　　$\equiv KB \pmod 4$　（$K \equiv L \pmod 4$ より）

ここで，K は正の奇数なので 4 と互いに素であるから

　　$A \equiv B \pmod 4$

すなわち，A を 4 で割った余りは B を 4 で割った余りと等しい。　　　　（証明終）

(2)　　$_{4a+1}C_{4b+1}$

$$= \frac{(4a+1)\cdot 4a \cdot (4a-1)(4a-2)\cdot\ \cdots\ \cdot (4a-4b+2)(4a-4b+1)}{(4b+1)\cdot 4b\cdot (4b-1)(4b-2)\cdot\ \cdots\ \cdot 2\cdot 1}　\cdots\cdots①$$

①の分母・分子において，4 の倍数の項のみの積は

$$\frac{4a(4a-4)(4a-8)\cdot\ \cdots\ \cdot (4a-4b+8)(4a-4b+4)}{4b(4b-4)(4b-8)\cdot\ \cdots\ \cdot 8\cdot 4}$$

$$= \frac{a(a-1)(a-2)\cdot\ \cdots\ \cdot (a-b+2)(a-b+1)}{b(b-1)(b-2)\cdot\ \cdots\ \cdot 2\cdot 1}$$

$$= {}_aC_b$$

となる。①の分母・分子の残りの項は $4m+1$，$4m+3$ の形の奇数の項と $4m+2$ の形の偶数の項（m は 0 以上の整数）からなる。このうち，$4m+2$ の形の項を 2 で約分すると，奇数（$2m+1$）となり，これにより，この分母・分子はどちらも奇数のみの項の積となる。それぞれを K, L とおくと，K, L は正の奇数で

$$_{4a+1}C_{4b+1} = {}_aC_b\cdot \frac{L}{K}$$

すなわち　　$KA = LB$

よって，$A = {}_{4a+1}C_{4b+1}$，$B = {}_aC_b$ に対して $KA = LB$ となるような正の奇数 K, L が存在する。　　　　　　　　　　　　　　　　　　　　　　　　　　　　　　（証明終）

(3) (2)の K, L にはそれぞれ $4b+j$, $4a+j$ (j は 1 以下で $-4b+1$ 以上の奇数) の形の項が同数ずつあり，$2b+k$, $2a+k$ (k は -1 以下で $-2b+1$ 以上の奇数) の形の項が同数ずつある。

    $4b+j$ の形の項の積を K_1，$2b+k$ の形の項の積を K_2

    $4a+j$ の形の項の積を L_1，$2a+k$ の形の項の積を L_2

とおくと，$K=K_1K_2$, $L=L_1L_2$ である。

ここで，$4b+j \equiv 4a+j \pmod 4$ から

    $K_1 \equiv L_1 \pmod 4$ ……②

また，$(2a+k)-(2b+k)=2(a-b)$ において，$a-b$ は 2 で割り切れるので，$2(a-b)$ は 4 で割り切れ，$2a+k \equiv 2b+k \pmod 4$ となり

    $K_2 \equiv L_2 \pmod 4$ ……③

②，③から

    $K_1K_2 \equiv L_1L_2 \pmod 4$

すなわち $K \equiv L \pmod 4$ ……④

である。

いま，$K \cdot {}_{4a+1}C_{4b+1} \equiv L \cdot {}_a C_b$ なので，④と(1)から

    ${}_{4a+1}C_{4b+1} \equiv {}_a C_b \pmod 4$

すなわち，${}_{4a+1}C_{4b+1}$ を 4 で割った余りは ${}_a C_b$ を 4 で割った余りと等しい。（証明終）

(4) 以下，合同式は 4 を法として考える。

(3)により

$$\begin{aligned}
{}_{2021}C_{37} &\equiv {}_{505}C_9 \quad (2021=4\cdot505+1,\ 37=4\cdot9+1,\ 505-9\ は偶数から)\\
&\equiv {}_{126}C_2 \quad (505=4\cdot126+1,\ 9=4\cdot2+1,\ 126-2\ は偶数から)\\
&= \frac{126\cdot125}{2\cdot1}=63\cdot125\\
&\equiv 3\cdot1\equiv3
\end{aligned}$$

ゆえに，${}_{2021}C_{37}$ を 4 で割った余りは   **3**   ……(答)

〔注〕 (1)は次のようにしてもよい。

  いま，$KA=LB$ より

    $KA-KB=LB-KB=(L-K)B$

  であり，ここで，K を 4 で割った余りと L を 4 で割った余りが等しいとき，$L-K$ は 4 の倍数となるので，$KA-KB=K(A-B)$ も 4 の倍数となる。

  K は正の奇数であるため，$A-B$ も 4 の倍数となる。

  以上より，A を 4 で割った余りは B を 4 で割った余りと等しい。

3 2020年度 〔4〕（文理共通）　Level D

ポイント　[解法1]　(1)　$(2^0+2^1+\cdots+2^{n-1})^2$ の展開式を利用する。

(2)　例えば，$(1+2^0x)(1+2^1x)(1+2^2x)$ の展開式は，

$1+(2^0+2^1+2^2)x+(2^0\cdot2^1+2^1\cdot2^2+2^2\cdot2^0)x^2+2^0\cdot2^1\cdot2^2x^3$ となり，

$(1+2^0x)(1+2^1x)(1+2^2x)=f_3(x)$ である。$f_n(x)$ も同様に考える。

(3)　(2)の結果から分母を払った式の両辺の x^{k+1} の項の係数を比較して得られる関係式を利用する。

[解法2]　(1)　$2^i\cdot2^j\,(0\le i<j\le n-1)$ において，$l\,(l=1,2,\cdots,n-1)$ を固定するごとに，$j=l$ となるものの和 $\sum_{i=0}^{l-1}2^i\cdot2^l=2^l\sum_{i=0}^{l-1}2^i$ を求め，次いで，l について1から $n-1$ で考えた和を計算する。

(3)　(2)を用いず，$a_{n,k}$ の定義から得られる $a_{n+1,k+1}$ と $a_{n,k+1}$，$a_{n,k}$ の関係式を利用する。

解法1

(1)　$(2^0+2^1+\cdots+2^{n-1})^2=\sum_{k=0}^{n-1}(2^k)^2+2a_{n,2}$ より

$$a_{n,2}=\frac{1}{2}\left\{\left(\frac{2^n-1}{2-1}\right)^2-\sum_{k=0}^{n-1}(2^k)^2\right\}=\frac{1}{2}\left\{(2^n-1)^2-\sum_{k=0}^{n-1}4^k\right\}$$

$$=\frac{1}{2}\left\{(2^n)^2-2\cdot2^n+1-\frac{4^n-1}{4-1}\right\}=\frac{1}{2}\left(\frac{2\cdot4^n}{3}-2\cdot2^n+\frac{4}{3}\right)$$

$$=\frac{4^n+2}{3}-2^n\quad\cdots\cdots（答）$$

(2)　x の多項式 $(1+2^0x)(1+2^1x)(1+2^2x)\cdots(1+2^{n-2}x)(1+2^{n-1}x)$ の展開式における $x^k\,(k=1,2,\cdots,n)$ の係数は，$2^m\,(m=0,1,2,\cdots,n-1)$ から異なる k 個を選んでそれらの積をとって得られる $_nC_k$ 個の整数の和 $a_{n,k}$ となっている。また，定数項は1であるから

$$f_n(x)=(1+2^0x)(1+2^1x)(1+2^2x)\cdots(1+2^{n-2}x)(1+2^{n-1}x)$$

よって

$$f_{n+1}(x)=(1+2^0x)(1+2^1x)(1+2^2x)\cdots(1+2^{n-1}x)(1+2^nx)$$
$$f_n(2x)=(1+2^0\cdot2x)(1+2^1\cdot2x)(1+2^2\cdot2x)\cdots(1+2^{n-2}\cdot2x)(1+2^{n-1}\cdot2x)$$
$$=(1+2^1x)(1+2^2x)(1+2^3x)\cdots(1+2^{n-1}x)(1+2^nx)$$

ゆえに

$$\frac{f_{n+1}(x)}{f_n(x)}=1+2^nx\quad,\quad\frac{f_{n+1}(x)}{f_n(2x)}=1+x\quad\cdots\cdots（答）$$

(3) (2)から

$$f_{n+1}(x) = (1+2^n x) f_n(x) \quad \cdots\cdots ① \qquad f_{n+1}(x) = (1+x) f_n(2x) \quad \cdots\cdots ②$$

①から

$$f_{n+1}(x) = (1+2^n x)(1 + a_{n,1}x + a_{n,2}x^2 + \cdots + a_{n,n-1}x^{n-1} + a_{n,n}x^n) \quad \cdots\cdots ①'$$

②から

$$f_{n+1}(x) = (1+x)(1 + 2a_{n,1}x + 2^2 a_{n,2}x^2 + \cdots + 2^{n-1}a_{n,n-1}x^{n-1} + 2^n a_{n,n}x^n) \quad \cdots\cdots ②'$$

①' の両辺の x^{k+1} の項の係数を比較して

$$a_{n+1,k+1} = a_{n,k+1} + 2^n a_{n,k} \quad \cdots\cdots ③ \quad (1 \leq k \leq n-1)$$

$$a_{n+1,n+1} = 2^n a_{n,n} \quad \cdots\cdots ④$$

②' の両辺の x^{k+1} の項の係数を比較して

$$a_{n+1,k+1} = 2^{k+1} a_{n,k+1} + 2^k a_{n,k} \quad \cdots\cdots ⑤ \quad (1 \leq k \leq n-1)$$

$$a_{n+1,n+1} = 2^n a_{n,n} \quad \cdots\cdots ⑥$$

③ $\times 2^{k+1} - ⑤$ から

$$(2^{k+1} - 1) a_{n+1,k+1} = (2^{n+k+1} - 2^k) a_{n,k}$$

$$\frac{a_{n+1,k+1}}{a_{n,k}} = \frac{2^k (2^{n+1} - 1)}{2^{k+1} - 1} \quad \cdots\cdots ⑦ \quad (1 \leq k \leq n-1)$$

また，④，⑥から，⑦は $k=n$ のときにも成り立つ．

ゆえに $\quad \dfrac{a_{n+1,k+1}}{a_{n,k}} = \dfrac{2^k(2^{n+1}-1)}{2^{k+1}-1} \quad \cdots\cdots$ (答)

解法 2

(1) n 個の整数 2^m $(m=0,\ 1,\ 2,\ \cdots,\ n-1)$ のうち異なる 2 個の積は $2^i \cdot 2^j$ $(0 \leq i < j \leq n-1)$ と書ける．これらすべての和を計算する．

まず，l $(l=1,\ 2,\ \cdots,\ n-1)$ を固定するごとに，$j=l$ となるものの和は

$$\sum_{i=0}^{l-1} 2^i \cdot 2^l = 2^l \sum_{i=0}^{l-1} 2^i = 2^l \cdot \frac{1-2^l}{1-2} = 4^l - 2^l$$

次いで，l について 1 から $n-1$ で考えた和を計算して

$$a_{n,2} = \sum_{l=1}^{n-1} (4^l - 2^l) = \frac{4(1-4^{n-1})}{1-4} - \frac{2(1-2^{n-1})}{1-2} = \frac{4^n - 3 \cdot 2^n + 2}{3} \quad \cdots\cdots \text{(答)}$$

((2)は ［解法 1 ］に同じ)

(3) ・$a_{n,n} = 2^0 \cdot 2^1 \cdot \cdots \cdot 2^{n-1} = 2^{\frac{n(n-1)}{2}}$ から $k=n$ のとき

$$\frac{a_{n+1,k+1}}{a_{n,k}} = \frac{a_{n+1,n+1}}{a_{n,n}} = 2^{\frac{(n+1)n}{2} - \frac{n(n-1)}{2}} = 2^n \quad \cdots\cdots ⑧$$

・$1 \leq k \leq n-1$ $(n \geq 2)$ のとき，次の⑨，⑩が成り立つ．

$$a_{n+1,k+1} = a_{n,k+1} + 2^n a_{n,k} \quad \cdots\cdots ⑨$$

((2^n を含まない積の和) + (2^n を含む積の和))

$$a_{n+1,k+1} = 2^{k+1}a_{n,k+1} + 2^k a_{n,k} \quad \cdots\cdots\text{⑩}$$

$$((2^0 \text{を含まない積の和}) + (2^0 \text{を含む積の和}))$$

ここで

• 2^0 を含まない $k+1$ 個の積 $2^{p_1}2^{p_2}\cdots2^{p_{k+1}} = 2^{k+1}(2^{p_1-1}2^{p_2-1}\cdots2^{p_{k+1}-1})$

$$(1 \leq p_i \leq n, \quad 0 \leq p_i - 1 \leq n-1)$$

• 2^0 を含む $k+1$ 個の積 $2^0 \cdot 2^{p_2}\cdots2^{p_{k+1}} = 2^k(2^{p_2-1}\cdots2^{p_{k+1}-1})$

$$(1 \leq p_i \leq n, \quad 0 \leq p_i - 1 \leq n-1)$$

であることを用いている。

⑨ $\times 2^{k+1}$ $-$ ⑩ から $\dfrac{a_{n+1,k+1}}{a_{n,k}} = \dfrac{2^k(2^{n+1}-1)}{2^{k+1}-1}$

⑧から，これは $k=n$ のときも成り立つ。

ゆえに $\dfrac{a_{n+1,k+1}}{a_{n,k}} = \dfrac{2^k(2^{n+1}-1)}{2^{k+1}-1}$ $\cdots\cdots$(答)

〔注〕 (2)ができなくても，(3)は ［解法2］のように，(2)とは独立して解くことができる。
東大入試では，必ずしも小問誘導によらない柔軟性が効果的なこともある。

4 2018 年度 〔2〕 Level A

ポイント (1) a_7 の値を計算する。

(2) $\dfrac{a_n}{a_{n-1}}$ を計算し，不等式の整数解を求める。

(3) (2)からの $a_1 < a_2 < a_3 > a_4 > a_5 > a_6 > a_7 > \cdots$ と，(1)の結果を利用する。

解　法

(1) $a_7 = \dfrac{{}_{14}\mathrm{C}_7}{7!} = \dfrac{14 \cdot 13 \cdot 12 \cdot 11 \cdot 10 \cdot 9 \cdot 8}{7^2 \cdot 6^2 \cdot 5^2 \cdot 4^2 \cdot 3^2 \cdot 2^2} = \dfrac{143}{210}$ から $a_7 < 1$ ……(答)

(2) $a_n = \dfrac{{}_{2n}\mathrm{C}_n}{n!}$ より

$$\frac{a_n}{a_{n-1}} = \frac{{}_{2n}\mathrm{C}_n}{n!} \cdot \frac{(n-1)!}{{}_{2n-2}\mathrm{C}_{n-1}}$$

$$= \frac{(2n)!}{n!\,n!\,n!} \cdot \frac{(n-1)!(n-1)!(n-1)!}{(2n-2)!}$$

$$= \frac{2n(2n-1)}{n^3} = \frac{4n-2}{n^2}$$

$\dfrac{a_n}{a_{n-1}} < 1$ から

$$\frac{4n-2}{n^2} < 1$$

$$n^2 - 4n + 2 > 0$$

$$(n-2)^2 > 2$$

ゆえに，n は 4 以上の整数である。 ……(答)

(3) (2)から，$2 \leqq n \leqq 3$ では $\dfrac{a_n}{a_{n-1}} > 1$, $n \geqq 4$ では $0 < \dfrac{a_n}{a_{n-1}} < 1$ であり

$$a_1 < a_2 < a_3 > a_4 > a_5 > a_6 > a_7 > \cdots > 0$$

(1)から，$a_7 < 1$ なので，a_n が整数となるためには $1 \leqq n \leqq 6$ が必要。

$$a_1 = \frac{{}_2\mathrm{C}_1}{1!} = 2, \quad a_2 = \frac{{}_4\mathrm{C}_2}{2!} = \frac{4 \cdot 3}{2^2} = 3, \quad a_3 = \frac{{}_6\mathrm{C}_3}{3!} = \frac{6 \cdot 5 \cdot 4}{(3 \cdot 2)^2} = \frac{10}{3},$$

$$a_4 = \frac{{}_8\mathrm{C}_4}{4!} = \frac{8 \cdot 7 \cdot 6 \cdot 5}{(4 \cdot 3 \cdot 2)^2} = \frac{35}{12}, \quad a_5 = \frac{{}_{10}\mathrm{C}_5}{5!} = \frac{10 \cdot 9 \cdot 8 \cdot 7 \cdot 6}{(5 \cdot 4 \cdot 3 \cdot 2)^2} = \frac{21}{10},$$

$$a_6 = \frac{{}_{12}\mathrm{C}_6}{6!} = \frac{12 \cdot 11 \cdot 10 \cdot 9 \cdot 8 \cdot 7}{(6 \cdot 5 \cdot 4 \cdot 3 \cdot 2)^2} = \frac{77}{60}$$

ゆえに，a_n が整数となる n は

$$n = 1,\ 2 \quad \text{……(答)}$$

5   2017 年度 〔4〕（文理共通）   Level A

ポイント (1) $q = -\dfrac{1}{p}$ とおくと，$p+q=4$，$pq=-1$ であることを利用する。

(2) $p^{n+1}+q^{n+1}=(p+q)(p^n+q^n)-pq(p^{n-1}+q^{n-1})$ である。

(3) 数学的帰納法により示す。

(4) 整数 a，b，c，d に対して，$a=bc+d$ のとき，$\gcd(a,\ b)=\gcd(b,\ d)$ という互除法を用いる（$\gcd(a,\ b)$ は，a と b の最大公約数を表す）。

解 法

(1) $a_1=4$，$a_2=18$

(2) $q=-\dfrac{1}{p}=2-\sqrt{5}$ とおくと，$p+q=4$，$pq=-1$ であるから

$$a_{n+1}=p^{n+1}+q^{n+1}$$
$$=(p+q)(p^n+q^n)-pq(p^{n-1}+q^{n-1})$$
$$=a_1a_n+a_{n-1}$$

ゆえに $a_1a_n=a_{n+1}-a_{n-1}$ ……（答）

(3) (i) (1)から，a_1，a_2 は自然数である。

(ii) 2 以上のある自然数 n に対して a_{n-1}，a_n が自然数であると仮定する。

(2)と $a_1=4$ より，$a_{n+1}=4a_n+a_{n-1}$ であるから，a_{n+1} も自然数である。

(i)，(ii)から，数学的帰納法により，すべての自然数 n に対して a_n は自然数である。

                              （証明終）

(4) 整数 a，b の最大公約数を $\gcd(a,\ b)$ と書くと，$a_{n+1}=4a_n+a_{n-1}$ と互除法から

$$\gcd(a_{n+1},\ a_n)=\gcd(a_n,\ a_{n-1})\quad(n\geqq2)$$

ゆえに

$$\gcd(a_{n+1},\ a_n)=\cdots\cdots=\gcd(a_2,\ a_1)=\gcd(18,\ 4)=2\ \ \cdots\cdots（答）$$

〔注〕 ユークリッドの互除法は教科書で学ぶことであるが，一般には次のように少し拡張した互除法が有用である。

    ［整数 a，b，c，d について $a=bc+d$ が成り立つとき

        $\gcd(a,\ b)=\gcd(b,\ d)$ である］

  証明は以下のようになる。

  p が a と b の公約数なら，$a=pa'$，$b=pb'$ となる整数 a'，b' が存在し，$d=a-bc=p(a'-b'c)$ となり，p は d の約数なので，p は b と d の公約数である。

  同様に，p が b と d の公約数なら，p は a と b の公約数である。

  よって，a と b の公約数の集合と b と d の公約数の集合は一致し，（それら有限集合の要素の最大値である）最大公約数は一致する。

6

ポイント　(1)　n の mod 4 での場合分けによる。

(2)　n の偶奇による。

(3)　$x_{n+1}=3^{x_n}$ と $x_{n+2}=3^{x_{n+1}}$ から，(1)と(2)を用い，$n\geqq3$ の場合を考える。

解　法

(1)　合同式を mod 4 で考えて

$$a_n=\begin{cases}1 & (n\equiv0 \text{ のとき})\\3 & (n\equiv1 \text{ のとき})\\9 & (n\equiv2 \text{ のとき})\\7 & (n\equiv3 \text{ のとき})\end{cases} \quad \cdots\cdots(答)$$

(2)　合同式を mod 4 で考えて，$3^1\equiv3$，$3^2\equiv1$ である。$n\geqq3$ のとき，k を正の整数とすると

$n=2k+1$ のとき

　　$3^n=3^{2k+1}=3\cdot3^{2k}\equiv3\cdot1^k=3$

$n=2k$ のとき

　　$3^n=3^{2k}\equiv1^k=1$

となるから

$$b_n=\begin{cases}3 & (n \text{ が奇数のとき})\\1 & (n \text{ が偶数のとき})\end{cases} \quad \cdots\cdots(答)$$

(3)　$x_1=1$，$x_{n+1}=3^{x_n}$ から，x_n はすべて奇数である。

よって，(2)から，すべての自然数 n に対して

　　$x_{n+1}=3^{x_n}\equiv3 \pmod 4$

したがって，(1)から，すべての自然数 n に対して

　　$x_{n+2}=3^{x_{n+1}}\equiv7 \pmod{10}$

ゆえに，$n\geqq3$ のとき，$x_n\equiv7 \pmod{10}$ となり

　　x_{10} を 10 で割った余りは 7　　$\cdots\cdots$(答)

〔注〕　(3)　$n=1$，2 では，$x_1\equiv1 \pmod{10}$，$x_2=3^{x_1}=3^1\equiv3 \pmod{10}$ である。

7 2015 年度 〔1〕 Level A

ポイント ［解法 1 ］ 命題Aは，関数 $f(x)=\dfrac{x^3}{26}-x^2+100$ の増減表から，ある n の値で与式を計算すると真偽がわかる。

命題Bは，条件式から $3l$ を m，n で表した上で目的の式を変形し，m，n の符号での場合分けで考える。

［解法 2 ］ 命題Bは $(5n+5m+3l)^2=1$ を展開した式を利用する。

解法 1

命題Aは偽である。

反例は $n=17$ である。

なぜなら

$$\frac{17^3}{26}+100-17^2=\frac{1}{26}\{17^2(17-26)+26\cdot100\}$$

$$=\frac{1}{26}(-2601+2600)=-\frac{1}{26}<0$$

より，$\dfrac{17^3}{26}+100<17^2$ となるからである。

命題Bは真である。

証明：$5n+5m+3l=1$ ……① より，$3l=1-5m-5n$ なので

$$10nm+3ml+3nl=10nm+3l\,(m+n)$$

$$=10nm+(1-5m-5n)\,(m+n)$$

$$=n+m-5n^2-5m^2 \quad\cdots\cdots②$$

l は整数なので，①から，$m=n=0$ ということはなく，②は m，n について対称なので，次の 3 通りの場合を考えるとよい。

（ⅰ）$m<0$，$n<0$ のとき　　②<0

（ⅱ）$m<0$，$n\geqq0$ のとき，m，n は整数なので

$n-5n^2=n(1-5n)\leqq0$，$m-5m^2<0$ となり　　②<0

（ⅲ）$m>0$，$n\geqq0$ のとき，m，n は整数なので

$n\leqq n^2$，$m\leqq m^2$ となり　　②$\leqq-4(n^2+m^2)<0$

ゆえに，②<0 である。　　　　　　　　　　　　　　　　　　　　　（証明終）

〔注1〕 命題Aの反例は次のように見つけている。

$f(x) = \dfrac{x^3}{26} - x^2 + 100 \quad (x>0)$ とおくと

$$f'(x) = \dfrac{3}{26}x^2 - 2x = \dfrac{3}{26}x\left(x - \dfrac{52}{3}\right)$$

これより，増減表と，$17 < \dfrac{52}{3} < 18$ から，

$n = 17$ または $n = 18$ で与式の符号を確かめる。

x	0	$\cdots$	$\dfrac{52}{3}$	$\cdots$
$f'(x)$		$-$	0	$+$
$f(x)$	100	↘	極小	↗

〔注2〕 命題Bの証明の②式以降は次のような処理によることもできる。

$$② = -5\left(n - \dfrac{1}{10}\right)^2 - 5\left(m - \dfrac{1}{10}\right)^2 + \dfrac{1}{10} \leq -5 \cdot \dfrac{1}{100} - 5 \cdot \dfrac{1}{100} + \dfrac{1}{10} = 0$$

n, m が整数なので，等号は $n = m = 0$ でのみ成立するが，l も整数なので，①からそのようなことはない。したがって，$② < 0$ である。

解法 2

（命題Bの証明）

$5n + 5m + 3l = 1$ の両辺を2乗すると

$$25n^2 + 25m^2 + 9l^2 + 50nm + 30ml + 30nl = 1$$
$$10(5nm + 3ml + 3nl) = 1 - (25n^2 + 25m^2 + 9l^2)$$
$$10(10nm + 3ml + 3nl) = 1 - (25n^2 + 25m^2 + 9l^2) + 50nm$$
$$10(10nm + 3ml + 3nl) = 1 - 25(n - m)^2 - 9l^2$$

ここで，$l = 0$ とすると，$5(n + m) = 1$ であるが，この式をみたす整数 n, m は存在しない。

よって，$l \neq 0$ であるから $l^2 \geq 1$

ゆえに $10(10nm + 3ml + 3nl) \leq 1 - 25(n - m)^2 - 9 < 0$

したがって $10nm + 3ml + 3nl < 0$ （証明終）

〔注3〕 命題Aは偽であり，その反例は具体的な1つを与えるだけでよい。その際には，それが反例になっている理由を書くことは必要であるが，その反例を得た過程（〔注1〕の内容）を書く必要はない。

8　2014 年度　〔4〕　（文理共通（一部））　　　　Level　A

ポイント　(1)　a_{n+2} を p, b_n, b_{n+1} を用いて表してみる。
(2)　順次計算していく。
(3)　合同式を利用すると簡潔になる。最後は p が素数であることと，$0<b_{n+1}\leqq p-1$ であることを適切に用いなければならない。

解 法

(1)　　　$a_n=pq_n+b_n$，$a_{n+1}=pq_{n+1}+b_{n+1}$　　　(q_n, q_{n+1} は整数)
とおけて
$$a_{n+2}=a_{n+1}(a_n+1)=(pq_{n+1}+b_{n+1})(pq_n+b_n+1)$$
$$=p\{q_{n+1}(pq_n+b_n+1)+q_nb_{n+1}\}+b_{n+1}(b_n+1)$$
ゆえに，b_{n+2}（a_{n+2} を p で割った余り）は $b_{n+1}(b_n+1)$ を p で割った余りと一致する。
（証明終）

(2)　$a_1=2$，$a_2=3$ より　　　$b_1=2$，$b_2=3$

$b_2(b_1+1)=9$　より　　　　　　　　　$b_3=9$

$b_3(b_2+1)=9\cdot4=17\cdot2+2$　　より　　　$b_4=2$

$b_4(b_3+1)=2\cdot10=17+3$　　より　　　$b_5=3$

これ以降は，同じ計算の繰り返しとなるので
$$\left.\begin{array}{l}b_1=2,\ b_2=3,\ b_3=9,\ b_4=2,\ b_5=3,\\ b_6=9,\ b_7=2,\ b_8=3,\ b_9=9,\ b_{10}=2\end{array}\right\}\ \cdots\cdots\text{(答)}$$

(3)　整数 A，B を p で割った余りが等しいとき，$A\equiv B$ と書くことにすると，(1)から
$$b_{n+2}\equiv b_{n+1}(b_n+1),\ \ b_{m+2}\equiv b_{m+1}(b_m+1)$$
これと $b_{n+2}=b_{m+2}$，$b_{n+1}=b_{m+1}$ から
$$b_{n+1}(b_n+1)\equiv b_{n+1}(b_m+1)$$
よって
$$b_{n+1}(b_n-b_m)\equiv0$$
p は素数なので，$b_{n+1}\equiv0$ または $b_n-b_m\equiv0$ となるが，条件 $b_{n+1}>0$ から，$0<b_{n+1}\leqq p-1$ なので $b_{n+1}\not\equiv0$ である。
よって，$b_n-b_m\equiv0$，すなわち $b_n\equiv b_m$ となり，余りの一意性から，$b_n=b_m$ である。
（証明終）

〔注〕　(1)は合同式で表現できる内容そのものを示せという問題なので，合同式を用いずに a_n と a_{n+1} を p で割ったときの商と余りを用いて，与えられた漸化式を変形する記述が求められている。

9

ポイント　(1)　$1<\sqrt{2}<2$ を用い，定義にしたがって a_1 と a_2 を求める。
(2)　$a_1=a$ から a の範囲が定まり，これを利用して $a_2=a$ から a についての 2 次方程式を得るのでこれを解く。

解　法

(1)　$a=\sqrt{2}$ で，$1<\sqrt{2}<2$ であるから

$$a_1=\langle a\rangle=\langle\sqrt{2}\rangle=\sqrt{2}-1\ (\neq 0)$$

$$a_2=\left\langle\frac{1}{a_1}\right\rangle=\left\langle\frac{1}{\sqrt{2}-1}\right\rangle=\langle\sqrt{2}+1\rangle=\langle\sqrt{2}\rangle=a_1=\sqrt{2}-1$$

一般に

$$a_{n+1}=a_n\ \text{であれば，}\ a_{n+2}=\left\langle\frac{1}{a_{n+1}}\right\rangle=\left\langle\frac{1}{a_n}\right\rangle=a_{n+1}\ \text{である。}\ \ \cdots\cdots(*)$$

$(*)$ と $a_2=a_1=\sqrt{2}-1$ から

$$a_n=\sqrt{2}-1\ (n=1,\ 2,\ 3,\ \cdots)\ \ \cdots\cdots(\text{答})$$

(2)　$a_1=\langle a\rangle$ と条件 $a_1=a$ から　　$\langle a\rangle=a$

一般に $\langle a\rangle=a\Longleftrightarrow 0\leqq a<1$ であることと，条件 $\frac{1}{3}\leqq a$ から

$$\frac{1}{3}\leqq a<1\ \ \cdots\cdots\text{①}$$

$a_1=a\neq 0$ なので

$$a_2=\left\langle\frac{1}{a_1}\right\rangle=\left\langle\frac{1}{a}\right\rangle\ \ \cdots\cdots\text{②}$$

①から，$1<\frac{1}{a}\leqq 3$ なので

$$\left\langle\frac{1}{a}\right\rangle=\begin{cases}\dfrac{1}{a}-1 & \left(1<\dfrac{1}{a}<2\ \text{すなわち}\ \dfrac{1}{2}<a<1\ \text{のとき}\right)\\[2mm]0 & \left(\dfrac{1}{a}=2,\ 3\ \text{すなわち}\ a=\dfrac{1}{2},\ \dfrac{1}{3}\ \text{のとき}\right)\ \ \cdots\cdots\text{③}\\[2mm]\dfrac{1}{a}-2 & \left(2<\dfrac{1}{a}<3\ \text{すなわち}\ \dfrac{1}{3}<a<\dfrac{1}{2}\ \text{のとき}\right)\end{cases}$$

よって，②，③と条件 $a_2=a$ から

[ア]　$\frac{1}{2}<a<1$ のとき

$a = \dfrac{1}{a} - 1$ から $a^2 + a - 1 = 0$ となり　　$a = \dfrac{-1 \pm \sqrt{5}}{2}$

このうち，$\dfrac{1}{2} < a < 1$ を満たすのは　　$a = \dfrac{-1 + \sqrt{5}}{2}$

[イ]　$a = \dfrac{1}{2}, \ \dfrac{1}{3}$ のとき

$a = 0$ を満たす a はない。

[ウ]　$\dfrac{1}{3} < a < \dfrac{1}{2}$ のとき

$a = \dfrac{1}{a} - 2$ から $a^2 + 2a - 1 = 0$ となり　　$a = -1 \pm \sqrt{2}$

このうち，$\dfrac{1}{3} < a < \dfrac{1}{2}$ を満たすのは　　$a = -1 + \sqrt{2}$

よって，条件 $a_1 = a_2 = a$ を満たす a の値は

$$\dfrac{-1 + \sqrt{5}}{2} \quad または \quad -1 + \sqrt{2}$$

これと(1)の(∗)から，任意の自然数 n に対して $a_n = a$ となるような $\dfrac{1}{3}$ 以上の実数 a は

$$\dfrac{-1 + \sqrt{5}}{2} \quad または \quad -1 + \sqrt{2} \quad \cdots\cdots(答)$$

10 2009 年度 〔2〕（文理共通（一部）） Level B

ポイント (1) $i!(m-i)!\,_mC_i=m!$ の左辺に素因数 m がどのように現れるかに注目する。[解法2]のように $_mC_i$ と $_{m-1}C_{i-1}$ の関係を考える方法もある。

(2) $(k+1)^m$ に二項定理を用いる。

解 法 1

(1) m は素数なので，$m\geqq2$ である。$1\leqq i\leqq m-1$ を満たす任意の整数 i に対して

$$_mC_i=\frac{m!}{i!(m-i)!}$$

$$i!(m-i)!\,_mC_i=m!$$

この右辺は m で割り切れるので左辺も m で割り切れる。m が素数であることと，$1\leqq i\leqq m-1$，および $1\leqq m-i\leqq m-1$ から，左辺の $i!$，$(m-i)!$ は素因数 m をもたない。よって，$_mC_i$（これは自然数）が素因数 m を有することになるので，$_mC_i$ は m で割り切れる。特に $_mC_1=m$ であるから，$_mC_i$ $(1\leqq i\leqq m-1)$ の最大公約数 d_m は m である。　　　　　　　　　　　　　　　　　　　　　　　　　　　　（証明終）

(2) (I) $k=1$ のとき，$k^m-k=0$ なので，k^m-k は d_m で割り切れる。

(II) ある自然数 k に対して，k^m-k が d_m で割り切れると仮定する。

二項定理から

$$(k+1)^m=k^m+\sum_{i=1}^{m-1}{}_mC_i\,k^i+1$$

よって

$$(k+1)^m-(k+1)=(k^m-k)+\sum_{i=1}^{m-1}{}_mC_i\,k^i$$

ここで，(1)から $_mC_i$ $(1\leqq i\leqq m-1)$ は d_m で割り切れるので，$\sum_{i=1}^{m-1}{}_mC_i\,k^i$ は d_m で割り切れる。また，帰納法の仮定から k^m-k は d_m で割り切れる。

ゆえに，$(k+1)^m-(k+1)$ は d_m で割り切れる。

(I)，(II)から数学的帰納法により，任意の自然数 k に対して k^m-k は d_m で割り切れる。　　　　　　　　　　　　　　　　　　　　　　　　　　　　（証明終）

解 法 2

(1) $1\leqq i\leqq m-1$ である任意の整数 i に対し

$$_mC_i=\frac{m!}{i!(m-i)!}=\frac{m}{i}\cdot\frac{(m-1)!}{(i-1)!(m-i)!}=\frac{m}{i}\,{}_{m-1}C_{i-1}$$

$$i\,_mC_i=m\,_{m-1}C_{i-1}$$

$_mC_i$, $_{m-1}C_{i-1}$ は整数であるから，i_mC_i は m の倍数であるが，m が素数であることと，$1 \leqq i \leqq m-1$ から，m と i は互いに素である。よって，$_mC_i$ は m で割り切れる。

（以下，［解法1］に同じ）

（(2)は［解法1］に同じ）

〔注〕 (1) 素数 p と自然数 i $(1 \leqq i \leqq p-1)$ に対して，二項係数 $_pC_i$ が p の倍数であることは有名事項である。証明では，［解法1］［解法2］のように素因数分解の一意性に基づき，素因数 p （問題では m）がどこに現れるかに注目する論証がよいであろう。$1 \leqq i \leqq p-1$ であるから，$i!$ の素因数分解中に素数 p が現れないことがポイントである。p が素数であることが本質的であることに注意してほしい。

研究 本問に関連して有名なフェルマーの小定理と呼ばれるものがある。

［フェルマーの小定理］ 『正の整数 k と素数 p が互いに素のとき，k^{p-1} を p で割ると余りは常に1である』 ……(＊)

これを証明するためにスイスの数学者オイラーは次の命題を数学的帰納法で示した。

　　『p を素数とする。任意の整数 k に対して，$k^p - k$ は p で割り切れる』 ……(＊＊)

この(＊＊)の証明は設問(2)と全く同様である。$k^p - k = k(k^{p-1}-1)$ であるから，(＊＊)で特に k と p が互いに素であるならば，$k^{p-1}-1$ は p で割り切れることになり，k^{p-1} を p で割ると余りは1となる。これで(＊)が導かれたことになる。このオイラーの証明は数学的帰納法が意識的に用いられた最初の例と言われている。本問はこのオイラーの有名な命題の若干の拡張になっている。

　　フェルマーの小定理については本書［付録］（付録1「整数の基礎といくつかの有名定理」）にも証明を紹介している。参考にしてほしい。

11

ポイント　(1)　与えられた 2 数を A_n, B_n とおき，a_n を A_n で，b_n を B_n で表すと見通しがよくなる。証明は帰納法による。

(2)　(1)を利用する。

解法

$$\begin{cases} a_1 = p, \quad b_1 = p+1 & \cdots\cdots① \\ a_{n+1} = a_n + p b_n & \cdots\cdots② \\ b_{n+1} = p a_n + (p+1) b_n & \cdots\cdots③ \end{cases}$$

$$A_n = a_n - \frac{n(n-1)}{2} p^2 - np, \quad B_n = b_n - n(n-1) p^2 - np - 1$$

とおくと

$$a_n = A_n + \frac{n(n-1)}{2} p^2 + np, \quad b_n = B_n + n(n-1) p^2 + np + 1 \quad \cdots\cdots④$$

(1)　自然数 n に対する次の命題($*$)を数学的帰納法により示す。

　命題($*$)：A_n, B_n は p^3 で割り切れる。

(I)　①より，$A_1 = 0$, $B_1 = 0$ であるから，$n=1$ のとき，($*$)は成り立つ。

(II)　1 以上のある整数 k に対して A_k, B_k は p^3 で割り切れるとする。

　②，③，④を用いると

$$A_{k+1} = a_{k+1} - \frac{(k+1)k}{2} p^2 - (k+1) p$$

$$= a_k + p b_k - \frac{(k+1)k}{2} p^2 - (k+1) p$$

$$= \left\{ A_k + \frac{k(k-1)}{2} p^2 + kp \right\} + p\{ B_k + k(k-1) p^2 + kp + 1 \}$$

$$- \frac{(k+1)k}{2} p^2 - (k+1) p$$

$$= A_k + p B_k + k(k-1) p^3 \quad \cdots\cdots⑤$$

帰納法の仮定により A_k, B_k は p^3 で割り切れるので，⑤から A_{k+1} も p^3 で割り切れる。

$$B_{k+1} = b_{k+1} - (k+1) k p^2 - (k+1) p - 1$$

$$= p a_k + (p+1) b_k - (k+1) k p^2 - (k+1) p - 1$$

$$= p\left\{ A_k + \frac{k(k-1)}{2} p^2 + kp \right\} + (p+1)\{ B_k + k(k-1) p^2 + kp + 1 \}$$

$$- (k+1) k p^2 - (k+1) p - 1$$

$$= pA_k + (p+1)B_k + \frac{3}{2}k(k-1)p^3 \quad \cdots\cdots ⑥$$

帰納法の仮定により A_k, B_k は p^3 で割り切れ，また，$k(k-1)$ は 2 の倍数であるから，⑥から B_{k+1} も p^3 で割り切れる。

(I), (II)から，任意の自然数 n に対して A_n, B_n は p^3 で割り切れる。　　　　　（証明終）

(2)　(1)から，$A_p = p^3 c_p$ となる整数 c_p が存在するので

$$a_p = A_p + \frac{p(p-1)}{2}p^2 + p^2 = p^3 c_p + \frac{p(p-1)}{2}p^2 + p^2$$

ここで p は 3 以上の奇数であるから，$\dfrac{p-1}{2} = q$ とおくと q は自然数であり

$$a_p = (c_p + q)p^3 + p^2$$

ゆえに，a_p は p^2 で割り切れる。また，$0 < p^2 < p^3$ であるから，a_p を p^3 で割った余りは p^2（$\neq 0$）となり，a_p は p^3 では割り切れない。　　　　　（証明終）

12

2007 年度　〔3〕　　　　　　　　　　　　　　　　　　Level　A

ポイント　任意の正の整数 m に対して，適当な 0 以上の整数 s と $0 \leq t \leq 5$ を満たす適当な整数 t を用いて $m = 10s \pm t$ と表現できる。このようにしてから，$5m^4$ を計算する。

解法

任意の正の整数 m に対して，適当な 0 以上の整数 s と $0 \leq t \leq 5$ を満たす適当な整数 t を用いて

$$m = 10s \pm t$$

と表すことができる。

このとき

$$\begin{aligned}
5m^4 &= 5(10s \pm t)^4 \\
&= 5(10000s^4 \pm 4000s^3t + 600s^2t^2 \pm 40st^3 + t^4) \\
&= 100(500s^4 \pm 200s^3t + 30s^2t^2 \pm 2st^3) + 5t^4 \quad (\text{複号同順})
\end{aligned}$$

これより，$5m^4$ の下 2 桁として現れる数の集合は $5t^4$ の下 2 桁として現れる数の集合と一致する。

$$5 \cdot 0^4 = 0, \quad 5 \cdot 1^4 = 5, \quad 5 \cdot 2^4 = 80, \quad 5 \cdot 3^4 = 405,$$
$$5 \cdot 4^4 = 1280, \quad 5 \cdot 5^4 = 3125$$

ゆえに，$5m^4$ の下 2 桁に現れる数のすべては

$$0, \ 5, \ 25, \ 80 \quad \cdots\cdots (\text{答})$$

13

ポイント (1) $x \leqq y \leqq z$, $x+y+z=xyz$ より $xyz \leqq 3z$ となり, $xy \leqq 3$ を得る。

(2) 与式を満たす (x, y, z) の組が存在したとして, x, y, z を小さい方から順に並べ直したものをあらためて x, y, z と考えてよく, $xyz \leqq z^3$ を用いて矛盾を導く。

[解法1] 上記の方針による。

[解法2] (1) $1 = \dfrac{1}{yz} + \dfrac{1}{zx} + \dfrac{1}{xy} \leqq \dfrac{3}{x^2}$ から x を絞り込む。

(2) x^3, y^3, z^3 の相加・相乗平均の関係を用いる。

[解法3] (2) 因数分解

$$x^3 + y^3 + z^3 - 3xyz$$
$$= (x+y+z)(x^2+y^2+z^2-xy-yz-zx)$$

を利用する。

解法 1

(1) 正の整数 x, y, z $(x \leqq y \leqq z)$ について

$xyz = x+y+z \leqq 3z$ より $xy \leqq 3$

これを満たす正の整数 x, y $(x \leqq y)$ の組は

$$(x, y) = (1, 1), (1, 2), (1, 3)$$

$x+y+z=xyz$ より

$(x, y) = (1, 1)$ のとき

$$2+z=z$$

これを満たす z は存在しない。

$(x, y) = (1, 2)$ のとき

$$3+z=2z \quad \therefore \quad z=3$$

$(x, y) = (1, 3)$ のとき

$$4+z=3z \quad \therefore \quad z=2$$

これは $y \leqq z$ を満たさず不適。

ゆえに, $x+y+z=xyz$ かつ $x \leqq y \leqq z$ を満たす x, y, z の組は

$$(x, y, z) = (1, 2, 3) \quad \cdots\cdots(答)$$

(2) $x^3+y^3+z^3=xyz$ を満たす正の実数 x, y, z が存在するならば, x, y, z を大小の順に並べ直したものを s, t, u $(0 < s \leqq t \leqq u)$ とすると

$$s^3+t^3+u^3=stu \leqq u^3$$

$$\therefore \quad s^3+t^3 \leqq 0$$

これは s, t が正であることに矛盾する。

ゆえに，$x^3+y^3+z^3=xyz$ を満たす正の実数 x, y, z は存在しない。 （証明終）

解法 2

(1) $xyz=x+y+z$ かつ $0<x\leqq y\leqq z$ より

$$1=\frac{1}{yz}+\frac{1}{zx}+\frac{1}{xy}\leqq\frac{3}{x^2} \quad \therefore \quad x^2\leqq 3$$

x は正の整数なので $x=1$

このとき $xyz=x+y+z$ より

$$yz-y-z=1 \quad \therefore \quad (y-1)(z-1)=2$$

$0\leqq y-1\leqq z-1$ より $y-1=1, \ z-1=2 \quad \therefore \quad y=2, \ z=3$

ゆえに $(x, y, z)=(1, 2, 3)$ ……(答)

(2) 相加・相乗平均の関係より

$$x^3+y^3+z^3\geqq 3\times\sqrt[3]{x^3y^3z^3}=3xyz>xyz \quad (\because \quad x, y, z は正)$$

ゆえに，$x^3+y^3+z^3=xyz$ を満たす正の実数 x, y, z は存在しない。 （証明終）

解法 3

((1)は［解法 1］または［解法 2］に同じ)

(2) $x^3+y^3+z^3=xyz$ より

$$x^3+y^3+z^3-3xyz=-2xyz$$

$$(x+y+z)(x^2+y^2+z^2-xy-yz-zx)=-2xyz$$

$$\frac{1}{2}(x+y+z)\{(x-y)^2+(y-z)^2+(z-x)^2\}=-2xyz \quad ……②$$

正の実数 x, y, z に対して，②の 左辺≧0，②の 右辺<0 なので②を満たす正の実数 x, y, z は存在しない。 （証明終）

〔注〕 図形的には辺の長さが x, y, z の直方体の体積が xyz，各辺を 1 辺とする立方体の体積の和が $x^3+y^3+z^3$ であることから，$x^3+y^3+z^3>xyz$ はほとんど自明である。

14 2005年度 〔2〕（文理共通） Level B

ポイント $a^2-a=a(a-1)$ において，a と $a-1$ は互いに素である。このことと a が奇数であることを用いて $10000=2^4 \cdot 5^4$ の因数を振り分ける。本問に現れる不定方程式の整数解は，その特殊解を利用して一般解が得られる。

解 法

一般に自然数 n に対して n と $n-1$ は互いに素である。（$n=1$，2 に対しては明らか。$n \geqq 3$ のとき，もしも n と $n-1$ が互いに素ではないとすると，$n=ps$ かつ $n-1=pt$ となる素数 p と整数 s，t があり，差をとると $1=p(s-t)$ となり，1 が p で割り切れることになる。これは矛盾。）

このことと a が奇数であることから，$a^2-a=a(a-1)$ が $10000=2^4 \cdot 5^4$ で割り切れるとすると，a は 5^4 で，$a-1$ は 2^4 で割り切れなければならない。よって

$$a=5^4 b \quad \cdots\cdots\text{①}, \quad a-1=2^4 c \quad \cdots\cdots\text{②}$$

となる自然数 b，c が存在する。

①，②より $\quad 5^4 b - 2^4 c = 1 \quad$ すなわち $\quad 625b - 16c = 1 \quad \cdots\cdots\text{③}$

また $\quad 625 \cdot 1 - 16 \cdot 39 = 1 \quad \cdots\cdots\text{④}$

③，④より $\quad 625(b-1) = 16(c-39)$

625 と 16 は互いに素なので，$b-1=16d$ となる整数 d が存在する。

したがって，①より $\quad a=5^4(16d+1)=10000d+625$

$3 \leqq a \leqq 9999$ より $\quad d=0$，$a=625$

このとき $\quad a(a-1)=625 \cdot 624 = 5^4 \cdot 2^4 \cdot 39$

なので，確かに a^2-a は $10000=2^4 \cdot 5^4$ で割り切れる。

よって $\quad a=625 \quad \cdots\cdots$（答）

〔注〕 a と $a-1$ に $10000=2^4 \cdot 5^4$ の因数を振り分けることが第1のポイントである。その際に，a と $a-1$ は互いに素であることが重要なはたらきをする。

次いで不定方程式の整数解を求める作業に移る。1つの解（特殊解）を利用して一般解を求める。これは典型的な手法である。ここで「整数 a，b が互いに素のとき，ac が b で割り切れるならば c が b で割り切れる」という整数の理論における基本的な定理を用いていることに注意してほしい。

整数の問題は理由付けに細心の注意が必要なので，論理的な思考を養うことが大切である。

15 2003 年度 〔3〕（文理共通（一部）） Level B

ポイント (1) 方程式 $x^2-4x+1=0$ を $x^2=4x-1$ と変形することで，次々と α^n を α^{n-1}，α^{n-2} で表すことができる。β についても同様である。

(2) 前半は数学的帰納法による。後半は s_n の 1 の位の数の繰り返しをとらえる。

(3) $0<\beta<1$ に注目する。$0<\beta^{2003}<1$ から $s_{2003}-1$ の 1 の位の数に帰着する。

解法

(1) 解と係数の関係から
$$s_1=\alpha+\beta=4 \quad\cdots\cdots(\text{答})$$
$\alpha^2=4\alpha-1$，$\beta^2=4\beta-1$ であるから
$$s_2=\alpha^2+\beta^2=(4\alpha-1)+(4\beta-1)=4s_1-2=14 \quad\cdots\cdots(\text{答})$$
$$s_3=\alpha^3+\beta^3=(4\alpha^2-\alpha)+(4\beta^2-\beta)=4s_2-s_1=52 \quad\cdots\cdots(\text{答})$$
また，$n\geqq3$ に対して，$\alpha^n=4\alpha^{n-1}-\alpha^{n-2}$，$\beta^n=4\beta^{n-1}-\beta^{n-2}$ であるから
$$s_n=\alpha^n+\beta^n=4\alpha^{n-1}-\alpha^{n-2}+4\beta^{n-1}-\beta^{n-2}=4s_{n-1}-s_{n-2} \quad\cdots\cdots(\text{答})$$

〔注1〕 個々の式変形によるならば，次のようになる。

解と係数の関係から　　$\alpha+\beta=4$，$\alpha\beta=1$
よって
$$s_1=\alpha+\beta=4,$$
$$s_2=\alpha^2+\beta^2=(\alpha+\beta)^2-2\alpha\beta=14,$$
$$s_3=\alpha^3+\beta^3=(\alpha+\beta)(\alpha^2-\alpha\beta+\beta^2)=4\cdot(14-1)=52,$$
$$s_n=\alpha^n+\beta^n=(\alpha+\beta)(\alpha^{n-1}+\beta^{n-1})-\alpha\beta(\alpha^{n-2}+\beta^{n-2})$$
$$=4s_{n-1}-s_{n-2} \quad(n\geqq3)$$

(2) $\alpha=2+\sqrt{3}$ と $\beta=2-\sqrt{3}$，$\sqrt{3}<2$ から　　$\alpha>0$，$\beta>0$
よって　　$s_n=\alpha^n+\beta^n>0$ ……①

次に，すべての正の整数 n に対して，s_n が整数であることを数学的帰納法で示す。

(ア) $s_1=4$，$s_2=14$ であるから，s_1，s_2 は整数である。

(イ) 整数 $k\geqq3$ に対して s_{k-1}，s_{k-2} が整数であるならば，漸化式 $s_k=4s_{k-1}-s_{k-2}$ から，s_k も整数である。

(ア)と(イ)から，数学的帰納法により，すべての正の整数 n に対して s_n は整数である。このことと①から，s_n は正の整数である。 (証明終)

次に，一般に自然数 a，b に対して a の 1 の位の数と b の 1 の位の数が等しいとき，$a\equiv b$ と書くことにする。

自然数 a，b，c に対して

(ア) $a\equiv b$，$a>c$，$b>c$ ならば　　$a-c\equiv b-c$

（イ）　$a \equiv b$ ならば　　$ca \equiv cb$

が成り立つことは明らかである。

よって，(1)の漸化式を用いて次々に

$$s_1 \equiv 4, \quad s_2 \equiv 4, \quad s_3 \equiv 4 \cdot 4 - 4 \equiv 2, \quad s_4 \equiv 4 \cdot 2 - 4 \equiv 4, \quad s_5 \equiv 4 \cdot 4 - 2 \equiv 4$$

(1)の漸化式から，連続2項で次の項が決定するので，数列 $\{s_n\}$ の各項の1の位の数は 4，4，2 の繰り返しとなる。

2003 を3で割った余りは2であるから

s_{2003} の1の位の数は4である。　……(答)

〔注2〕　自然数 a, b に対して，1の位の数が等しいとき $a \equiv b$ と書くことにすると，解答に必要な性質は明らかであるから，それらを列挙するだけで十分である。これより，漸化式を書き換えていき，s_1, s_2 に等しい 4，4 が連続して現れるところが出てきたら，それ以降の項はそれまでの繰り返しになるわけである。

　必ずしも合同式の記述による必要はないが，その場合は帰納法による記述が若干煩雑になる。

(3)　$\beta = 2 - \sqrt{3}$, $1 < \sqrt{3} < 2$ から

$$0 < \beta < 1 \quad \therefore \quad 0 < \beta^{2003} < 1$$

$\alpha^{2003} = s_{2003} - \beta^{2003}$ と $0 < \beta^{2003} < 1$ から

$$s_{2003} - 1 < \alpha^{2003} < s_{2003}$$

また，(2)から，s_{2003} は整数である。

よって，α^{2003} 以下の最大の整数は $s_{2003} - 1$ である。

(2)より s_{2003} の1の位の数は4であるから

α^{2003} 以下の最大の整数の1の位の数は3である。　……(答)

16

2002 年度　〔2〕（文理共通）　　　　　　　　　　　Level A

ポイント　(1)　商を $Q_n(x)$ とおいたときの x^n についての関係式から x^{n+1} についての関係式を導く。商と余りの一意性に配慮した記述が重要である。
(2)　(1)の漸化式を用い，背理法による。

解法

(1)　x^{n+1} を x^2-x-1 で割ったときの商を $Q_n(x)$ とする。条件より，余りは a_nx+b_n であるから

$$x^{n+1}=(x^2-x-1)Q_n(x)+a_nx+b_n$$

両辺に x をかけて

$$x^{n+2}=(x^2-x-1)xQ_n(x)+a_nx^2+b_nx$$
$$=(x^2-x-1)xQ_n(x)+a_n(x^2-x-1)+a_nx+a_n+b_nx$$
$$=(x^2-x-1)\{xQ_n(x)+a_n\}+(a_n+b_n)x+a_n$$

ここで，一般に多項式 $h(x)$ に対して $h(x)$ の次数を $\deg h(x)$ で表すと

$$\deg\{(a_n+b_n)x+a_n\}<\deg(x^2-x-1)=2$$

であるから，商と余りの一意性より，$a_{n+1}x+b_{n+1}$ と $(a_n+b_n)x+a_n$ は多項式として一致する。ゆえに

$$\begin{cases}a_{n+1}=a_n+b_n\\b_{n+1}=a_n\end{cases}\quad(n=1,\ 2,\ 3,\ \cdots)\qquad\qquad\text{（証明終）}$$

(2)　$a_n,\ b_n$ は共に正の整数で，互いに素である。　……(＊)

(＊)がすべての自然数 n に対して成り立つことを数学的帰納法で示す。

(i)　$x^2=(x^2-x-1)+(x+1)$，$\deg(x+1)<\deg(x^2-x-1)$ であるから

$$a_1=1,\quad b_1=1$$

　よって，a_1 と b_1 は正の整数で，互いに素である。

　ゆえに，(＊)は $n=1$ で成り立つ。

(ii)　$n=k\ (\geqq1)$ に対して(＊)が成り立つと仮定する。

　すなわち，$a_k,\ b_k$ は正の整数で，互いに素である。

　(1)より

$$\begin{cases}a_{k+1}=a_k+b_k\\b_{k+1}=a_k\end{cases}\quad……①$$

　であるから，$a_{k+1},\ b_{k+1}$ は共に正の整数である。

　ここで，a_{k+1} と b_{k+1} が互いに素でないとすると，a_{k+1} と $b_{k+1}\ (=a_k)$ は1より大きな公約数 r をもつ。

①より $b_k=a_{k+1}-a_k$ であるから，r は b_k の約数でもあり，r は a_k と b_k の1より大きな公約数となる。

これは，a_k と b_k が互いに素であるという帰納法の仮定に矛盾する。

よって，a_{k+1} と b_{k+1} は互いに素でなければならない。

(i), (ii)より，（∗）はすべての正の整数 n に対して成り立つ。　　　　（証明終）

> **研究**　＜多項式の割り算における商と余りの一意性＞
>
> 多項式 $f(x)$, $g(x)$ $(\neq 0)$, $q(x)$, $r(x)$ の間に
> $$f(x)=g(x)q(x)+r(x), \quad \deg r(x)<\deg g(x) \quad \cdots\cdots(\text{ア})$$
> の関係が成り立つとき，$q(x)$, $r(x)$ を，それぞれ $f(x)$ を $g(x)$ で割ったときの商，余りという。
>
> $f(x)$ と $g(x)$ に対して，(ア)とは別に
> $$f(x)=g(x)p(x)+s(x), \quad \deg s(x)<\deg g(x) \quad \cdots\cdots(\text{イ})$$
> という関係が成り立つならば，$q(x)$ と $p(x)$，$r(x)$ と $s(x)$ は多項式として一致する（同じもの）というのが，商と余りの一意性といわれるものである。
>
> （証明）　(ア)と(イ)より
> $$r(x)-s(x)=g(x)(p(x)-q(x)) \quad \cdots\cdots(\text{ウ})$$
> もし，$q(x)$ と $p(x)$ が一致しないならば，$p(x)-q(x)$ には0でない項が少なくとも1つは残るので，(ウ)の右辺の次数は $\deg g(x)$ 以上になる。
>
> 一方，(ウ)の左辺の次数は $\deg g(x)$ 以上となることはない。
>
> これは，矛盾である。よって，多項式として
> $$q(x)=p(x)$$
> となり，(ウ)より
> $$r(x)=s(x)$$
> 　　　　（証明終）

§2 図形と計量・図形と方程式

17 2022年度 〔1〕　　　　　　　　　　　　Level B

§2

ポイント　[解法1]　(1)　C と接する直線 $y=mx$（m は実数）が2本あって，それらが直交するための a, b の条件と，そのときの a のとりうる値の範囲を求める。

(2)　円 D_1, D_2 の中心をそれぞれ A_1, A_2 とし，P_1, P_2 から C の軸にそれぞれ垂線 P_1H_1, P_2H_2 を下ろし，P_1A_1 の傾きが m_2，$P_1H_1=-\dfrac{a}{2}-p_1$ であることから，P_1A_1 の長さを m_1, m_2 で表すことを考える。

[解法2]　(1)　P_1, P_2 の x 座標をそれぞれ p_1, p_2 とおき，l_1, l_2 の方程式を利用する。

(2)　$\triangle A_1H_1P_1 \backsim \triangle P_2H_2A_2$（二角相等）とその相似比 $2:1$ を利用する。

[解法3]　(2)　ベクトルを利用する。

解法 1

(1)　x 軸に垂直な直線は C と接しないので，C と接する原点を通る直線 $y=mx$（m は実数）が2本あって，それらが直交するための a, b の条件と，そのときの a のとりうる値の範囲を求める。

$y=x^2+ax+b$ と $y=mx$ から y を消去した x の2次方程式は

$$x^2+(a-m)x+b=0 \quad \cdots\cdots ①$$

$y=mx$ が C と接する条件は，①の判別式を D_1 として，$D_1=0$ から

$$(a-m)^2-4b=0 \quad \text{すなわち} \quad m^2-2am+a^2-4b=0 \quad \cdots\cdots ②$$

よって，m についての2次方程式②が異なる2つの実数解をもち，その積が -1 となるための a, b の条件を考えるとよい。

これは，②の判別式を D_2 として，$D_2>0$ と解と係数の関係から

$$\begin{cases} a^2-(a^2-4b)>0 \\ a^2-4b=-1 \end{cases} \quad \text{すなわち} \quad \begin{cases} b>0 \\ b=\dfrac{a^2+1}{4} \end{cases} \quad \cdots\cdots(\text{答})$$

となる。

$b=\dfrac{a^2+1}{4}$ のとき，任意の実数 a に対して $b>0$ が成り立つので，a の値はすべての実数をとりうる。　　　　　　　　　　　　　　　　　　　　　　　　（証明終）

〔注1〕　l_1, l_2 の方程式をそれぞれ $y=m_1x$, $y=m_2x$ とおき，$x^2+(a-m_1)x+b=0$, $x^2+(a-m_2)x+b=0$ の判別式 $=0$ と，$m_1m_2=-1$ となるための a, b の条件を考える解

｜　　法でもよいが，処理がより煩雑になる。

(2)　(1)から，②は　　　$m^2 - 2am - 1 = 0$　……②′

となる。この2解を m_1, m_2 $(m_1 < 0 < m_2)$ とおくと，これらは l_1, l_2 の傾きである。また，P_1, P_2 の x 座標をそれぞれ p_1, p_2 $(p_1 < p_2)$ とおく。$f(x) = x^2 + ax + b$ とおくと，$f'(x) = 2x + a$ と $f'(p_1) < f'(p_2)$，および $m_1 < m_2$ から

$$m_1 = 2p_1 + a, \quad m_2 = 2p_2 + a \quad ……③$$

円 D_1, D_2 の中心をそれぞれ A_1, A_2 とする。また，P_1, P_2 から C の軸 $x = -\dfrac{a}{2}$ にそれぞれ垂線 P_1H_1, P_2H_2 を下ろす。

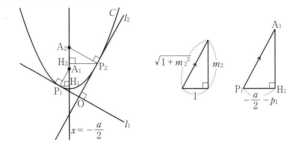

P_1A_1 の傾きは m_2，$P_1H_1 = -\dfrac{a}{2} - p_1$ であるから

$$P_1A_1 = -\left(\frac{a}{2} + p_1\right)\sqrt{1 + m_2{}^2}$$

$$= -\frac{m_1\sqrt{1 + m_2{}^2}}{2} \quad （③より）$$

同様に

$$P_2A_2 = \frac{m_2\sqrt{1 + m_1{}^2}}{2}$$

$P_2A_2 = 2P_1A_1$ から，$\dfrac{m_2\sqrt{1 + m_1{}^2}}{2} = -m_1\sqrt{1 + m_2{}^2}$ となり

$$m_2{}^2 + m_1{}^2 m_2{}^2 = 4(m_1{}^2 + m_1{}^2 m_2{}^2)$$

$m_1 m_2 = -1$ より

$$m_2{}^2 + 1 = 4\left(\frac{1}{m_2{}^2} + 1\right)$$

$$m_2{}^4 - 3m_2{}^2 - 4 = 0 \quad (m_2{}^2 + 1)(m_2{}^2 - 4) = 0$$

これより，$m_2{}^2 = 4$ となり，$m_2 > 0$ から，$m_2 = 2$ となる。

これを②′ に代入して　　$a = \dfrac{3}{4}$　……(答)

〔注2〕 ③は、「p_1, p_2 が、①で m をそれぞれ m_1, m_2 としたときの重解なので、$p_1 = \dfrac{m_1 - a}{2}$, $p_2 = \dfrac{m_2 - a}{2}$」として求めてもよい。

また、②′ から、$m_1 = a - \sqrt{a^2 + 1}$, $m_2 = a + \sqrt{a^2 + 1}$ であり、この値を用いる式処理も可能である。

解法 2

(1) $f(x) = x^2 + ax + b$ とおく。また、P_1, P_2 の x 座標をそれぞれ p_1, p_2 $(p_1 < p_2)$ とおく。

$f'(x) = 2x + a$ から、l_1, l_2 の傾きは、それぞれ $2p_1 + a$, $2p_2 + a$ である。

$l_1 \perp l_2$ であるための条件は

$$(2p_1 + a)(2p_2 + a) = -1$$
$$4p_1 p_2 + 2(p_1 + p_2)a + a^2 + 1 = 0 \quad \cdots\cdots④$$

また

$$l_1 : y = (2p_1 + a)(x - p_1) + f(p_1)$$
$$l_2 : y = (2p_2 + a)(x - p_2) + f(p_2)$$

これらが、原点を通るための条件は

$$\begin{cases} -p_1(2p_1 + a) + p_1{}^2 + ap_1 + b = 0 \\ -p_2(2p_2 + a) + p_2{}^2 + ap_2 + b = 0 \end{cases} \quad \text{すなわち} \quad \begin{cases} b = p_1{}^2 \\ b = p_2{}^2 \end{cases}$$

$p_1 \neq p_2$ から、これは

$$\begin{cases} p_2 = -p_1 \\ b = p_1{}^2 = -p_1 p_2 \end{cases} \quad \cdots\cdots⑤$$

となる。⑤を④に代入して

$$-4b + a^2 + 1 = 0$$

ゆえに $b = \dfrac{a^2 + 1}{4}$ ……(答)

また、a のとりうる値の範囲は、④かつ⑤かつ $p_1 < p_2$ を満たす実数 p_1, p_2 が存在するための a の範囲である。任意の実数 a に対して、$p_1 = -\dfrac{\sqrt{a^2 + 1}}{2}$, $p_2 = \dfrac{\sqrt{a^2 + 1}}{2}$ とすると、$b = \dfrac{a^2 + 1}{4}$ のもとで、④かつ⑤かつ $p_1 < p_2$ が成り立つので、a の値はすべての実数をとりうる。 (証明終)

(2) C の軸の方程式は $x = -\dfrac{a}{2}$ である。円 D_1, D_2 の中心をそれぞれ A_1, A_2 とする。また、P_1, P_2 から C の軸にそれぞれ垂線 $P_1 H_1$, $P_2 H_2$ を下ろす。

次図から、$\triangle A_1 H_1 P_1 \backsim \triangle P_2 H_2 A_2$（二角相等）であり、その相似比は $2:1$ なので

$$P_2H_2 = 2A_1H_1 \quad \cdots\cdots ⑥$$

ここで

$$P_2H_2 = p_2 + \frac{a}{2} = \frac{1}{2}(2p_2 + a) \quad \cdots\cdots ⑦$$

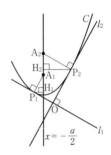

また，$A_1P_1 /\!/ l_2$ であり，l_2 の傾きは $2p_2 + a$ であるから

$$A_1H_1 = (2p_2 + a) \times P_1H_1$$

$$= (2p_2 + a)\left(-\frac{a}{2} - p_1\right) \quad \cdots\cdots ⑧$$

⑥，⑦，⑧から

$$\frac{1}{2}(2p_2 + a) = 2(2p_2 + a)\left(-\frac{a}{2} - p_1\right)$$

$$a + 2p_1 = -\frac{1}{2}$$

ここで，(1)から，$p_1 = -\dfrac{\sqrt{a^2 + 1}}{2}$ なので

$$a - \sqrt{a^2 + 1} = -\frac{1}{2}$$

$$2\sqrt{a^2 + 1} = 2a + 1$$

$$\begin{cases} 2a + 1 > 0 \\ 4(a^2 + 1) = (2a + 1)^2 \end{cases}$$

よって　$a = \dfrac{3}{4}$ $\quad \cdots\cdots$(答)

解法 3

((1)および(2)の③までは［解法 1］に同じ)

$A_1P_1 /\!/ l_2$ から，実数 t_1 を用いて，$\overrightarrow{P_1A_1} = t_1(1, \ m_2)$ と書ける。

また，$\overrightarrow{OP_1} = (p_1, \ p_1m_1)$ である。

このとき

$$\overrightarrow{OA_1} = \overrightarrow{OP_1} + \overrightarrow{P_1A_1}$$

$$= (p_1, \ p_1m_1) + t_1(1, \ m_2)$$

$$= (p_1 + t_1, \ p_1m_1 + t_1m_2)$$

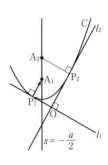

A_1 は直線 $x = -\dfrac{a}{2}$ 上にあるから

$$p_1 + t_1 = -\frac{a}{2}$$

$$t_1 = -\left(p_1 + \frac{a}{2}\right) = -\frac{m_1}{2} \quad (③より)$$

よって

$$\overrightarrow{P_1A_1}=t_1(1,\ m_2)$$

$$=\left(-\frac{m_1}{2},\ \frac{1}{2}\right)\ \ (m_1m_2=-1\ より)$$

$$|\overrightarrow{P_1A_1}|=\frac{1}{2}\sqrt{m_1{}^2+1}$$

同様に

$$|\overrightarrow{P_2A_2}|=\frac{1}{2}\sqrt{m_2{}^2+1}$$

$|\overrightarrow{P_2A_2}|=2|\overrightarrow{P_1A_1}|$ から，$\sqrt{m_2{}^2+1}=2\sqrt{m_1{}^2+1}$ となり

$$m_2{}^2+1=4\,(m_1{}^2+1)$$

$m_1m_2=-1$ より

$$m_2{}^2+1=4\left(\frac{1}{m_2{}^2}+1\right)$$

（以下，〔解法 1〕に同じ）

〔**注3**〕 本問ではどのような文字を設定するかで式処理にはいろいろなバリエーションがある。途中でいろいろな方向性が見えてくるので，その方向性により，式処理の煩雑さが異なり，意外と手間取ることも考えられる。本問のような問題では，各自の方向性を明確に保って解き切ることが大切である。

18 2020 年度　〔3〕 Level B

ポイント　(1)　点 P の x 座標が正のときは直線 OP の傾きの取り得る値の範囲を求める。これに点 P の x 座標が 0 のときの半直線 OP を付け加える。

(2)　直線 $y = 2x$ と y 軸を原点のまわりに $\pm \dfrac{\pi}{3}$ だけ回転した直線の傾きを利用する。

解 法

(1)　C 上の点 P$(p,\ p^2 - 2p + 4)$　$(p > 0)$ に対して直線 OP の傾きを k とすると

$$k = p - 2 + \frac{4}{p} \quad \cdots\cdots ①$$

である。k の取り得る値の範囲は、①を満たす正の実数 p が存在するための実数 k の範囲である。

①から　　$p^2 - (k+2)p + 4 = 0$　$\cdots\cdots ①'$

となる。①′ の解 p について $p \neq 0$ であり、①′ から①を得るので、①と①′ は同値である。

①′ の 2 解の積は $4\ (>0)$ であることから、①′ が正の解 p をもつための条件は、①′ が正の 2 解をもつための条件となり

$$\begin{cases} (k+2)^2 - 16 \geqq 0 & [(判別式) \geqq 0] \\ k + 2 > 0 & [(2\ 解の和) > 0] \\ 4 > 0 & [(2\ 解の積) > 0] \end{cases}$$

これより、$k + 2 \geqq 4$ すなわち $k \geqq 2$ である。

特に $k = 2$ のとき、①′ は重解 2 をもち、C と直線 $y = 2x$ は点 $(2,\ 4)$ で接する。

また、$p = 0$ すなわち P$(0,\ 4)$ のときの半直線 OP は y 軸の $y \geqq 0$ の部分となる。

ゆえに、求める領域は右図の網かけ部分（境界を含む）となる。

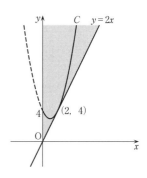

〔注1〕　(1)では、$p > 0$ のとき相加・相乗平均から

$$k = p - 2 + \frac{4}{p} \geqq 2\sqrt{p \cdot \frac{4}{p}} - 2 \geqq 2$$

であるが、これだけでは k が 2 以上のすべての実数値をとるかどうかはわからないので、〔解法〕では厳密な記述にしてある。

(2) 直線 $y=2x$ を原点のまわりに $-\dfrac{\pi}{3}$ だけ回転した直線の傾きを a_1, $\dfrac{\pi}{3}$ だけ回転した直線の傾きを a_2, y 軸を原点のまわりに $-\dfrac{\pi}{3}$ だけ回転した直線の傾きを a_3, $\dfrac{\pi}{3}$ だけ回転した直線の傾きを a_4 とする。このとき, (1)の図から, 条件を満たす a の範囲は

$$a_1 \leqq a \leqq a_3 \quad または \quad a_2 \leqq a \leqq a_4$$

となる。また $\quad a_3 = \dfrac{1}{\sqrt{3}} = \dfrac{\sqrt{3}}{3}$, $\quad a_4 = -\dfrac{1}{\sqrt{3}} = -\dfrac{\sqrt{3}}{3}$

次に, A $(2, 4)$ としたとき, 三角形 OAB が正三角形となるような B の座標を用いて, a_1, a_2 を求める。

M $(1, 2)$ とおくと

$$\overrightarrow{MA} \perp \overrightarrow{MB} \quad かつ \quad |\overrightarrow{MB}| = \sqrt{3}\,|\overrightarrow{MA}|$$

と $\overrightarrow{MA} = (1, 2)$ から

$$\overrightarrow{MB} = \sqrt{3}\,(\pm 2,\ \mp 1) \quad （複号同順, 以下同様）$$

$$\overrightarrow{OB} = \overrightarrow{OM} + \overrightarrow{MB}$$

$$= (1, 2) + \sqrt{3}\,(\pm 2,\ \mp 1)$$

$$= (1 \pm 2\sqrt{3},\ 2 \mp \sqrt{3})$$

直線 OB の傾きを考えて $\quad a_1 = \dfrac{2-\sqrt{3}}{1+2\sqrt{3}} = \dfrac{5\sqrt{3}-8}{11}$, $\quad a_2 = \dfrac{2+\sqrt{3}}{1-2\sqrt{3}} = -\dfrac{5\sqrt{3}+8}{11}$

ゆえに $\quad \dfrac{5\sqrt{3}-8}{11} \leqq a \leqq \dfrac{\sqrt{3}}{3} \quad または \quad -\dfrac{5\sqrt{3}+8}{11} \leqq a \leqq -\dfrac{\sqrt{3}}{3} \quad ……（答）$

〔注2〕 (2)では, 直線 OB の傾きを $\tan$ の加法定理を用いて次のように求めてもよい。

x 軸と直線 OA, OB のなす角をそれぞれ α, β $\left(0 < \alpha < \dfrac{\pi}{2},\ 0 < \beta < \pi\right)$ とする。$\tan\alpha = 2$ である。

• $0 < \beta < \alpha$ のとき, $\beta = \alpha - \dfrac{\pi}{3}$ であるから

$$\tan\beta = \tan\left(\alpha - \dfrac{\pi}{3}\right) = \dfrac{\tan\alpha - \tan\dfrac{\pi}{3}}{1 + \tan\alpha \tan\dfrac{\pi}{3}} = \dfrac{2-\sqrt{3}}{1+2\sqrt{3}} = \dfrac{5\sqrt{3}-8}{11}$$

• $0 < \alpha < \beta$ のとき, $\beta = \alpha + \dfrac{\pi}{3}$ であるから

$$\tan\beta = \tan\left(\alpha + \dfrac{\pi}{3}\right) = \dfrac{\tan\alpha + \tan\dfrac{\pi}{3}}{1 - \tan\alpha \tan\dfrac{\pi}{3}} = \dfrac{2+\sqrt{3}}{1-2\sqrt{3}} = -\dfrac{5\sqrt{3}+8}{11}$$

19 2016 年度 〔1〕 Level A

ポイント $\overrightarrow{PQ}\cdot\overrightarrow{PR}>0$, $\overrightarrow{QR}\cdot\overrightarrow{QP}>0$, $\overrightarrow{RP}\cdot\overrightarrow{RQ}>0$ の共通部分を図示する。
$PQ^2+QR^2>RP^2$ などの3つの不等式を用いることもできる。

解 法

3点P，Q，Rが鋭角三角形をなすための条件は

$\overrightarrow{PQ}\cdot\overrightarrow{PR}>0$ かつ $\overrightarrow{QR}\cdot\overrightarrow{QP}>0$ かつ $\overrightarrow{RP}\cdot\overrightarrow{RQ}>0$　……(*)

である。また

$\overrightarrow{PQ}=(-2x,\ -2y)$, $\overrightarrow{QR}=(1+x,\ y)$, $\overrightarrow{RP}=(x-1,\ y)$

である。

$\overrightarrow{PQ}$ の代わりにベクトル $(-x,\ -y)$ を用いても(*)は変わらないので，(*)より

$$\begin{cases} -x(1-x)+(-y)(-y)>0 \\ (1+x)x+y\cdot y>0 \\ (x-1)(-x-1)+y(-y)>0 \end{cases} \quad \text{すなわち} \quad \begin{cases} x^2-x+y^2>0 \\ x^2+x+y^2>0 \\ x^2+y^2<1 \end{cases}$$

これより

$$\begin{cases} \left(x-\dfrac{1}{2}\right)^2+y^2>\dfrac{1}{4} \\ \left(x+\dfrac{1}{2}\right)^2+y^2>\dfrac{1}{4} \quad \text{……(答)} \\ x^2+y^2<1 \end{cases}$$

これを満たす $P(x,\ y)$ の範囲を図示すると，次図の網かけ部分（境界を含まない）となる。

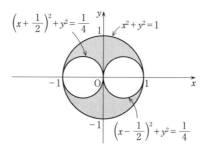

〔注1〕 一般に3点P，Q，Rが同一直線上にあるときは，同一の点があるときも含め，$\overrightarrow{PQ}\cdot\overrightarrow{PR}$，$\overrightarrow{QR}\cdot\overrightarrow{QP}$，$\overrightarrow{RP}\cdot\overrightarrow{RQ}$ のうちの少なくとも1つは0以下なので，[解法]の(*)は三角形の成立条件も含んでいることに注意。

〔注2〕 $(x, y) \neq (-x, -y)$ かつ $(x, y) \neq (1, 0)$ かつ $(-x, -y) \neq (1, 0)$ のもとで,
条件を

$$
\begin{cases}
PQ^2 + QR^2 > RP^2 \\
QR^2 + RP^2 > PQ^2 \\
RP^2 + PQ^2 > QR^2
\end{cases}
$$

としてもよい。

20

2015 年度〔3〕　　　　　　　　　　　　　　　　　　Level A

ポイント　C_1，C_2 の中心の座標をそれぞれ r_1，r_2 で表し，（中心間の距離）＝（半径の和）から，r_1 と r_2 の関係式を見つけ，これを利用する。$\angle \mathrm{QOT_1} = 2\alpha$ などとおいて，三角関数を用いて解いてもよい。

解　法

C_1，C_2 の中心をそれぞれ $\mathrm{P_1}$，$\mathrm{P_2}$ とおく。また，C_1，C_2 と l の接点を Q とし，C_1 と x 軸の接点を $\mathrm{T_1}$，C_2 と y 軸の接点を $\mathrm{T_2}$ とおく。

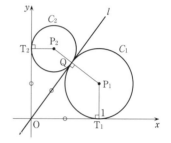

l と x 軸は O から C_1 に引いた接線なので
$$\mathrm{OT_1 = OQ} \quad \cdots\cdots ①$$
l と y 軸は O から C_2 に引いた接線なので
$$\mathrm{OT_2 = OQ} \quad \cdots\cdots ②$$
①，②から，$\mathrm{OT_2 = OT_1 = 1}$ である。

よって，$\mathrm{P_1}(1, r_1)$，$\mathrm{P_2}(r_2, 1)$ である。

$\mathrm{P_1 P_2} = r_1 + r_2$ より　　$(1-r_2)^2 + (r_1-1)^2 = (r_1+r_2)^2$

これより
$$r_1 r_2 + r_1 + r_2 = 1$$
$$(r_1+1)(r_2+1) = 2$$
$$r_2 + 1 = \frac{2}{r_1+1} \quad \cdots\cdots ③$$

③と相加・相乗平均の関係から
$$8r_1 + 9r_2 = 8(r_1+1) + 9(r_2+1) - 17$$
$$= 8(r_1+1) + \frac{18}{r_1+1} - 17 \quad \cdots\cdots (*)$$
$$\geq 2\sqrt{8(r_1+1) \cdot \frac{18}{r_1+1}} - 17 = 24 - 17 = 7$$

ここで，等号は $8(r_1+1) = \dfrac{18}{r_1+1}$ のとき，すなわち，$(r_1+1)^2 = \dfrac{9}{4}$ より $r_1 = \dfrac{1}{2}$ のときに成り立ち

$8r_1 + 9r_2$ の最小値は　　　7　……（答）

このとき，③より　　$r_2 = \dfrac{1}{3}$

直線 $\mathrm{P_1 P_2}$ の傾きが $\dfrac{r_1-1}{1-r_2} = -\dfrac{3}{4}$ であることと，$l \perp \mathrm{P_1 P_2}$ から，l の傾きは $\dfrac{4}{3}$ である。

ゆえに，l の方程式は　　$y=\dfrac{4}{3}x$　……(答)

〔注1〕　Qは線分 P_1P_2 を $r_1:r_2$ に内分する点なので

$$Q\left(\dfrac{r_2+r_1r_2}{r_1+r_2},\ \dfrac{r_1r_2+r_1}{r_1+r_2}\right)$$

である。これより，直線 l の傾きは $\dfrac{r_1(1+r_2)}{r_2(1+r_1)}$ であり，これから，$y=\dfrac{4}{3}x$ を得ることもできる。

〔注2〕　[解法] において，$\angle QOT_1=2\alpha$，$\angle QOT_2=2\beta$ とおくと

$$2\alpha+2\beta=\dfrac{\pi}{2} \text{ より }\quad \alpha+\beta=\dfrac{\pi}{4}$$

$$r_1=OT_1\tan\angle P_1OT_1=\tan\alpha$$

$$r_2=OT_2\tan\angle P_2OT_2=\tan\beta=\tan\left(\dfrac{\pi}{4}-\alpha\right)$$

$$8r_1+9r_2=8\tan\alpha+9\tan\left(\dfrac{\pi}{4}-\alpha\right)$$

$$=8\tan\alpha+9\cdot\dfrac{\tan\dfrac{\pi}{4}-\tan\alpha}{1+\tan\dfrac{\pi}{4}\tan\alpha}$$

$$=8r_1+9\cdot\dfrac{1-r_1}{1+r_1}$$

$$=8(r_1+1)+\dfrac{18}{r_1+1}-17$$

として，[解法] の(∗)を導くことができる。

また，$8r_1+9r_2$ が最小値をとるとき，すなわち $r_1=\dfrac{1}{2}$（$=\tan\alpha$）のときの l の傾きは $\tan2\alpha$ であるから

$$\tan2\alpha=\dfrac{2\tan\alpha}{1-\tan^2\alpha}=\dfrac{2\cdot\dfrac{1}{2}}{1-\left(\dfrac{1}{2}\right)^2}=\dfrac{4}{3}$$

よって，l の方程式は　　$y=\dfrac{4}{3}x$

21

ポイント　(1)　2 点間の距離の計算を行うが，全体の根号がはずれることに気づくことができるかどうかがポイントである。

(2)　(1)の結果から，$PA + AB + BC = 2 + QB + BC$ となることを利用する。線分 QB の長さの計算では，やはり全体の根号がはずれることに気づくかどうかがポイントとなる。

解　法

(1)
$$PA = \sqrt{a^2 + (\sqrt{a^2+1} + \sqrt{2})^2}$$
$$= \sqrt{2(a^2+1) + 2\sqrt{2(a^2+1)} + 1}$$
$$= \sqrt{(\sqrt{2(a^2+1)} + 1)^2}$$
$$= \sqrt{2(a^2+1)} + 1$$

$$AQ = \sqrt{a^2 + (\sqrt{a^2+1} - \sqrt{2})^2}$$
$$= \sqrt{2(a^2+1) - 2\sqrt{2(a^2+1)} + 1}$$
$$= \sqrt{(\sqrt{2(a^2+1)} - 1)^2}$$
$$= \sqrt{2(a^2+1)} - 1$$

ゆえに
$$PA - AQ = \sqrt{2(a^2+1)} + 1 - \sqrt{2(a^2+1)} + 1$$
$$= 2 \quad (定数) \quad \cdots\cdots(答)$$

(2)　(1)より　　$PA = AQ + 2$　……①

また，$0 \le a \le 1$ から $1 \le a^2 + 1 \le 2$ なので
$$1 \le \sqrt{a^2+1} \le \sqrt{2}$$

したがって
$$\frac{\sqrt{2}}{8}a^2 \le \frac{\sqrt{2}}{8} \le 1 \le \sqrt{a^2+1} \le \sqrt{2}$$

よって，A は領域 $\frac{\sqrt{2}}{8}x^2 \le y \le \sqrt{2}$ にあるので

A は線分 QB 上にある　……②

①，②より
$$PA + AB + BC = 2 + AQ + AB + BC$$
$$= 2 + QB + BC \quad \cdots\cdots③$$

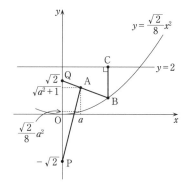

B (b, c) とおくと, $c = \dfrac{\sqrt{2}}{8}b^2$ なので $b^2 = \dfrac{8}{\sqrt{2}}c = 4\sqrt{2}c$

よって

$$\begin{aligned}
QB &= \sqrt{b^2 + (c - \sqrt{2})^2} \\
&= \sqrt{4\sqrt{2}c + c^2 - 2\sqrt{2}c + 2} \\
&= \sqrt{c^2 + 2\sqrt{2}c + 2} \\
&= \sqrt{(c + \sqrt{2})^2} \\
&= c + \sqrt{2} \quad (\because \ c \geq 0) \quad \cdots\cdots \text{④}
\end{aligned}$$

さらに $\quad BC = 2 - c \quad \cdots\cdots\text{⑤}$

③, ④, ⑤より

$$\begin{aligned}
PA + AB + BC &= 2 + c + \sqrt{2} + 2 - c \\
&= 4 + \sqrt{2} \quad (\text{定数}) \quad \cdots\cdots(\text{答})
\end{aligned}$$

〔注〕 (1) 線分 PA, AQ とも, その長さの計算過程で全体の根号の中が平方完成されて, 全体の根号がはずれる。$\sqrt{2(a^2 + 1)}$ を b などの文字で置き換える工夫をするとすぐに見えることだが, 入試の場では意外と時間をとられるかもしれない。

　実は点 A が P と Q を焦点とする双曲線上にあり,「焦点と 2 次曲線上の点の距離計算では根号がはずれる」という理系数学の学習事項を知っていると計算の方向性が見えるのだが, 文系の受験生にとっては範囲外なので, 結果としてそうなったという印象ではなかっただろうか。さらに,「双曲線上の点と 2 焦点との距離の差は一定」という双曲線の性質によれば, 本問は理系にとっては易問である。

(2) ここでも Q が与えられた放物線の焦点で, B がその放物線上にあることから「線分 QB の長さの計算では根号がはずれる」という性質が背景にある。また, (1) の結果から, $PA + AB + BC = 2 + QB + BC$ となることに気づかなければならない。しかし, この式は単に, (1) の結果である $PA = AQ + 2$ だけからでは根拠不足で, A が線分 QB 上にあることも必要な条件となる。図を描いてみると明らかなのだが, いざその理由をどう記すかとなると意外と手間取るかもしれないし, そのこと自体の必要性に気づかないことも考えられる。慎重な分析が望まれる。QB の計算では B の y 座標で計算を進めると簡素化されることに気づくとよいのだが, これも混乱してしまうと気づきにくいであろう。

　なお, (1) と同様に, 本問も「放物線上の点と焦点の距離は, その点と準線 (本問では直線 $y = -\sqrt{2}$) の距離に等しい」という放物線の性質を用いると簡単に解決する問題であったが, この性質も理系数学の学習事項である。

22 2011 年度 〔4〕（文理共通） Level B

PQ＝PR から α, β の関係式を導いておき，これを X, Y の関係式を導くときに用いる。α と β の実数条件から X, Y の条件を求める必要がある。これによりグラフの範囲が限定される。

解 法

PQ＝PR より

$$\left(\alpha - \frac{1}{2}\right)^2 + \left(\alpha^2 - \frac{1}{4}\right)^2 = \left(\beta - \frac{1}{2}\right)^2 + \left(\beta^2 - \frac{1}{4}\right)^2$$

$$\alpha^2 - \alpha + \alpha^4 - \frac{1}{2}\alpha^2 = \beta^2 - \beta + \beta^4 - \frac{1}{2}\beta^2$$

$$\frac{1}{2}(\alpha^2 - \beta^2) - (\alpha - \beta) + (\alpha^4 - \beta^4) = 0$$

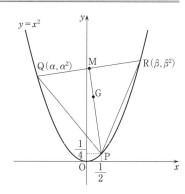

ここで，3点 P，Q，R は三角形を作るので，$\alpha \neq \beta$ であるから

$$\frac{1}{2}(\alpha + \beta) - 1 + (\alpha^2 + \beta^2)(\alpha + \beta) = 0$$

$\alpha + \beta = 0$ はこの式を満たさないので $\alpha + \beta \neq 0$ であり

$$\alpha^2 + \beta^2 = \frac{1}{\alpha + \beta} - \frac{1}{2} \quad \cdots\cdots\text{①}$$

G(X, Y) が△PQR の重心であるための条件は，①を満たす異なる実数 α, β が存在して

$$\begin{cases} X = \dfrac{\dfrac{1}{2} + \alpha + \beta}{3} \\[4mm] Y = \dfrac{\dfrac{1}{4} + \alpha^2 + \beta^2}{3} \end{cases} \quad \cdots\cdots\text{②}$$

が成り立つことである。
②は

$$\begin{cases} \alpha + \beta = \dfrac{6X - 1}{2} \\[4mm] \alpha^2 + \beta^2 = 3Y - \dfrac{1}{4} \end{cases} \quad \cdots\cdots\text{③}$$

と同値であり，$\alpha\beta = \dfrac{1}{2}\{(\alpha+\beta)^2 - (\alpha^2+\beta^2)\}$ なので，さらにこれは

$$\begin{cases} \alpha+\beta = \dfrac{6X-1}{2} \\ \alpha\beta = \dfrac{18X^2 - 6X - 6Y + 1}{4} \end{cases} \quad \cdots\cdots ④$$

と同値である。

④を満たす異なる実数 α, β が存在するための (X, Y) の条件は，t の2次方程式

$$t^2 - \frac{6X-1}{2}t + \frac{18X^2 - 6X - 6Y + 1}{4} = 0 \quad \cdots\cdots ⑤$$

が異なる2つの実数解をもつための条件であり，⑤についての判別式を考えて

$$\left(\frac{6X-1}{2}\right)^2 - 4\cdot\frac{18X^2 - 6X - 6Y + 1}{4} > 0$$

$$36X^2 - 12X + 1 - 72X^2 + 24X + 24Y - 4 > 0$$

$$Y > \frac{3}{2}X^2 - \frac{1}{2}X + \frac{1}{8}$$

$$Y > \frac{3}{2}\left(X - \frac{1}{6}\right)^2 + \frac{1}{12} \quad \cdots\cdots ⑥$$

⑥を満たす (X, Y) から⑤の解として得られる α, β は④，すなわち③を満たすので，①が成り立つための (X, Y) の条件は

$$3Y - \frac{1}{4} = \frac{2}{6X-1} - \frac{1}{2} \quad \text{かつ} \quad ⑥$$

すなわち

$$Y = \frac{1}{9\left(X - \frac{1}{6}\right)} - \frac{1}{12} \quad \cdots\cdots ⑦ \quad \text{かつ} \quad ⑥$$

である。

以上より，$G(X, Y)$ の軌跡は双曲線⑦の⑥を満たす部分である。これを図示すると次図の実線部となる。

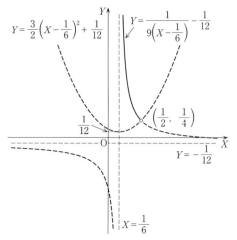

〔注〕 重心の座標 (X, Y) を $\alpha,\ \beta$ で表した②の式を，PQ＝PR から得られる $\alpha,\ \beta$ の関係式①に代入して，$X,\ Y$ の関係式を導くことは難しくない。また，このグラフは双曲線 $Y=\dfrac{1}{9X}$ を平行移動したものであることから図示は易しい。差が出るのは，グラフの範囲が限定されることである。これは，$\alpha+\beta$ と $\alpha\beta$ を $X,\ Y$ で表し，２次方程式の解としての $\alpha,\ \beta$ の実数条件を $X,\ Y$ で表すことで得られる。

　なお，⑥かつ⑦を満たす (X, Y) が求める軌跡であるということは，詳しく述べると

　　「⑥かつ⑦を満たす (X, Y) から得られる⑤の解 $\alpha,\ \beta$ に対して Q$(\alpha,\ \alpha^2)$，R$(\beta,\ \beta^2)$ をとると，④から③を経て①が成り立つので，△PQR は QR を底辺とする二等辺三角形であり，また，③から②が成り立つので，(X, Y) は確かに条件を満たす三角形の重心になっている」

ということである。

　いずれにしても，本問を通して「存在」という言葉を適切に用いて，同値性に配慮した記述を学んでほしい。特に，変数変換（本問では②式）を行って変換した文字についての関係式を考えるときは，必ず「条件を満たす元の文字が実数として存在するための（新たな文字の）条件を求めておく」ことが欠かせないので注意しておくこと。

23

ポイント (1) 三角関数を用いて立式し，三角方程式を解く。

(2) 三角関数の合成を行う。

解 法

(1) $\angle AOB = 180° - \theta$, $\angle AOC = 180° - (120° - \theta) = 60° + \theta$ より

$$\triangle OAB = \frac{1}{2} \cdot 3 \cdot 2 \sin(180° - \theta),$$

$$\triangle OAC = \frac{1}{2} \cdot 3 \sin(60° + \theta)$$

$\triangle OAB = \triangle OAC$ から

$$\frac{1}{2} \cdot 3 \cdot 2 \sin(180° - \theta) = \frac{1}{2} \cdot 3 \sin(60° + \theta) \quad \cdots\cdots ①$$

$$\text{かつ} \quad 0° < \theta < 120° \quad \cdots\cdots ②$$

をみたす θ を求める。

①より

$$2 \sin\theta = \sin(60° + \theta)$$

$$2 \sin\theta = \sin 60° \cos\theta + \cos 60° \sin\theta$$

$$2 \sin\theta = \frac{\sqrt{3}}{2} \cos\theta + \frac{1}{2} \sin\theta$$

$$\sin\theta = \frac{1}{\sqrt{3}} \cos\theta$$

$\theta = 90°$ はこれをみたさないので

$$\tan\theta = \frac{1}{\sqrt{3}}$$

②より $\theta = 30°$ ……(答)

〔注〕 OB, OC が x 軸正方向となす角はそれぞれ θ, $\theta - 120°$ である。$\triangle OAB$ と $\triangle OAC$ の底辺を OA とみることにより，面積が等しいことから高さが等しくなるので

$$2 \sin\theta = -\sin(\theta - 120°)$$

これより，$\sin\theta = \frac{1}{\sqrt{3}} \cos\theta$ としてもよい。

(2) $\triangle OAB + \triangle OAC = 3 \sin\theta + \frac{3}{2} \sin(60° + \theta)$

$$= \frac{3}{4} (5 \sin\theta + \sqrt{3} \cos\theta)$$

$$= \frac{3}{2}\sqrt{7}\sin(\theta + \alpha)$$

ここで，α は

$$\cos\alpha = \frac{5}{2\sqrt{7}} \quad \text{かつ} \quad \sin\alpha = \frac{\sqrt{3}}{2\sqrt{7}} \quad \text{かつ} \quad 0° < \alpha < 90° \quad \cdots\cdots ③$$

をみたす角である。

②，③ より，$0° < \theta + \alpha < 210°$ であるから，$\sin(\theta + \alpha)$ は $\theta + \alpha = 90°$ のときのみ，最大値 1 をとる。

ゆえに，$\triangle\text{OAB}$ と $\triangle\text{OAC}$ の面積の和の最大値は $\dfrac{3\sqrt{7}}{2}$ $\cdots\cdots$（答）

このとき

$$\sin\theta = \sin(90° - \alpha) = \cos\alpha = \frac{5}{2\sqrt{7}} = \frac{5\sqrt{7}}{14} \quad \cdots\cdots（答）$$

24

ポイント　線分 PR が円 C の直径となること，$\angle$QOR が直角となることの 2 条件を立式する。

解法

　円 C の中心を O とする。円周角 $\angle$PQR が直角であるための条件は線分 PR が直径であることである。このための t, m の条件は

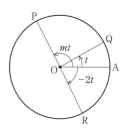

$$mt + 2t = \pi + 2k\pi$$

すなわち

$$(m+2)\,t = (2k+1)\,\pi \quad \cdots\cdots ①$$

をみたす整数 k が存在することである。

また，PQ = QR すなわち OQ⊥PR となるための t の条件は

$$t + 2t = \frac{\pi}{2} + l\pi \quad \text{すなわち} \quad t = \frac{2l+1}{6}\pi \quad \cdots\cdots ②$$

をみたす整数 l が存在することである。

$0 \leqq t \leqq 2\pi$ と②から，$l = 0,\ 1,\ 2,\ 3,\ 4,\ 5$ であり，この各々に対して

$$t = \frac{1}{6}\pi,\ \frac{1}{2}\pi,\ \frac{5}{6}\pi,\ \frac{7}{6}\pi,\ \frac{3}{2}\pi,\ \frac{11}{6}\pi$$

となる。

この各々の値に対して $1 \leqq m \leqq 10$ かつ①をみたす整数の組 $(k,\ m)$ は

$t = \dfrac{1}{6}\pi$ のとき，$m = 6(2k+1) - 2$ から　　$(k,\ m) = (0,\ 4)$

$t = \dfrac{1}{2}\pi$ のとき，$m = 2(2k+1) - 2$ から　　$(k,\ m) = (1,\ 4),\ (2,\ 8)$

$t = \dfrac{5}{6}\pi$ のとき，$m = \dfrac{6}{5}(2k+1) - 2$ から　　$(k,\ m) = (2,\ 4)$

$t = \dfrac{7}{6}\pi$ のとき，$m = \dfrac{6}{7}(2k+1) - 2$ から　　$(k,\ m) = (3,\ 4)$

$t = \dfrac{3}{2}\pi$ のとき，$m = \dfrac{2}{3}(2k+1) - 2$ から　　$(k,\ m) = (4,\ 4),\ (7,\ 8)$

$t = \dfrac{11}{6}\pi$ のとき，$m = \dfrac{6}{11}(2k+1) - 2$ から　　$(k,\ m) = (5,\ 4)$

ゆえに，条件をみたす $(m,\ t)$ の組は

$$(m,\ t) = \left(4,\ \frac{\pi}{6}\right),\ \left(4,\ \frac{\pi}{2}\right),\ \left(4,\ \frac{5}{6}\pi\right),\ \left(4,\ \frac{7}{6}\pi\right),\ \left(4,\ \frac{3}{2}\pi\right),$$

$$\left(4,\ \frac{11}{6}\pi\right),\ \left(8,\ \frac{\pi}{2}\right),\ \left(8,\ \frac{3}{2}\pi\right) \quad \cdots\cdots(\text{答})$$

〔注〕 ［解法］中の①の代わりに「$-2t-\pi = mt + 2k'\pi$ となる整数 k' が存在すること」などの表現も可能である。なぜなら，$-2t-\pi = mt + 2k'\pi$ を $2t + mt = -\pi - 2k'\pi$ と変形して，$k' = -k-1$ となる整数 k を用いると $2t + mt = -\pi - 2(-k-1)\pi = \pi + 2k\pi$ となるからである。他にも同値な表現を考えることができるが，得られる結果は当然同じである。OQ⊥PR となるための t の条件についても同様である。

25

2009 年度 〔1〕 **Level A**

ポイント (1) C_3 が C_1 に内接する条件および C_3 が C_2 に外接する条件を立式し，そ
れらを同値変形することで解決する。条件を満たす円 C_3 が存在するための正の実数
t の範囲が，t がとり得る値の範囲である。
(2) (1)の結果を利用し，相加・相乗平均の関係を用いる。区間における 2 次関数の最
大値を考えてもよい。

解 法

(1) $t>0$ のもとで，C_3 が C_1 に内接する条件は
$$\sqrt{a^2+b^2}+t=2$$
$b>0$ であるから，これは
$$a^2+b^2=(2-t)^2 \quad \cdots\cdots ① \quad かつ$$
$$2-t>0 \quad \cdots\cdots ②$$
と同値である。また，C_3 が C_2 に外接する条件は
$$\sqrt{(a-1)^2+b^2}=1+t$$
$b>0$ であるから，これは
$$(a-1)^2+b^2=(1+t)^2 \quad \cdots\cdots ③ \quad かつ \quad 1+t>0 \quad \cdots\cdots ④$$

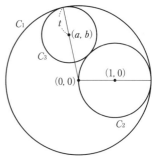

と同値である。①，③を辺々引いて
$$2a-1=3(1-2t) \qquad a=2-3t$$
これと①から
$$\begin{aligned}
b^2 &= (2-t)^2-(2-3t)^2 \\
&= (4-4t)\cdot 2t \\
&= 8t(1-t) \quad \cdots\cdots ⑤
\end{aligned}$$
t がとり得る値の範囲は，条件を満たす円 C_3 が存在するための t の範囲であり，これ
は②，④のもとで⑤を満たす正の実数 b が存在するための t の範囲であるから
$$0<t<1$$
このとき，⑤から $b=2\sqrt{2t(1-t)}$ となる。以上より
$$a=2-3t, \quad b=2\sqrt{2t(1-t)}, \quad 0<t<1 \quad \cdots\cdots(答)$$
(2) $0<t<1$ のもとで，相加・相乗平均の関係から
$$2\sqrt{t(1-t)} \leqq t+(1-t)=1$$
よって $\quad b=2\sqrt{2}\sqrt{t(1-t)} \leqq \sqrt{2}$
等号は $t=\dfrac{1}{2}$ で成り立つので $\quad b$ の最大値は $\sqrt{2}$ $\quad \cdots\cdots(答)$

26

ポイント　三角形 ACP と三角形 BCP で余弦定理を利用し，$\cos\angle$APC，$\cos\angle$BPC を辺の長さで表す。別解として，角の 2 等分線と辺の比を用いる［解法 2］や初等幾何による［解法 3］も考えられる。

解 法 1

P(p, q) とする。点 P は点 A，B，C のいずれとも異なるという前提のもとで，AP $= a$，BP $= b$，CP $= c$ とおく。A，C，P が同一直線上にある場合，または B，C，P が同一直線上にある場合には，$\angle$APC，$\angle$BPC の一方は 0 または π，他方は 0 でも π でもない角となるので条件に適さない。

よって，三角形 ACP，三角形 BCP が存在する場合で考えてよい。

このとき，余弦定理により

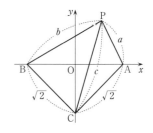

$$\cos\angle\text{APC} = \frac{a^2 + c^2 - 2}{2ac},$$

$$\cos\angle\text{BPC} = \frac{b^2 + c^2 - 2}{2bc}$$

よって，$\angle$APC $= \angle$BPC となるための条件は

$$\frac{a^2 + c^2 - 2}{2ac} = \frac{b^2 + c^2 - 2}{2bc}$$

$$b(a^2 + c^2 - 2) = a(b^2 + c^2 - 2)$$

$$(a - b)(ab - c^2 + 2) = 0$$

$$a = b \quad\cdots\cdots① \quad \text{または} \quad ab = c^2 - 2 \quad\cdots\cdots②$$

①のとき，P の存在範囲は線分 AB の垂直 2 等分線（y 軸）上の点 C を除く部分。

②は

$$\sqrt{(p-1)^2 + q^2}\sqrt{(p+1)^2 + q^2} = p^2 + (q+1)^2 - 2$$

と同値であり，さらにこれは

$$\begin{cases} \{(p-1)^2 + q^2\}\{(p+1)^2 + q^2\} = (p^2 - 1 + q^2 + 2q)^2 \quad\cdots\cdots③ \\ p^2 + (q+1)^2 \geqq 2 \quad\cdots\cdots④ \end{cases}$$

と同値である。③を整理すると

$$(p-1)^2(p+1)^2 + \{(p-1)^2 + (p+1)^2\}q^2 + q^4$$
$$= (p^2 - 1)^2 + 2(p^2 - 1)(q^2 + 2q) + (q^2 + 2q)^2$$

$$2(p^2 + 1)q^2 + q^4 = 2(p^2 - 1)(q^2 + 2q) + q^4 + 4q^3 + 4q^2$$

$$2p^2q^2 + 2q^2 + q^4 = 2p^2q^2 + 4p^2q - 2q^2 - 4q + q^4 + 4q^3 + 4q^2$$

$$q(p^2 + q^2 - 1) = 0$$

$$q=0 \quad \text{または} \quad p^2+q^2=1$$

これと④の共通部分を考え，さらに①との合併集
合を考えて，条件を満たす点Pの軌跡は右図の太
線部となる。

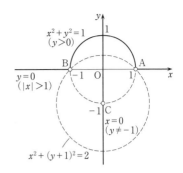

解　法　2

<角の2等分線と辺の比を用いる解法>

P(p, q) とする。A，B，P が同一直線（x軸）上にある場合には，$p=0$ または
$|p|>1$ のときに限られることは明らかなので，$q \neq 0$ のときを考える。

(I)　点 P が $(y-x+1)(y+x+1)>0$ を満たす範囲に
ある場合：
直線 CP に関して点 A，B は反対側にあり，直線
CP と x 軸の交点をDとすると，Dは線分 AB の内
部にある。
このとき，直線 CP が $\angle$APB の2等分線であるた
めの条件は

$$PA : PB = AD : BD$$

よって　　$PA \cdot BD = PB \cdot AD$　……①

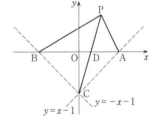

$p \neq 0$ のとき，直線 CP の式は $y=\dfrac{q+1}{p}x-1$ であるから，点Dの x 座標は $\dfrac{p}{q+1}$ と
なる。これは $p=0$ の場合にも適用できる。

よって　　$AD=1-\dfrac{p}{q+1}=\dfrac{q+1-p}{q+1}$,　$BD=\dfrac{p}{q+1}+1=\dfrac{q+1+p}{q+1}$

したがって，条件①は

$$\sqrt{(p-1)^2+q^2} \cdot \frac{q+1+p}{q+1}=\sqrt{(p+1)^2+q^2} \cdot \frac{q+1-p}{q+1}$$

となる。この両辺は負ではないから，これは両辺を2乗し，分母を払った式

$$\{(p-1)^2+q^2\}(p+1+q)^2=\{(p+1)^2+q^2\}(1-p+q)^2$$

と同値である。これを整理すると

$$\{(p-1)(p+1+q)\}^2-\{(p+1)(1-p+q)\}^2+\{q(p+1+q)\}^2-\{q(1-p+q)\}^2=0$$

$$\{(p^2-1)+(p-1)q\}^2-\{(1-p^2)+(1+p)q\}^2+q^2(1+p+q)^2-q^2(1-p+q)^2=0$$

$$\{(p^2-1)+(p-1)q+(1-p^2)+(1+p)q\}$$
$$\times\{(p^2-1)+(p-1)q-(1-p^2)-(1+p)q\}$$
$$+q^2\{(1+p+q)+(1-p+q)\}\{(1+p+q)-(1-p+q)\}=0$$
$$(2pq)(2p^2-2q-2)+q^2\{2(1+q)(2p)\}=0$$
$$pq(p^2+q^2-1)=0$$

$q\neq0$ で考えているので

$$p=0 \quad \text{または} \quad p^2+q^2=1$$

P は領域 $(y-x+1)(y+x+1)>0$

（右図網かけ部分，境界 $y=\pm x-1$ は除く）

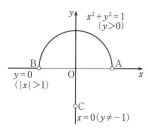

にあるから，P (p, q) の存在範囲は

「点 C を除く y 軸：$x=0$ かつ $y\neq-1$」

または

「半円：$x^2+y^2=1$ かつ $y>0$」

(Ⅱ) 点 P が $(y-x+1)(y+x+1)=0$ を満たす範囲にある場合：

P は A，B，C 以外の場合を考えてよく，∠APC，∠BPC の一方は 0 または π，他方は 0 でも π でもないから条件を満たすことはない。

(Ⅲ) 点 P が $(y-x+1)(y+x+1)<0$ を満たす範囲にある場合：

P が x 軸上の線分 AB の外部にある場合には，∠APC ＝∠BPC となり条件を満たす。それ以外の場合には ∠APC が ∠BPC の内部の角となるか，∠BPC が ∠APC の内部の角となるので条件を満たすことはない。

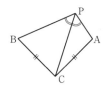

以上(Ⅰ)，(Ⅱ)，(Ⅲ)から，条件を満たす点 P の軌跡は上図の太線部となる。

解法 3

＜[解法 2] の(Ⅰ)を初等幾何で考える解法＞

条件を満たす点 P をとる。

三角形 ACP と三角形 BCP において

$$AC=BC, \quad CP=CP, \quad \angle APC=\angle BPC$$

である。

PB≧PA すなわち $p\geqq0$ の場合を考える。

・PB＝PA の場合は P は y 軸上の点である。

・PB＞PA の場合は辺 PB 上に PA′＝PA となる点 A′ をとると，△ACP≡△A′CP となり

A′C = AC = BC

である。よって，三角形 A′BC は A′C＝BC の二等辺三角形となり

∠CBA′ = ∠CA′B ……①

また ∠CA′B + ∠CA′P = π ……②

①，②と ∠CAP = ∠CA′P から，∠CBA′ + ∠CAP = π となり，四角形 PACB は対角の和が π である。よって，四角形 PACB は三角形 ABC の外接円に内接し，P はこの円の周上になければならない。

PB<PA の場合も同様である。

逆に y 軸上（C 以外）または三角形 ABC の外接円の周上（A，B，C 以外）の点は条件を満たすことは明らか（AC＝BC に対する円周角から）。

((Ⅱ)以下は [解法2] に同じ)

〔注〕 余弦定理による場合には，[解法1]のように AP＝a，BP＝b，CP＝c とおくと見通しがよくなる。3点が同一直線上にあって三角形ができない場合でも余弦定理の式自体は有効なのだが，[解法1]では念のために別にコメントを記しておいた。途中に現れる式変形は煩雑であるから，慎重に行わなければならない。$x^2 - y^2 = (x+y)(x-y)$ などの公式を適用して変形を行うとよい。

　[解法2]のように角の2等分線と辺の比を用いる場合には，点Pの位置による場合分けを行った上で立式することになる。特に x 軸上にある場合は別に考えておくとよい。この解法でも式変形は煩雑である。

　[解法3]のように初等幾何的に円周角に持ち込む解法も考えられる。三角形 ACP と三角形 BCP はいわゆる2辺一対角相等の関係にある。この場合にはこれらが合同であるか，そうでない場合が考えられる。後者の場合には[解法3]のように一方を他方の中に重ねてみると，一組の対応する角の和が π になることを導くことができる。このことから，円に内接する四角形を得てPがこの円周上にあることが結論される。ただし，これはPの必要条件であるから，逆についてのコメントも必要となる。[解法3]では式変形の煩雑さはないが幾何的発想を正確に記述するのは難しい。なお，四角形 APBC の対角の和が π になることはこのように幾何的な根拠によらずに，正弦定理を用いて示すこともできる。

27 2007年度〔2〕 Level A

ポイント (1) 一般に半径 a の円から操作（P）によって得られる2円の半径を求めておく。

(2) 4つの円の半径を考える。

(3) k 回目の操作後に得られる 2^k 個の円の面積の和を s_k として，数列 $\{s_k\}$ の漸化式を考える。

解法

(1) 一般に半径 a の円から操作（P）によって得られる2円の半径は，条件①から
$$ar, \quad a(1-r)$$
である。よって，それらの周の長さの和は
$$2\pi ar + 2\pi a(1-r) = 2\pi a$$
これはもとの半径 a の円の周の長さに等しい。

ゆえに，操作（P）を何回繰り返しても，得られる円の周の長さの和は最初の円の周の長さに等しく，その値は 2π ……(答)

(2) 1回目の操作後には半径が r と $1-r$ の円が各1個得られる。2回目の操作後にはこの円のそれぞれから，半径 r^2, $r(1-r)$ の2円と半径 $(1-r)r$, $(1-r)^2$ の2円が得られる。

よって，これら4円の面積の和は
$$\pi\{r^4 + 2r^2(1-r)^2 + (1-r)^4\} = \pi\{r^2 + (1-r)^2\}^2$$
$$= \pi(2r^2 - 2r + 1)^2 \quad ……(答)$$

(3) k 回目の操作後に得られる 2^k 個の円の面積の和を s_k とする。

2^k 個の円のそれぞれから操作（P）によって，面積が r^2 倍と $(1-r)^2$ 倍の円が1つずつ得られるから
$$s_{k+1} = \{r^2 + (1-r)^2\}s_k = (2r^2 - 2r + 1)s_k$$
また $s_1 = \pi\{r^2 + (1-r)^2\} = \pi(2r^2 - 2r + 1)$

よって，数列 $\{s_n\}$ は初項 $\pi(2r^2 - 2r + 1)$，公比 $2r^2 - 2r + 1$ の等比数列である。

ゆえに $s_n = \pi(2r^2 - 2r + 1)^n$ ……(答)

〔注〕 本問の条件②は設問の解答には不要である。単に問題文中の図を保証するだけの条件であるので惑わされないようにしたい。

28

ポイント ∠C $= 2\theta$ とおき，中心 O から辺 BC に垂線を下ろし，$\cos\theta$ を求める。

[解法1] △ABD と△BCDに余弦定理を用いて BD^2 を2通りにみる。

[解法2] $\cos\theta$ に続き，$\sin\theta$，BD の長さの順に値を求め，△ABD に余弦定理を用いる。

[解法3] 余弦定理によらない解法。

∠BAO $= \alpha$, ∠DAO $= \beta$, ∠C $= 2\theta$, AB $= 2x$

とおき，O から各辺に下ろした垂線を利用して，$\cos\theta$, $\cos 2\theta$, $\cos\alpha$, $\cos\beta$, $\sin\alpha$, $\sin\beta$ を得たのち，$\cos(\alpha + \beta)$ についての式から x の方程式を導く。

解 法 1

∠C $= 2\theta$ とおく。円の中心 O から BC，BD に下ろした垂線の足は各辺の中点である（右図）。よって

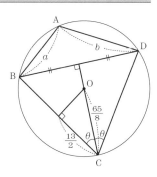

$$\cos\theta = \frac{13}{2} \cdot \frac{8}{65} = \frac{4}{5}$$

$$\cos 2\theta = 2\cos^2\theta - 1 = \frac{7}{25}$$

$b = 44 - 2 \cdot 13 - a = 18 - a$ より，△ABD と△BCD で余弦定理から BD^2 を2通りにみて

$$a^2 + (18-a)^2 - 2a(18-a)\cos(\pi - 2\theta)$$

$$= 13^2 + 13^2 - 2 \cdot 13 \cdot 13\cos 2\theta$$

$$2a^2 - 36a + 18^2 + (36a - 2a^2) \cdot \frac{7}{25} = 2 \cdot 13^2\left(1 - \frac{7}{25}\right)$$

$$\frac{2 \cdot 18}{25}(a^2 - 18a) + 18^2 = 2 \cdot 13^2 \cdot \frac{18}{25}$$

$$2 \cdot 18(a^2 - 18a) + 18^2 \cdot 25 = 2 \cdot 13^2 \cdot 18$$

$$a^2 - 18a + 9 \cdot 25 - 13^2 = 0$$

$$a^2 - 18a + 56 = 0$$

$$(a-4)(a-14) = 0$$

$$a = 4, \ 14$$

よって　(AB, DA) $= (4, 14), (14, 4)$ ……(答)

解 法 2

$\left(\cos 2\theta = \dfrac{7}{25}\ \text{までは〔解法 1〕に同じ}\right)$

$\sin\theta = \dfrac{3}{5}$ より

$$\text{BD} = 2\cdot 13\sin\theta = \frac{6\cdot 13}{5}\quad \cdots\cdots ①$$

また，AB $=a$，DA $=b$ とおくと

$$a + b = 44 - 2\cdot 13 = 18\quad \cdots\cdots ②$$

△ABD において余弦定理より

$$\begin{aligned}
\text{BD}^2 &= a^2 + b^2 - 2ab\cos A\\
&= a^2 + b^2 - 2ab\cos(\pi - C)\\
&= a^2 + b^2 + 2ab\cos C\\
&= a^2 + b^2 + \frac{14}{25}ab \quad \left(\cos C = \cos 2\theta = \frac{7}{25}\right)\\
&= (a+b)^2 - \frac{36}{25}ab\\
&= 18^2 - \frac{36}{25}ab \quad \cdots\cdots ③\quad (\because\ ②)
\end{aligned}$$

①，③より

$$18^2 - \frac{36}{25}ab = \frac{6^2\cdot 13^2}{5^2}$$

$$\therefore\quad ab = \frac{18^2\cdot 25 - 6^2\cdot 13^2}{36} = \frac{(18\cdot 5 + 6\cdot 13)(18\cdot 5 - 6\cdot 13)}{36}$$

$$= (3\cdot 5 + 13)(3\cdot 5 - 13) = 56\quad \cdots\cdots ④$$

②，④より，a，b は 2 次方程式 $t^2 - 18t + 56 = 0$ の 2 解である。

$$t^2 - 18t + 56 = 0$$

$$(t - 4)(t - 14) = 0\qquad \therefore\quad t = 4,\ 14$$

よって　　(AB, DA) $=$ (4, 14)，(14, 4)　$\cdots\cdots$(答)

解 法 3

円の中心を O として

$$\angle\text{BAO} = \alpha,\quad \angle\text{DAO} = \beta$$

とおく。また，$\angle C = 2\theta$，AB $= 2x$ とおく。
このとき

$$\text{AD} = 44 - 2\cdot 13 - 2x = 2(9 - x)$$

右図より

$$\cos\theta = \frac{13}{2}\cdot\frac{8}{65} = \frac{4}{5}$$

$$\cos 2\theta = 2\cos^2\theta - 1 = \frac{7}{25}$$

$$\cos\alpha = \frac{8}{65}x, \quad \cos\beta = \frac{8}{65}(9-x)$$

$$\sin\alpha = \sqrt{1-\left(\frac{8}{65}\right)^2 x^2},$$

$$\sin\beta = \sqrt{1-\left(\frac{8}{65}\right)^2 (9-x)^2}$$

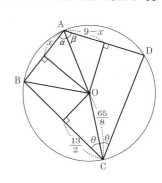

一方，$\cos(\alpha+\beta) = \cos(\pi - 2\theta) = -\cos 2\theta$ より

$$\cos\alpha\cos\beta - \sin\alpha\sin\beta = -\frac{7}{25}$$

よって

$$\frac{8^2}{65^2}x(9-x) - \sqrt{1-\left(\frac{8}{65}\right)^2 x^2}\sqrt{1-\left(\frac{8}{65}\right)^2 (9-x)^2} = -\frac{7}{25}$$

$$\frac{8^2}{65^2}x(9-x) + \frac{7}{5^2} = \sqrt{1-\left(\frac{8}{65}\right)^2 x^2}\sqrt{1-\left(\frac{8}{65}\right)^2 (9-x)^2}$$

両辺を平方して

$$\frac{8^4}{65^4}x^2(9-x)^2 + \frac{7^2}{5^4} + 2\cdot\frac{8^2}{65^2}\cdot\frac{7}{5^2}x(9-x) = 1 - \frac{8^2}{65^2}\{(9-x)^2 + x^2\} + \frac{8^4}{65^4}x^2(9-x)^2$$

$$2\cdot 8^2\cdot 7x(9-x) + 5^2\cdot 8^2\{(9-x)^2 + x^2\} + 13^2\cdot 7^2 - 65^2\cdot 5^2 = 0$$

$$2\cdot 8^2\cdot 7x(9-x) + 5^2\cdot 8^2\{(9-x)^2 + x^2\} + 13^2(7^2 - 25^2) = 0$$

$$2\cdot 8^2\cdot 7x(9-x) + 5^2\cdot 8^2\{(9-x)^2 + x^2\} - 13^2\cdot 32\cdot 18 = 0$$

$$14x(9-x) + 25\{(9-x)^2 + x^2\} - 13^2\cdot 9 = 0$$

$$x^2 - 9x + 14 = 0$$

$$(x-2)(x-7) = 0 \quad \therefore \quad x = 2, \ 7$$

よって　(AB, DA) = (4, 14), (14, 4) ……(答)

29 2004年度 〔1〕 （文理共通） Level B

ポイント P, Q の x 座標の関係を a を用いて表す。次いで線分 PQ の中点を M とし
て，MR⊥PQ であることをベクトルを用いて表すことによって，R の座標を a で表
すことができる。

[解法1] 上記の方針による。

[解法2] 直線 PQ の傾きを $\tan\alpha$ として，直線 QR，RP の傾きを $\tan\alpha$ で表す。

解法1

P $(p,\ p^2)$，Q $(q,\ q^2)$ とおく。$p<q$ として一般性を失わない。
直線 PQ の傾きが $\sqrt{2}$ であることから

$$\frac{q^2-p^2}{q-p}=\sqrt{2} \qquad \therefore \quad q+p=\sqrt{2} \quad \cdots\cdots①$$

PQ=a から

$$(q-p)^2+(q^2-p^2)^2=a^2$$
$$(q-p)^2+(q-p)^2(q+p)^2=a^2$$

①を代入して

$$3(q-p)^2=a^2 \quad \therefore \quad q-p=\frac{a}{\sqrt{3}} \quad (\because \quad p<q) \quad \cdots\cdots②$$

線分 PQ の中点を M とおくと，①，②より

M の x 座標は $\dfrac{p+q}{2}=\dfrac{\sqrt{2}}{2}$

　　y 座標は $\dfrac{p^2+q^2}{2}=\dfrac{(q+p)^2+(q-p)^2}{4}=\dfrac{1}{2}+\dfrac{a^2}{12}$

$\vec{c}=(1,\ \sqrt{2})$ とおくと，$\overrightarrow{\mathrm{MR}}\perp\vec{c}$ である。
よって

$$\overrightarrow{\mathrm{MR}}=\frac{\sqrt{3}}{2}a\cdot\frac{1}{\sqrt{3}}(\pm\sqrt{2},\ \mp1)=\left(\pm\frac{\sqrt{2}a}{2},\ \mp\frac{a}{2}\right) \left(\because \quad |\overrightarrow{\mathrm{MR}}|=\frac{\sqrt{3}}{2}a\right)$$

ゆえに

$$\overrightarrow{\mathrm{OR}}=\overrightarrow{\mathrm{OM}}+\overrightarrow{\mathrm{MR}}=\left(\frac{\sqrt{2}}{2},\ \frac{1}{2}+\frac{a^2}{12}\right)+\left(\pm\frac{\sqrt{2}a}{2},\ \mp\frac{a}{2}\right)=\left(\frac{\sqrt{2}}{2}\pm\frac{\sqrt{2}}{2}a,\ \frac{a^2}{12}\mp\frac{a}{2}+\frac{1}{2}\right)$$

R が放物線 $y=x^2$ 上にあるための条件は

$$\frac{1}{12}(a^2\mp6a+6)=\frac{1}{2}(1\pm a)^2 \qquad (以上複号同順)$$
$$5a^2\pm18a=0$$

$a>0$ であるから $a=\dfrac{18}{5}$ ……(答)

解法 2

P $(p,\ p^2)$, Q $(q,\ q^2)$, R $(r,\ r^2)$ とする。

直線 PQ, QR, RP の傾きはそれぞれ

$$\frac{p^2-q^2}{p-q}=p+q,\quad \frac{q^2-r^2}{q-r}=q+r,\quad \frac{r^2-p^2}{r-p}=r+p \quad ……①$$

PQ の傾きが $\sqrt{2}$ であることから，直線 PQ が x 軸正方向となす角を α　$(0°<\alpha<90°)$

とすると　　$\tan\alpha=\sqrt{2}$

必要により P と Q を取り直すことによって

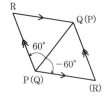

$$\begin{cases} \text{QR の傾き}=\tan(\alpha-60°) \\ \text{RP の傾き}=\tan(\alpha+60°) \end{cases} ……②$$

と考えてよい。①，②より

$$q+r=\frac{\tan\alpha-\tan60°}{1+\tan\alpha\tan60°}=\frac{\sqrt{2}-\sqrt{3}}{1+\sqrt{6}}=\frac{-4\sqrt{2}+3\sqrt{3}}{5}$$

$$r+p=\frac{\tan\alpha+\tan60°}{1-\tan\alpha\tan60°}=\frac{\sqrt{2}+\sqrt{3}}{1-\sqrt{6}}=\frac{-4\sqrt{2}-3\sqrt{3}}{5}$$

$$\therefore\quad q-p=\frac{6\sqrt{3}}{5} ……③$$

また　　$q+p=\tan\alpha=\sqrt{2}$ ……④

③，④より

$$a^2=PQ^2=(q-p)^2+(q^2-p^2)^2=(q-p)^2\{1+(q+p)^2\}$$

$$=\left(\frac{6\sqrt{3}}{5}\right)^2\times3$$

$a>0$ より　　$a=\dfrac{6\sqrt{3}}{5}\times\sqrt{3}=\dfrac{18}{5}$ ……(答)

30

ポイント　$P(p, p^2)$ と直線 $l : y = x - c$ の距離の最小値を与える p の値を求める。このときの P を P_0 とし，P_0 を利用して求める最小値を見出す。

その値が最小値であることの根拠記述も不可欠。

解 法

A 上の点 $P(p, p^2)$ と直線 $l : y = x - c$ との距離は

$$\frac{|p^2 - p + c|}{\sqrt{2}} = \frac{\left(p - \frac{1}{2}\right)^2 + c - \frac{1}{4}}{\sqrt{2}} \quad (>0) \quad \left(\because \quad c > \frac{1}{4} \right)$$

この距離の最小値は $\dfrac{\sqrt{2}}{2}\left(c - \dfrac{1}{4}\right)$ で，この最小値を与える点 P_0 の座標は $\left(\dfrac{1}{2}, \dfrac{1}{4}\right)$ である。P_0 から l に下ろした垂線の足を H_0 とする。

l に関する P_0 の対称点を Q_0 とすると，l に関する対称性から，B 上の任意の点 Q と l との距離の最小値は $Q_0 H_0 = P_0 H_0 = \dfrac{\sqrt{2}}{2}\left(c - \dfrac{1}{4}\right)$ である。

P，Q から l に下ろした垂線の足を H_1，H_2 とする。線分 PQ と l は 1 点で交わるから，その交点を R とすると

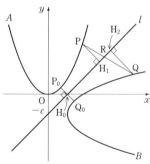

$$PQ = PR + QR$$
$$\geqq PH_1 + QH_2$$
$$\geqq P_0 H_0 + Q_0 H_0$$
$$= 2P_0 H_0 = \sqrt{2}\left(c - \frac{1}{4}\right)$$
$$= P_0 Q_0$$

　　　　　　　（P_0，H_0，Q_0 は同一直線上にある）

ゆえに，求める最小値は

$$\sqrt{2}\left(c - \frac{1}{4}\right) \quad \cdots\cdots(答)$$

§3 方程式・不等式・領域

31 2023 年度 〔1〕 Level A

ポイント 解と係数の関係 $\alpha+\beta=-1$, $\alpha\beta=-k$ を用いて与式を k で表す。これを相加・相乗平均の関係が使えるように変形する。

解法

$$\frac{\alpha^3}{1-\beta}+\frac{\beta^3}{1-\alpha}=\frac{\alpha^3(1-\alpha)+\beta^3(1-\beta)}{(1-\beta)(1-\alpha)}$$
$$=\frac{\alpha^3+\beta^3-(\alpha^4+\beta^4)}{1-(\alpha+\beta)+\alpha\beta} \quad\cdots\cdots①$$

解と係数の関係から，順次

$$\alpha+\beta=-1,\ \alpha\beta=-k$$
$$\alpha^2+\beta^2=(\alpha+\beta)^2-2\alpha\beta$$
$$=1+2k$$
$$\alpha^3+\beta^3=(\alpha+\beta)^3-3\alpha\beta(\alpha+\beta)$$
$$=-1-3k$$
$$\alpha^4+\beta^4=(\alpha^2+\beta^2)^2-2\alpha^2\beta^2$$
$$=(1+2k)^2-2k^2$$
$$=2k^2+4k+1$$

よって

$$①=\frac{(-1-3k)-(2k^2+4k+1)}{1-(-1)+(-k)}$$
$$=\frac{2k^2+7k+2}{k-2}$$
$$=2k+11+\frac{24}{k-2}$$
$$=2(k-2)+\frac{24}{k-2}+15$$
$$\geq 2\sqrt{2(k-2)\cdot\frac{24}{k-2}}+15 \quad (k>2\text{ から相加・相乗平均の関係})$$
$$=8\sqrt{3}+15$$

不等式における等号は

$$2(k-2) = \frac{24}{k-2} \quad かつ \quad k-2>0 \qquad すなわち \qquad k = 2+2\sqrt{3}$$

のときに成り立つ。

ゆえに，求める最小値は $\qquad 8\sqrt{3}+15$ ……（答）

〔注〕 α, β は $x^2+x-k=0$ の解であるから，順次

$$\alpha^2 = -\alpha + k$$
$$\alpha^3 = -\alpha^2 + k\alpha = -(-\alpha+k) + k\alpha = (1+k)\alpha - k$$
$$\alpha^4 = (1+k)\alpha^2 - k\alpha = (1+k)(-\alpha+k) - k\alpha = (-1-2k)\alpha + k^2 + k$$

同様に

$$\beta^2 = -\beta + k$$
$$\beta^3 = (1+k)\beta - k$$
$$\beta^4 = (-1-2k)\beta + k^2 + k$$

これらから

$$\alpha^3 + \beta^3 = (1+k)(\alpha+\beta) - 2k = -1 - 3k$$
$$\alpha^4 + \beta^4 = (-1-2k)(\alpha+\beta) + 2k^2 + 2k = 2k^2 + 4k + 1$$

とすることも可。あるいは，二項定理から

$$\begin{aligned}
\alpha^4 + \beta^4 &= (\alpha+\beta)^4 - 4\alpha\beta(\alpha^2+\beta^2) - 6\alpha^2\beta^2 \\
&= (-1)^4 - 4(-k)(1+2k) - 6(-k)^2 \\
&= 2k^2 + 4k + 1
\end{aligned}$$

とすることも可。

また，$f(x) = x^2 + x - k$ とおくと，$f(x) = (x-\alpha)(x-\beta)$ なので，$(1-\alpha)(1-\beta) = f(1) = 2-k$ から，①の分母は直ちに $2-k$ となるとしてもよい。

32 2021 年度 〔3〕（文理共通） Level B

ポイント (1) $f(x) = 2x^2 + ax + b$ として，$y = f(x)$ のグラフから，$f(-1)$, $f(0)$, $f(1)$ の符号を考える。

(2) xy 平面上の任意の点 (X, Y) に対して，ab 平面で，直線 $b = -Xa + Y - X^2$ と (1)の範囲が共有点をもつための X, Y の条件に帰着させる。傾き $-X$ の値での場合分けを考える。b 切片 $Y - X^2$ の値での場合分けでもよい。

解 法

(1) $x^2 + ax + b = -x^2$ すなわち $2x^2 + ax + b = 0$ が $-1 < x < 0$ と $0 < x < 1$ の範囲に 1 つずつ解をもつための条件を求める。

この条件は，$f(x) = 2x^2 + ax + b$ として

$$\begin{cases} f(-1) > 0 \\ f(0) < 0 \\ f(1) > 0 \end{cases} \quad \text{すなわち} \quad \begin{cases} 2 - a + b > 0 \\ b < 0 \\ 2 + a + b > 0 \end{cases}$$

これより $\begin{cases} b > a - 2 \\ b < 0 \\ b > -a - 2 \end{cases}$

となり，これを ab 平面に図示すると，下図の網かけ部分（境界は含まない）となる。

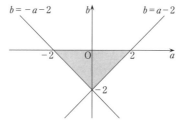

(2) 求める範囲を S，(1)の範囲を T とする。xy 平面上の任意の点 (X, Y) に対して

$(X, Y) \in S \iff (a, b) \in T$ かつ $Y = X^2 + aX + b$ を満たす a, b が存在する

$\iff ab$ 平面で，T と直線 $b = -Xa + Y - X^2$ が共有点をもつ

このための X, Y の条件を求める。

$g(a) = -Xa + Y - X^2$ とおき，直線 $b = g(a)$ の傾き $-X$ の値で場合分けを行う。(1) の領域の境界の端点での $g(a)$ の値を考えて，条件は次のようになる。

(i) $-X \geqq 1$ つまり $X \leqq -1$ のとき

$g(-2) < 0$ かつ $g(2) > 0$ から $X^2 + 2X < Y < X^2 - 2X$

(ii) $0 \leqq -X \leqq 1$ つまり $-1 \leqq X \leqq 0$ のとき

$g(-2) < 0$ かつ $g(0) > -2$ から $\quad X^2 - 2 < Y < X^2 - 2X$

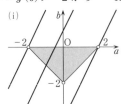
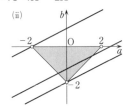

(iii) $-1 \leqq -X \leqq 0$ つまり $0 \leqq X \leqq 1$ のとき

$g(2) < 0$ かつ $g(0) > -2$ から $\quad X^2 - 2 < Y < X^2 + 2X$

(iv) $-X \leqq -1$ つまり $X \geqq 1$ のとき

$g(-2) > 0$ かつ $g(2) < 0$ から $\quad X^2 - 2X < Y < X^2 + 2X$

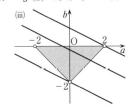
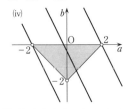

以上から，求める範囲は下図の網かけ部分（境界は含まない）となる。

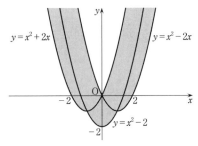

〔注〕 ［解法］は傾き $-X$ で場合を分けているが，b 切片 $Y - X^2$ の位置で場合を分けても
よい。
以下にその例の概略を述べておく。

（その1） 直線 $b = g(a)$ の b 切片 $Y - X^2$ の値で場合分けを考える。

(i) $-2 < Y - X^2 < 0$ つまり $X^2 - 2 < Y < X^2$ のとき，すべて条件を満たす。

(ii) $Y - X^2 \geqq 0$ のとき，条件は $g(-2) < 0$ または $g(2) < 0$ である。

これより $\quad \begin{cases} Y \geqq X^2 \\ Y < X^2 - 2X \end{cases}$ または $\begin{cases} Y \geqq X^2 \\ Y < X^2 + 2X \end{cases}$

(iii) $Y - X^2 \leqq -2$ のとき，条件は $g(-2) > 0$ または $g(2) > 0$ である。

これより $\quad \begin{cases} Y \leqq X^2 - 2 \\ Y > X^2 - 2X \end{cases}$ または $\begin{cases} Y \leqq X^2 - 2 \\ Y > X^2 + 2X \end{cases}$

この場合，放物線 $y=x^2$ は図示の過程で補助的に用いられるが，最終結果には不要で，境界線には現れないことに注意する。

（その2） 直線 $b=g(a)$ の傾き $-X$ と b 切片 $Y-X^2$ に注目する。

(i) $-X \geqq 1$ つまり $X \leqq -1$ のとき

$\quad 2X < Y-X^2 < -2X$ から $\quad X^2+2X < Y < X^2-2X$

(ii) $0 \leqq -X \leqq 1$ つまり $-1 \leqq X \leqq 0$ のとき

$\quad -2 < Y-X^2 < -2X$ から $\quad X^2-2 < Y < X^2-2X$

(iii) $-1 \leqq -X \leqq 0$ つまり $0 \leqq X \leqq 1$ のとき

$\quad -2 < Y-X^2 < 2X$ から $\quad X^2-2 < Y < X^2+2X$

(iv) $-X \leqq -1$ つまり $X \geqq 1$ のとき

$\quad -2X < Y-X^2 < 2X$ から $\quad X^2-2X < Y < X^2+2X$

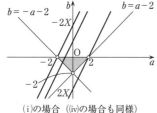

(i)の場合 ((iv)の場合も同様)

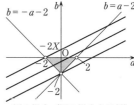

(ii)の場合 ((iii)の場合も同様)

33 2019 年度 〔2〕 Level B

ポイント (1) 条件1から得られる不等式により $p+q-4 \geqq 0$ であり，d は絶対値を用いずに表すことができる。接点，交点の計算が大切。

(2) 原点を通る直線と D の境界の放物線が接するときの接点の座標を求める。このうち，第2象限にある接点は D の外にあることに注意する。また，$1+\tan^2 x = \dfrac{1}{\cos^2 x}$ を利用する。

解法

(1) 条件1から，$8 \leqq 2p+2q \leqq 17$ であり

$$4 \leqq p+q \leqq \frac{17}{2} \quad \cdots\cdots ①$$

l の方程式は $x+y-4=0$ である。

①から，$p+q-4 \geqq 0$ であり

$$d = \frac{|p+q-4|}{\sqrt{2}} = \frac{p+q-4}{\sqrt{2}}$$

また，$c=2\sqrt{2}$ なので，条件2から

$$2(p+q-4) \geqq (p-1)^2$$

よって $q \geqq \dfrac{1}{2}p^2 - 2p + \dfrac{9}{2} \quad \cdots\cdots ②$

$\begin{cases} p+q=4 \\ q = \dfrac{1}{2}p^2 - 2p + \dfrac{9}{2} \end{cases}$ より $(p, q) = (1, 3)$

$\begin{cases} p+q=\dfrac{17}{2} \\ q = \dfrac{1}{2}p^2 - 2p + \dfrac{9}{2} \end{cases}$ より $(p, q) = \left(-2, \dfrac{21}{2}\right), \left(4, \dfrac{9}{2}\right)$

ゆえに，①かつ②から，D は次図の網かけ部分（境界含む）である。

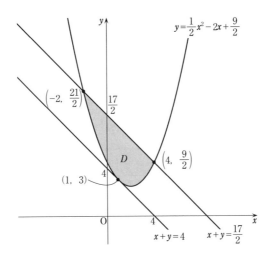

D の面積は

$$\int_{-2}^{4}\left\{\left(-x+\frac{17}{2}\right)-\left(\frac{1}{2}x^2-2x+\frac{9}{2}\right)\right\}dx$$

$$=-\frac{1}{2}\int_{-2}^{4}(x+2)(x-4)\,dx=-\frac{1}{2}\cdot\left(-\frac{1}{6}\right)\{4-(-2)\}^3$$

$$=\frac{1}{2}\cdot\frac{1}{6}\cdot6^3=18 \quad\cdots\cdots(答)$$

(2) 原点を通る直線 $y=ax$ (a は実数) と放物線 $y=\frac{1}{2}x^2-2x+\frac{9}{2}$ が接するときの a の

値と接点の座標を求める。

$$\frac{1}{2}x^2-2x+\frac{9}{2}=ax$$

$$x^2-2(2+a)x+9=0 \quad\cdots\cdots③$$

③の (判別式) $=0$ から

$$(2+a)^2-9=0 \qquad 2+a=\pm3$$

よって $a=-5,\ 1$

③の重解は, $a=-5,\ 1$ のそれぞれに対して $x=-3,\ 3$ であり, 接点の座標はそれぞれ $(-3,\ 15),\ (3,\ 3)$ である。

D は領域 $-2\leqq x\leqq4$ に含まれ, 点 $(3,\ 3)$ は D 内にあるが, 点 $(-3,\ 15)$ は D の外にある。

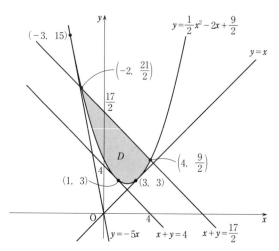

点 $(3,\ 3)$ と原点を結ぶ線分, 点 $\left(-2,\ \dfrac{21}{2}\right)$ と原点を結ぶ線分と x 軸の正の部分が

なす角をそれぞれ α, β $\left(0<\alpha<\dfrac{\pi}{2}<\beta<\pi\right)$ とすると

$$\tan\alpha=1,\ \ \tan\beta=-\frac{21}{4}\quad\cdots\cdots\text{④}$$

このとき, 図から, $P(p,\ q)$ が領域 D 内を動くときの θ について

$$0<\alpha\leqq\theta\leqq\beta<\pi$$

よって

$$\cos\beta\leqq\cos\theta\leqq\cos\alpha$$

ここで, 一般に $\cos^2x=\dfrac{1}{1+\tan^2x}$ であることと, $\cos\beta<0<\cos\alpha$ および④から

$$\cos\alpha=\sqrt{\frac{1}{1+1^2}}=\frac{\sqrt{2}}{2}$$

$$\cos\beta=-\sqrt{\frac{1}{1+\left(-\dfrac{21}{4}\right)^2}}=-\frac{4}{\sqrt{457}}=-\frac{4\sqrt{457}}{457}$$

ゆえに $\quad-\dfrac{4\sqrt{457}}{457}\leqq\cos\theta\leqq\dfrac{\sqrt{2}}{2}\quad\cdots\cdots\text{(答)}$

34 2019年度 〔4〕 Level B

ポイント [解法1] (1) $A\left(\dfrac{1}{2},\ \dfrac{1}{2}\right)$, $B\left(\dfrac{1}{2},\ -\dfrac{1}{2}\right)$ とおくと,D は

$$\overrightarrow{OC} = c_1\overrightarrow{OA} + c_2\overrightarrow{OB} \quad (-1 \leqq c_1 \leqq 1,\ -1 \leqq c_2 \leqq 1)$$

で得られる点 C の全体である。さらに,$-\overrightarrow{OQ} = \overrightarrow{OQ'}$ となる点 Q' を用いると,$\overrightarrow{OR} = \overrightarrow{OP} + \overrightarrow{OQ'}$ となることを利用する。

(2) F が D を x 軸正方向に a,y 軸正方向に b 平行移動したものであることを用いる。

[解法2] (1) D は連立不等式 $\begin{cases} -1 \leqq x+y \leqq 1 \\ -1 \leqq x-y \leqq 1 \end{cases}$ を満たす領域でもあることを利用し

$$(X,\ Y) = (p_1 - q_1,\ p_2 - q_2) \quad \text{かつ} \quad \begin{cases} -1 \leqq p_1 + p_2 \leqq 1 \\ -1 \leqq p_1 - p_2 \leqq 1 \end{cases}$$

$$\text{かつ} \quad \begin{cases} -1 \leqq q_1 + q_2 \leqq 1 \\ -1 \leqq q_1 - q_2 \leqq 1 \end{cases}$$

を満たす p_1,p_2,q_1,q_2 が存在するための $(X,\ Y)$ の条件を求める。

解法 1

(1) $D : |x| + |y| \leqq 1$ は両軸および原点に関して対称である。
$|x| + |y| \leqq 1$ は,$x \geqq 0$ かつ $y \geqq 0$ では,$x + y \leqq 1$ であるから,これを両軸および原点に関して対称移動したものが D となり,図1の網かけ部分(境界含む)となる。

$A\left(\dfrac{1}{2},\ \dfrac{1}{2}\right)$, $B\left(\dfrac{1}{2},\ -\dfrac{1}{2}\right)$ とおくと,D は

$$\overrightarrow{OC} = c_1\overrightarrow{OA} + c_2\overrightarrow{OB} \quad (-1 \leqq c_1 \leqq 1,\ -1 \leqq c_2 \leqq 1)$$

と表される点 C の全体である。

また,D は原点に関して対称であるから,$-\overrightarrow{OQ} = \overrightarrow{OQ'}$ となる点 Q' を考えると,Q が D 全体を動くとき,Q' も D 全体を動く。このとき

$$\overrightarrow{OR} = \overrightarrow{OP} - \overrightarrow{OQ} = \overrightarrow{OP} + \overrightarrow{OQ'}$$

であり

$$\begin{cases} \overrightarrow{OP} = p_1\overrightarrow{OA} + p_2\overrightarrow{OB} \quad (-1 \leqq p_1 \leqq 1,\ -1 \leqq p_2 \leqq 1) \\ \overrightarrow{OQ'} = q_1\overrightarrow{OA} + q_2\overrightarrow{OB} \quad (-1 \leqq q_1 \leqq 1,\ -1 \leqq q_2 \leqq 1) \end{cases}$$

とおくと

$$\overrightarrow{OR} = (p_1 + q_1)\overrightarrow{OA} + (p_2 + q_2)\overrightarrow{OB}$$

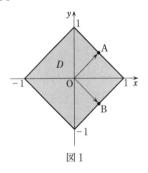

図1

ここで，P，Q′ が D を動くとき，p_1+q_1，p_2+q_2 はそれぞれ -2 以上 2 以下のあらゆる値をとって変化する。

ゆえに，E は図2の網かけ部分（境界含む）となる。

(2) F は D を x 軸正方向に a，y 軸正方向に b 平行移動したものである。

よって，H(a, b) とすると，F の点S，Tに対して

$$\overrightarrow{OS}=\overrightarrow{OP}+\overrightarrow{OH}, \quad \overrightarrow{OT}=\overrightarrow{OQ}+\overrightarrow{OH}$$

となる D の点P，Qがとれる。

このとき

$$\overrightarrow{OU}=\overrightarrow{OS}-\overrightarrow{OT}$$
$$=(\overrightarrow{OP}+\overrightarrow{OH})-(\overrightarrow{OQ}+\overrightarrow{OH})$$
$$=\overrightarrow{OP}-\overrightarrow{OQ}$$

であり，S，Tが F をもれなく動くとき，P，Qは D をもれなく動くので，G は E と一致する。　　　　　　　　　　　　　　　　　　　　　　　　（証明終）

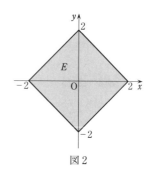

図2

解法 2

(1)　（E の図示について）

P(p_1, p_2)，Q(q_1, q_2)，R(r_1, r_2) とおくと，$\overrightarrow{OR}=\overrightarrow{OP}-\overrightarrow{OQ}$ は

$$(r_1, r_2)=(p_1-q_1, p_2-q_2)$$

となる。

また，D は連立不等式 $\begin{cases} -1 \leq x+y \leq 1 \\ -1 \leq x-y \leq 1 \end{cases}$ を満たす領域でもある。

よって，平面上の点 (X, Y) が E に属するための条件は

$$\begin{cases} p_1-q_1=X & \cdots\cdots① \\ p_2-q_2=Y & \cdots\cdots② \\ -1 \leq p_1+p_2 \leq 1 & \cdots\cdots③ \\ -1 \leq p_1-p_2 \leq 1 & \cdots\cdots④ \\ -1 \leq q_1+q_2 \leq 1 & \cdots\cdots⑤ \\ -1 \leq q_1-q_2 \leq 1 & \cdots\cdots⑥ \end{cases}$$

を満たす実数 p_1，p_2，q_1，q_2 が存在するための X，Y の条件として得られる。

$$\begin{cases} ① \\ ② \end{cases} \iff \begin{cases} p_1=q_1+X & \cdots\cdots①′ \\ p_2=q_2+Y & \cdots\cdots②′ \end{cases}$$

①′，②′ のもとで

$$\begin{cases} ③ \\ ④ \end{cases} \iff \begin{cases} -1 \leq q_1+q_2+X+Y \leq 1 \\ -1 \leq q_1-q_2+X-Y \leq 1 \end{cases}$$

$$\Longleftrightarrow \begin{cases} -1-X-Y \leqq q_1+q_2 \leqq 1-X-Y & \cdots\cdots③' \\ -1-X+Y \leqq q_1-q_2 \leqq 1-X+Y & \cdots\cdots④' \end{cases}$$

③′, ④′, ⑤, ⑥をすべて満たす実数 q_1, q_2 が存在するための X, Y の条件は

$$\begin{cases} -1-X-Y \leqq 1 \\ 1-X-Y \geqq -1 \\ -1-X+Y \leqq 1 \\ 1-X+Y \geqq -1 \end{cases} \quad \text{すなわち} \quad \begin{cases} -2 \leqq X+Y \leqq 2 \\ -2 \leqq X-Y \leqq 2 \end{cases} \quad \cdots\cdots⑦$$

である。逆に⑦を満たす (X, Y) に対して③′かつ④′を満たす q_1, q_2 がとれて，これを用いて，①′, ②′で p_1, p_2 を与えると，①かつ②を満たす実数 p_1, p_2 が得られる。

以上から，領域 E は⑦で与えられ，〔解法1〕の図2の網かけ部分（境界含む）となる。

（D の図示および(2)は〔解法1〕に同じ）

〔注〕〔解法2〕で，例えば，$-1 \leqq q_1+q_2 \leqq 1$ かつ $-1-X-Y \leqq q_1+q_2 \leqq 1-X-Y$ を満たす q_1, q_2 が存在するための X, Y の条件が，$-1-X-Y \leqq 1$ かつ $1-X-Y \geqq -1$ となることは，このような q_1, q_2 が存在しないのが $-1-X-Y > 1$ または $1-X-Y < -1$ の2通りの場合であることから得られる。他も同様である。

35

ポイント [解法1] (1) 2接線 l, m の方程式を求め、点Aの x 座標 a の1次式で $\sqrt{L}+\sqrt{M}$ を表し、その増減を考える。

(2) 領域 D が領域 $px+qy\leqq0$ に含まれるための p, q の条件を求める。D, l, m の図をもとに、q の符号で場合分けを行う。

[解法2] (2) $Q(x, y)$ として $px+qy\leqq0$ を $\overrightarrow{OP}\cdot\overrightarrow{OQ}\leqq0$ ととらえ、$\overrightarrow{OP}$ と $\overrightarrow{OQ}$ のなす角の条件を考える。

解法 1

(1) y 軸は放物線 C に接することはないので、2接線 l, m の方程式は $y=kx$ (k は実数) とおくことができる。これと C の方程式から y を消去した x の2次方程式は

$$x^2-3x+4=kx \qquad x^2-(3+k)x+4=0$$

この (判別式)$=0$ から

$$(3+k)^2-16=0 \qquad 3+k=\pm4 \qquad k=-7,\ 1$$

これより

$$l : y=-7x \quad (7x+y=0)$$
$$m : y=x \quad (x-y=0)$$

として考えてよい。

C は領域 $7x+y\geqq0$ かつ $x-y\leqq0$ にあり、C 上の点Aの x 座標を a として

$$L=\frac{|7a+a^2-3a+4|}{\sqrt{49+1}}=\frac{a^2+4a+4}{5\sqrt{2}}=\frac{(a+2)^2}{5\sqrt{2}}$$

$$M=\frac{|a-a^2+3a-4|}{\sqrt{2}}=\frac{a^2-4a+4}{\sqrt{2}}=\frac{(a-2)^2}{\sqrt{2}}$$

よって

$$\sqrt{L}+\sqrt{M}=\frac{\sqrt{(a+2)^2}}{\sqrt{5}\sqrt{\sqrt{2}}}+\frac{\sqrt{(a-2)^2}}{\sqrt{\sqrt{2}}}$$

$$=\frac{|a+2|+\sqrt{5}\,|a-2|}{\sqrt{5}\sqrt{\sqrt{2}}} \quad \cdots\cdots ①$$

次に、①の分子が最小となるときのAの座標を求める。

$$|a+2|+\sqrt{5}\,|a-2|$$
$$=\begin{cases} -a-2-\sqrt{5}\,(a-2)=-(\sqrt{5}+1)a+2(\sqrt{5}-1) & (a\leqq-2 \text{ のとき}) \\ a+2-\sqrt{5}\,(a-2)=-(\sqrt{5}-1)a+2(\sqrt{5}+1) & (-2\leqq a\leqq2 \text{ のとき}) \\ a+2+\sqrt{5}\,(a-2)=(\sqrt{5}+1)a-2(\sqrt{5}-1) & (a\geqq2 \text{ のとき}) \end{cases}$$

よって，$|a+2|+\sqrt{5}\,|a-2|$ は $a \le 2$ で減少，$a \ge 2$ で増加する連続関数である。

ゆえに，$\sqrt{L}+\sqrt{M}$ が最小となるのは $a=2$ のときであり，このとき，A の座標は

    A $(2,\ 2)$ ……(答)

〔注〕 $(x^2-3x+4)'=2x-3$

なので，C 上の点 $(t,\ t^2-3t+4)$ における接線

    $y=(2t-3)(x-t)+t^2-3t+4$

すなわち $y=(2t-3)x-t^2+4$

が原点を通る条件から，$t=\pm 2$ として，2 接線 $l,\ m$ の方程式を求めてもよい。

(2) 「領域 D が領域 $px+qy \le 0$ に含まれる」 ……(＊)

ための $p,\ q$ の条件を求める。

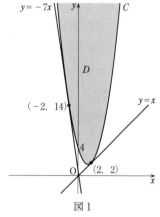

図1

(i) $q=0$ のとき

$px+qy \le 0$ は $px \le 0$ となる。D 内の点の x 座標は正も負もあり得るので，(＊)が成り立つための条件は $p=0$ である。

(ii) $q>0$ のとき

$px+qy \le 0$ は $y \le -\dfrac{p}{q}x$ である。D 内の点 $(0,\ 4)$ はこれを満たさない。

よって，(＊)は成り立たないので不適。

(iii) $q<0$ のとき

$px+qy \le 0$ は $y \ge -\dfrac{p}{q}x$ である。

領域 D は図1の網かけ部分（境界含む）であるから，(＊)が成り立つための条件は，直線 $y=-\dfrac{p}{q}x$ の傾きを考えて

$$-7 \le -\frac{p}{q} \le 1 \quad (q<0)$$

である。

$q<0$ から，これは $q \le \dfrac{1}{7}p$ かつ $q \le -p$ である。

以上(i)，(ii)，(iii)から，条件を満たす点 $P(p,\ q)$ の動き得る範囲は

$$y \le \frac{1}{7}x \quad \text{かつ} \quad y \le -x \quad \text{……(答)}$$

これを図示すると，図2の網かけ部分（境界含む）となる。

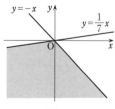

図2

解 法 2

((1)は［解法1］に同じ）

(2) 点 P$(p,\ q)$ と領域 D 内の点 Q$(x,\ y)$ に対して

$$px + qy = \overrightarrow{\mathrm{OP}} \cdot \overrightarrow{\mathrm{OQ}}$$

$\overrightarrow{\mathrm{OQ}} \neq \vec{0}$ であるから

$$px + qy = 0$$

となるのは，$\overrightarrow{\mathrm{OP}} = \vec{0}$ または $\overrightarrow{\mathrm{OP}} \perp \overrightarrow{\mathrm{OQ}}$ のときである。

また　$px + qy < 0$

となるのは，$\overrightarrow{\mathrm{OP}}\ (\neq \vec{0})$ と $\overrightarrow{\mathrm{OQ}}$ のなす角が鈍角のときである。

よって，点Pが満たすべき条件は

「P＝O であるか，または P≠O で D 内のすべての点Qに対して，$\angle \mathrm{POQ} \geqq \dfrac{\pi}{2}$ となる」……②

ことである。

C と直線 $y = x$，$y = -7x$ との接点はそれぞれ $(2,\ 2)$，$(-2,\ 14)$ であり，また，D は領域 $y \geqq x$ かつ $y \geqq -7x$ に含まれる（図3）。

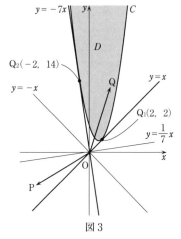

図3

よって，Q$_1(2,\ 2)$，Q$_2(-2,\ 14)$ として，条件②は

「P＝O または，P≠O かつ $\angle \mathrm{POQ_1} \geqq \dfrac{\pi}{2}$ かつ $\angle \mathrm{POQ_2} \geqq \dfrac{\pi}{2}$」 ……②′

である。

直線 $y = x$ に垂直な直線 $y = -x$ と，直線 $y = -7x$ に垂直な直線 $y = \dfrac{1}{7}x$ を考えて，条

件②′ は

「点 P $(p,\ q)$ が領域 $y\leqq -x$ かつ $y\leqq \dfrac{1}{7}x$ に属すること」

である。

よって，求める範囲は

$$y\leqq \frac{1}{7}x \quad \text{かつ} \quad y\leqq -x \quad \cdots\cdots(\text{答})$$

（図示は［解法1］の図2に同じ）

〔注〕［解法2］において，②′ を「$\overrightarrow{\mathrm{OP}}\cdot\overrightarrow{\mathrm{OQ_1}}\leqq 0$ かつ $\overrightarrow{\mathrm{OP}}\cdot\overrightarrow{\mathrm{OQ_2}}\leqq 0$」として，これより

「$2p+2q\leqq 0$ かつ $-2p+14q\leqq 0$」

すなわち 「$q\leqq -p$ かつ $q\leqq \dfrac{1}{7}p$」

とする記述も可。

36 2018 年度 〔4〕 Level A

ポイント (1) 点 P，Q を P(p, p^2)，Q(x, y) とおき，$\overrightarrow{OP} = \dfrac{1}{2}\overrightarrow{OQ}$ から，x，y の満たすべき関係式と x の範囲を求める。

(2) $\overrightarrow{OS} = \overrightarrow{OQ} + \overrightarrow{OR}$ から点 Q の軌跡を x 軸正方向に r （r は R の x 座標）だけ平行移動した曲線が，$0 \leqq r \leqq 1$ で r が変化する間に通過する領域を考える。

解 法

(1) P(p, p^2)，Q(x, y) とおくと，$\overrightarrow{OP} = \dfrac{1}{2}\overrightarrow{OQ}$ から，$(p, p^2) = \left(\dfrac{1}{2}x, \dfrac{1}{2}y\right)$ であり，

$\dfrac{1}{2}y = \left(\dfrac{1}{2}x\right)^2$ なので

$$y = \frac{1}{2}x^2 \quad \cdots\cdots\text{①}$$

ここで，$-1 \leqq p \leqq 1$ から

$$-1 \leqq \frac{1}{2}x \leqq 1 \qquad -2 \leqq x \leqq 2 \quad \cdots\cdots\text{②}$$

①，②から，点 Q の軌跡は，放物線 $y = \dfrac{1}{2}x^2$ の $-2 \leqq x \leqq 2$ の部分である。 ……(答)

〔注〕 $\overrightarrow{OQ} = 2\overrightarrow{OP}$ から，$(x, y) = (2p, 2p^2)$ として，$y = \dfrac{1}{2}x^2$，$-2 \leqq x \leqq 2$ を導いてもよい。

(2) (1)の点 Q を用いると $\overrightarrow{OS} = \overrightarrow{OQ} + \overrightarrow{OR}$

R$(r, 0)$ $(0 \leqq r \leqq 1)$ とおけるので，点 S は点 Q を x 軸正方向に r 平行移動したものである。よって，(1)で求めた点 Q の軌跡を F として，点 S が動く領域は F を x 軸正方向に 1 平行移動する間に F が通過する領域であり，下図の網かけ部分（境界含む）となる。

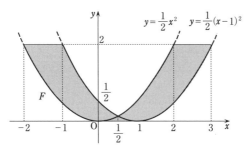

この面積は，直線 $x=\dfrac{1}{2}$ に関する対称性から

$$2\left\{\int_{\frac{1}{2}}^{2}\frac{1}{2}x^2dx+(3-2)\cdot 2-\int_{1}^{3}\frac{1}{2}(x-1)^2dx\right\}$$

$$=2\left\{\frac{1}{6}\Big[x^3\Big]_{\frac{1}{2}}^{2}+2-\frac{1}{6}\Big[(x-1)^3\Big]_{1}^{3}\right\}$$

$$=2\left\{\frac{1}{6}\Big(8-\frac{1}{8}\Big)+2-\frac{1}{6}\cdot 8\right\}$$

$$=\frac{95}{24}\quad\cdots\cdots(答)$$

〔注〕 面積計算では，右図の考え方を用いて

$$2+2-2\int_{0}^{\frac{1}{2}}\frac{1}{2}x^2dx$$

と立式すると，計算量が軽減される。

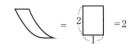

37

2017年度　〔2〕　　　　　　　　　　　　　　　　　　Level　B

ポイント　［解法1］　xy 平面上で A$(1, 0)$，D$(-1, 0)$ などと設定し，AP：PB $=p：1-p$，DQ：QC$=q：1-q$，R(x, y) として，x，y を p，q で表す。
$x=f(p, q)$ かつ $y=g(p, q)$ かつ $0≦p≦1$，$0≦q≦1$ を満たす p，q が存在するための x，y の条件から点Rが通りうる範囲を得る。

［解法2］　$\overrightarrow{AB}=\vec{a}$，$\overrightarrow{AF}=\vec{b}$ とおき，$\overrightarrow{AP}=p\overrightarrow{AB}$，$\overrightarrow{AQ}=\overrightarrow{AC}+q\overrightarrow{AF}$ として，
$\overrightarrow{AR}=x\vec{a}+y\vec{b}$（$x$，$y$ はそれぞれ p，q の式）と表す。x，y のとりうる値の範囲を求めて点Rが通りうる範囲を考える。

解法 1

xy 平面上で，A$(1, 0)$，B$\left(\dfrac{1}{2}, \dfrac{\sqrt{3}}{2}\right)$，C$\left(-\dfrac{1}{2}, \dfrac{\sqrt{3}}{2}\right)$，D$(-1, 0)$ として考える。

AP：PB$=p：1-p$ $(0≦p≦1)$ とすると

$$P\left(1-\frac{p}{2}, \frac{\sqrt{3}}{2}p\right)$$

DQ：QC$=q：1-q$ $(0≦q≦1)$ とすると

$$Q\left(-1+\frac{q}{2}, \frac{\sqrt{3}}{2}q\right)$$

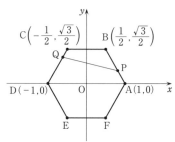

よって　$R\left(\dfrac{1-\dfrac{p}{2}+2\left(-1+\dfrac{q}{2}\right)}{2+1}, \dfrac{\dfrac{\sqrt{3}}{2}p+\sqrt{3}q}{2+1}\right)$ から

$$R\left(\frac{-p+2q-2}{6}, \frac{\sqrt{3}p+2\sqrt{3}q}{6}\right)$$

したがって，点 R(x, y) が通りうる範囲は

$$\begin{cases} x = \dfrac{-p + 2q - 2}{6} & \cdots\cdots① \\[2mm] y = \dfrac{\sqrt{3}\,p + 2\sqrt{3}\,q}{6} & \cdots\cdots② \\[2mm] 0 \leqq p \leqq 1 & \cdots\cdots③ \\[2mm] 0 \leqq q \leqq 1 & \cdots\cdots④ \end{cases}$$

を満たす実数 p, q が存在するための x, y の条件から得られる。

①より　　$-p + 2q = 6x + 2$　$\cdots\cdots⑤$

②より　　$p + 2q = 2\sqrt{3}\,y$　$\cdots\cdots⑥$

$\begin{cases} ⑤+⑥ \\ ⑥-⑤ \end{cases}$ より $\begin{cases} 4q = 6x + 2\sqrt{3}\,y + 2 \\ 2p = -6x + 2\sqrt{3}\,y - 2 \end{cases}$

これと $\begin{cases} ③ \\ ④ \end{cases}$ から $\begin{cases} 0 \leqq 6x + 2\sqrt{3}\,y + 2 \leqq 4 \\ 0 \leqq -6x + 2\sqrt{3}\,y - 2 \leqq 2 \end{cases}$ となり

$$\begin{cases} -\sqrt{3}\,x - \dfrac{\sqrt{3}}{3} \leqq y \leqq -\sqrt{3}\,x + \dfrac{\sqrt{3}}{3} \\[2mm] \sqrt{3}\,x + \dfrac{\sqrt{3}}{3} \leqq y \leqq \sqrt{3}\,x + \dfrac{2\sqrt{3}}{3} \end{cases}$$

これが R (x, y) が通りうる範囲であり，図示すると下図の網かけ部分（平行四辺形の周および内部）となる。

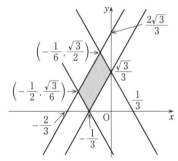

この面積は三角形の面積を用いて

$$\frac{1}{2} \cdot \frac{2}{3} \cdot \frac{2\sqrt{3}}{3} - \frac{1}{2} \cdot \frac{1}{3} \cdot \frac{\sqrt{3}}{3} - \frac{1}{2} \cdot \frac{1}{3} \cdot \frac{\sqrt{3}}{6} - \frac{1}{2} \cdot \frac{\sqrt{3}}{3} \cdot \frac{1}{6}$$

$$= \frac{2\sqrt{3}}{9} - \frac{\sqrt{3}}{18} - 2 \cdot \frac{\sqrt{3}}{36} = \frac{\sqrt{3}}{9} \quad \cdots\cdots（答）$$

〔注〕A $(6, 0)$，D $(-6, 0)$ などとして，6 倍の相似比での座標設定によれば，交点の座標が整数となり分数計算を避けることができる。最後に結果を $\dfrac{1}{36}$ 倍すると解答を得る。

解法 2

$\overrightarrow{AB}=\vec{a}$, $\overrightarrow{AF}=\vec{b}$ とおく。

AP : PB $=p : 1-p$ $(0\leqq p\leqq1)$, CQ : QD $=q : 1-q$ $(0\leqq q\leqq1)$ とすると

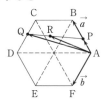

$$\overrightarrow{AP}=p\overrightarrow{AB}=p\vec{a} \quad (0\leqq p\leqq1)$$

$$\overrightarrow{AQ}=\overrightarrow{AC}+q\overrightarrow{CD}=\overrightarrow{AB}+\overrightarrow{BC}+q\overrightarrow{AF}$$

$$=\overrightarrow{AB}+(\overrightarrow{AB}+\overrightarrow{AF})+q\overrightarrow{AF} \quad (\overrightarrow{BC}=\overrightarrow{AB}+\overrightarrow{AF} \text{ より})$$

$$=2\vec{a}+(1+q)\vec{b} \quad (0\leqq q\leqq1)$$

と書けて

$$\overrightarrow{AR}=\frac{\overrightarrow{AP}+2\overrightarrow{AQ}}{2+1}=\frac{p\vec{a}+2\{2\vec{a}+(1+q)\vec{b}\}}{3}$$

$$=\frac{p+4}{3}\vec{a}+\frac{2+2q}{3}\vec{b}$$

$$=x\vec{a}+y\vec{b} \quad \left(x=\frac{p+4}{3}, \ y=\frac{2+2q}{3} \text{ とおく}\right)$$

ここで，p, q は $0\leqq p\leqq1$，$0\leqq q\leqq1$ の範囲を独立に変化するので，x, y は

$$\frac{4}{3}\leqq x\leqq\frac{5}{3}, \quad \frac{2}{3}\leqq y\leqq\frac{4}{3}$$

の範囲を独立に変化する。

ゆえに，点Rの通りうる範囲は右図の網かけ部分（平行四辺形
の周および内部）となり，その面積は

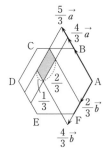

$$\frac{2}{3}\cdot\frac{1}{3}\sin\frac{\pi}{3}=\frac{\sqrt{3}}{9} \quad \cdots\cdots\text{(答)}$$

38

ポイント　条件(ii)をみたす点Pの範囲が線分 AB となるのは明らか。条件(i)をみたす点Pの範囲とは，領域 $|x|\leqq1$ と，A，B を通り，頂点の x 座標の絶対値が 1 以上の放物線の通過範囲の共通部分である。放物線がA，B を通る条件から，放物線を文字 a のみで表し，頂点の x 座標に関する条件を a の不等式で表す。さらに，放物線の方程式を a の 1 次方程式と見ることにより P (x, y) についての条件を導く。

解法

条件(ii)をみたす点Pの範囲は線分 AB である。　……①
条件(i)をみたす点Pの範囲を求める。
2 次関数 $f(x) = ax^2 + bx + c$ $(a \neq 0)$ のグラフ（放物線）を C とする。
C の頂点の x 座標の絶対値が 1 以上で，C が点A，B を通るための a, b, c の条件は

$$
\begin{cases}
\left|-\dfrac{b}{2a}\right|\geqq1 \quad \text{かつ} \quad a\neq0 \quad \cdots\cdots② \\
a-b+c=1 \quad \cdots\cdots③ \\
a+b+c=-1 \quad \cdots\cdots④
\end{cases}
$$

である。
③，④から　　$b=-1$, $c=-a$
となり

$$f(x) = ax^2 - x - a$$

である。
また，②は $\left|\dfrac{1}{2a}\right|\geqq1$ かつ $a\neq0$, すなわち

$$-\frac{1}{2}\leqq a<0 \quad \text{または} \quad 0<a\leqq\frac{1}{2} \quad \cdots\cdots②'$$

である。したがって，条件(i)の放物線 C が存在するための P (x, y) の条件は

$$|x|\leqq1 \quad \cdots\cdots⑤$$

のもとで

$$y=ax^2-x-a \quad \text{かつ} \quad ②'$$

をみたす実数 a が存在することである。

$$y=ax^2-x-a \Longleftrightarrow (x^2-1)a=x+y \quad \cdots\cdots⑥$$

であるから，⑥かつ②' をみたす実数 a が存在するための P (x, y) の条件は，⑤のもとで，次の(ア)または(イ)である。
(ア)　$x^2=1$ のとき

⑥は $0 \cdot a = x + y$ となり，これと②′をみたす a が存在するための条件は
$x + y = 0$ である。よって

$$(x, y) = (1, -1), \ (-1, 1) \quad \cdots\cdots ⑦ \quad （これは⑤をみたす）$$

(イ)　$x^2 \neq 1$ のとき

⑥は $a = \dfrac{x + y}{x^2 - 1}$ であり，これが②′をみたすための条件は

$$-\frac{1}{2} \leqq \frac{x + y}{x^2 - 1} < 0 \quad \text{または} \quad 0 < \frac{x + y}{x^2 - 1} \leqq \frac{1}{2}$$

⑤より，$x^2 - 1 < 0$ なので，これは

$$-\frac{1}{2}x^2 - x + \frac{1}{2} \geqq y > -x \quad \text{または} \quad -x > y \geqq \frac{1}{2}x^2 - x - \frac{1}{2} \quad \cdots\cdots ⑧$$

となる。

以上から，点Pの範囲は「①または⑦または⑧」であり，右図の網かけ部分（境界を含む）となる。この面積は

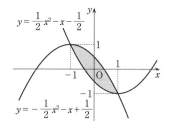

$$\int_{-1}^{1} \left\{ \left(-\frac{1}{2}x^2 - x + \frac{1}{2} \right) - \left(\frac{1}{2}x^2 - x - \frac{1}{2} \right) \right\} dx$$

$$= -\int_{-1}^{1} (x^2 - 1)\, dx$$

$$= -2\int_{0}^{1} (x^2 - 1)\, dx$$

$$= -2\left[\frac{1}{3}x^3 - x \right]_{0}^{1}$$

$$= \frac{4}{3} \quad \cdots\cdots（答）$$

〔注〕　条件(ii)から線分 AB が得られることは明らかである。この条件を入れた理由は，(i)だけだと，Pの存在範囲から，線分 AB が除かれた図形の面積という概念に疑問が生じかねないという配慮からであろう。また，$|x| \leqq 1$ に制限したのは，$|x| > 1$ の場合も含めると，Pの存在範囲が有界な範囲にならないので，面積を問えなくなるからである。これらのことがなければ，問題は単に，頂点の x 座標の絶対値が 1 以上の，A，B を通る放物線上にあるような点Pの範囲すなわち放物線の通過範囲を求める問題である。時折，やや難しい表現で問題を与えるという東大特有の出題ともいえるので，問題文に惑わされないことが大切である。

39

ポイント (1) p, q のみたすべき条件を整理した後，直線 PQ を p で表現した方程式に (s, t) を代入した式から，t を p の2次関数として表現する。次いで，s の値で場合を分け，p の動く範囲を決定し，t のとり得る値の範囲を決定する。

(2) (1)の結果に基づいて図示する。

解法

(1)　　$P(p, \sqrt{3}p)$, $Q(q, -\sqrt{3}q)$　　$(0 \leq p \leq 2, -3 \leq q \leq 0)$

とおくと，$OP + OQ = 2p - 2q$ であるから，$OP + OQ = 6$ より

$$p - q = 3$$

よって，p, q は

$$\begin{cases} 0 \leq p \leq 2 & \cdots\cdots① \\ -3 \leq q \leq 0 & \cdots\cdots② \\ q = p - 3 & \cdots\cdots③ \end{cases}$$

をみたす実数である。

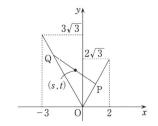

②，③から，$-3 \leq p - 3 \leq 0$　すなわち　$0 \leq p \leq 3$

これと，①から　　$0 \leq p \leq 2$

したがって，p, q のみたすべき条件は

$$\begin{cases} q = p - 3 & \cdots\cdots③ \\ 0 \leq p \leq 2 & \cdots\cdots④ \end{cases} \quad となる。$$

直線 PQ の方程式は

$$y = \frac{\sqrt{3}p + \sqrt{3}q}{p - q}(x - p) + \sqrt{3}p$$

これは③により

$$y = \frac{\sqrt{3}(2p - 3)}{3}(x - p) + \sqrt{3}p$$

$$y = \frac{\sqrt{3}(2p - 3)}{3}x - \frac{2\sqrt{3}}{3}p^2 + 2\sqrt{3}p$$

となる。よって，点 (s, t) が線分 PQ 上にあるための条件は，$q \leq s \leq p$ かつ

$$t = \frac{\sqrt{3}(2p - 3)}{3}s - \frac{2\sqrt{3}}{3}p^2 + 2\sqrt{3}p$$

$$= -\frac{2\sqrt{3}}{3}p^2 + \frac{2\sqrt{3}}{3}(s + 3)p - \sqrt{3}s$$

$$= -\frac{2\sqrt{3}}{3}\left(p-\frac{s+3}{2}\right)^2 + \frac{\sqrt{3}}{6}s^2 + \frac{3\sqrt{3}}{2}$$

を s, t がみたすことである。

これを $f(p)$ とおくと，pt 平面で $y=f(p)$ のグラフは上に凸の放物線で，軸の方程式は $p=\dfrac{s+3}{2}$ である。

ここで p のとり得る値の範囲は

$$0\le p\le2 \quad (④) \quad かつ \quad q=p-3\le s\le p$$

すなわち

$$0\le p\le2 \quad かつ \quad s\le p\le s+3 \quad \cdots\cdots⑤$$

(i) $-3\le s\le-1$ のとき

$0\le s+3\le2$ であるから

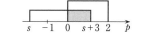

$$⑤ \Longleftrightarrow 0\le p\le s+3 \quad \cdots\cdots⑥$$

放物線の軸が $p=\dfrac{s+3}{2}$ であるから，⑥から

$$f(s+3)=f(0)\le t\le f\left(\frac{s+3}{2}\right)$$

すなわち　　　$-\sqrt{3}s\le t\le\dfrac{\sqrt{3}}{6}s^2+\dfrac{3\sqrt{3}}{2}$

(ii) $-1<s\le0$ のとき

$2<s+3\le3$ であるから

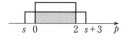

$$⑤ \Longleftrightarrow 0\le p\le2 \quad \cdots\cdots⑦$$

また，$-1<s\le0$ から，$1<\dfrac{s+3}{2}\le\dfrac{3}{2}$ なので，軸の位置と⑦から

$$f(0)\le t\le f\left(\frac{s+3}{2}\right)$$

すなわち　　　$-\sqrt{3}s\le t\le\dfrac{\sqrt{3}}{6}s^2+\dfrac{3\sqrt{3}}{2}$

(iii) $0<s\le1$ のとき

$3<s+3\le4$ であるから

$$⑤ \Longleftrightarrow s\le p\le2 \quad \cdots\cdots⑧$$

また，$0<s\le1$ から，$\dfrac{3}{2}<\dfrac{s+3}{2}\le2$ なので，軸の位置と⑧から

$$f(s)\le t\le f\left(\frac{s+3}{2}\right)$$

すなわち　　　$\sqrt{3}s\le t\le\dfrac{\sqrt{3}}{6}s^2+\dfrac{3\sqrt{3}}{2}$

(iv) $1<s\leqq 2$ のとき

$4<s+3\leqq 5$ であるから

⑤ $\Longleftrightarrow s\leqq p\leqq 2$ ……⑨

また，$1<s\leqq 2$ から，$2<\dfrac{s+3}{2}\leqq\dfrac{5}{2}$ なので，軸の位置と⑨から

$$f(s)\leqq t\leqq f(2)$$

すなわち $\sqrt{3}s\leqq t\leqq\dfrac{\sqrt{3}}{3}s+\dfrac{4\sqrt{3}}{3}$

以上より，t の値の範囲は

$$-3\leqq s\leqq 0 \text{ のとき} \quad -\sqrt{3}s\leqq t\leqq\dfrac{\sqrt{3}}{6}s^2+\dfrac{3\sqrt{3}}{2} \left.\vphantom{\dfrac{\sqrt{3}}{6}}\right\}$$

$$0<s\leqq 1 \text{ のとき} \quad \sqrt{3}s\leqq t\leqq\dfrac{\sqrt{3}}{6}s^2+\dfrac{3\sqrt{3}}{2} \left.\vphantom{\dfrac{\sqrt{3}}{6}}\right\} \quad ……(\text{答})$$

$$1<s\leqq 2 \text{ のとき} \quad \sqrt{3}s\leqq t\leqq\dfrac{\sqrt{3}}{3}s+\dfrac{4\sqrt{3}}{3} \left.\vphantom{\dfrac{\sqrt{3}}{6}}\right\}$$

(2) (1)から，下図の網かけ部分（境界を含む）が D となる。

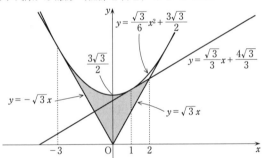

ただし，放物線 $y=\dfrac{\sqrt{3}}{6}x^2+\dfrac{3\sqrt{3}}{2}$ と 2 直線 $y=\dfrac{\sqrt{3}}{3}x+\dfrac{4\sqrt{3}}{3}$, $y=-\sqrt{3}x$ は，それぞれ点

$\left(1,\ \dfrac{5\sqrt{3}}{3}\right)$, $(-3,\ 3\sqrt{3})$ で接する。

〔注〕 (1)は，線分 PQ 上の点の x 座標 s を固定するごとに，P，Q を動かしたときに y 座標 t のとり得る値の範囲を求め，その最小値が描く曲線と最大値が描く曲線ではさまれた図形として線分の通過範囲を図示するという，いわゆる「すだれ法」による解答が求められている。これは 2007 年度理科〔3〕と同じ形式の出題である。

40　2013年度〔3〕　Level B

ポイント　$x^2+y^2 \leqq 25$ かつ $2x+y \leqq 5$ かつ $(x-a)^2+(y-b)^2=z+a^2+b^2$ を満たす実数 x, y が存在するための z の最小値を求める。

$z+a^2+b^2 \geqq 0$ のもとで，点 (a, b) を中心とする半径 $\sqrt{z+a^2+b^2}$（半径 0 の場合も含む）の円が，領域 $x^2+y^2 \leqq 25$ かつ $2x+y \leqq 5$ と共有点をもつための半径の条件を，点 (a, b) の位置の場合分けで考える。

解 法

$x^2+y^2 \leqq 25$ かつ $2x+y \leqq 5$ を満たす点 (x, y) の集合を D とすると，D は図 1 の網かけ部分（境界含む）である。

また

$$z = x^2+y^2-2ax-2by$$
$$\Longleftrightarrow (x-a)^2+(y-b)^2 = z+a^2+b^2 \quad \cdots\cdots ①$$

であるから

「$(x, y) \in D$ かつ①を満たす実数 x, y が存在するための z の最小値」

を求める。

このような実数 x, y が存在するためには

$z+a^2+b^2 \geqq 0$ でなければならず，このとき①は

点 (a, b) を中心とする半径 $\sqrt{z+a^2+b^2}$（0 の場合も含む）の円である。

この円を C とし，$A(a, b)$，$R = \sqrt{z+a^2+b^2}$ とおくと

「$(x, y) \in D$ かつ①を満たす実数 x, y が存在するための z の最小値」

は

「円 C と領域 D の共有点が存在するための z の最小値」

であり，このような z の最小値は，円 C と領域 D の共有点が存在するような半径 R の最小値（r とおく）から，$z = r^2-a^2-b^2$ で与えられる。

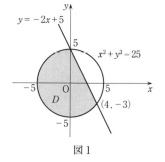

図1

Aの位置によって，次の(I)～(V)の5つの場合が考えられる。

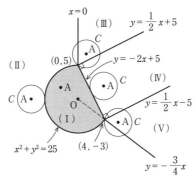

図2

(I) $\begin{cases} a^2+b^2\leqq25 \\ b\leqq-2a+5 \end{cases}$ のとき

$r=0$ であり

z の最小値は $\quad -a^2-b^2 \quad$ ……(答)

(II) $\begin{cases} a^2+b^2\geqq25 \\ a\leqq0 \text{ または } b\leqq-\dfrac{3}{4}a \end{cases}$ のとき

$r=\mathrm{OA}-5=\sqrt{a^2+b^2}-5$ であり

z の最小値は

$$(\sqrt{a^2+b^2}-5)^2-a^2-b^2=25-10\sqrt{a^2+b^2} \quad ……(答)$$

(III) $\begin{cases} a\geqq0 \\ b\geqq\dfrac{1}{2}a+5 \end{cases}$ のとき

r はAと点 $(0,\ 5)$ の距離 $\sqrt{a^2+(b-5)^2}$ であり

z の最小値は

$$(\sqrt{a^2+(b-5)^2})^2-a^2-b^2=25-10b \quad ……(答)$$

(IV) $\begin{cases} b\geqq-2a+5 \\ \dfrac{1}{2}a-5\leqq b\leqq\dfrac{1}{2}a+5 \end{cases}$ のとき

r はAと直線 $y=-2x+5$ の距離 $\dfrac{|2a+b-5|}{\sqrt{2^2+1^2}}=\dfrac{2a+b-5}{\sqrt{5}}$ であり

z の最小値は

$$\left(\dfrac{2a+b-5}{\sqrt{5}}\right)^2-a^2-b^2=\dfrac{1}{5}(-a^2-4b^2+4ab-20a-10b+25) \quad ……(答)$$

(V) $-\dfrac{3}{4}a \leqq b \leqq \dfrac{1}{2}a-5$ のとき

r はAと点 $(4, -3)$ の距離 $\sqrt{(a-4)^2+(b+3)^2}$ であり

z の最小値は

$$(\sqrt{(a-4)^2+(b+3)^2})^2-a^2-b^2=25-8a+6b \quad \cdots\cdots (答)$$

〔注〕　本問のポイントは中心 (a, b) が領域の外にある場合に，円が領域の境界に接する場合と境界上の特別な2点を通るときに分けて考えることにある。さらに，境界の円弧と接するのは (a, b) がどの位置にある場合なのか，線分部分と接するのは (a, b) がどの位置にある場合なのかを判別し，それらを a, b を用いた領域として表現する煩雑さも加わる。粘り強い処理力とグラフを正しくとらえる力が必要である。

41

ポイント 与式を y の 2 次方程式とみてその判別式を利用する。

解 法

$$2x^2 + 4xy + 3y^2 + 4x + 5y - 4 = 0$$

すなわち

$$3y^2 + (4x+5)y + 2x^2 + 4x - 4 = 0 \quad \cdots\cdots ①$$

を満たす実数 y が存在するための実数 x の範囲（条件）を求める。この条件は y の 2 次方程式①の判別式 D が 0 以上となることであるから

$$D = (4x+5)^2 - 4 \cdot 3 \cdot 2(x^2 + 2x - 2) \geqq 0$$

$$8x^2 + 8x - 73 \leqq 0$$

$$\left(x - \frac{-2 - 5\sqrt{6}}{4}\right)\left(x - \frac{-2 + 5\sqrt{6}}{4}\right) \leqq 0$$

$$\frac{-2 - 5\sqrt{6}}{4} \leqq x \leqq \frac{-2 + 5\sqrt{6}}{4}$$

ゆえに，x のとりうる最大の値は $\dfrac{-2 + 5\sqrt{6}}{4}$ ……（答）

〔注〕 複数の文字の条件式が与えられたとき，そのうちの 1 つの文字（本問では x）のとりうる値の範囲とは，その条件式を満たす他の文字（本問では y）が実数として存在するための実数 x の範囲として求められる。本問のレベルはきわめて基本的であるが，より複雑な問題ではこの観点が効果的に働くので習熟することが望まれる。

42

ポイント　直線 CD の方程式を t で表し，直線 AB の方程式との連立により D の座標を t で表す。$\triangle$OAC と $\triangle$BCD の面積の和が最小のときを考える。

解　法

直線 AC の傾きは $-\dfrac{1}{t}$ で，$\angle$ACO $=\angle$BCD より直

線 CD の傾きは $\dfrac{1}{t}$ だから，直線 CD の方程式は

$y=\dfrac{1}{t}(x-t)$ であり，この式を直線 AB の方程式

$y=-x+1$ に代入して

$$\frac{1}{t}(x-t)=-x+1$$

これより，$x=\dfrac{2t}{1+t}$ となり，このとき，$y=\dfrac{1-t}{1+t}$ となる。

よって，D$\left(\dfrac{2t}{1+t},\ \dfrac{1-t}{1+t}\right)$ である。

したがって　　$\triangle$BCD $=\dfrac{1}{2}(1-t)\cdot\dfrac{1-t}{1+t}=\dfrac{1}{2}\cdot\dfrac{(1-t)^2}{1+t}$

また，$\triangle$OAC $=\dfrac{1}{2}t$ なので

$$\triangle\text{OAC}+\triangle\text{BCD}=\frac{1}{2}\left\{\frac{(1-t)^2}{1+t}+t\right\}$$

ここで

$$\frac{(1-t)^2}{1+t}+t=\frac{\{(t+1)-2\}^2}{t+1}+t=(t+1)-4+\frac{4}{t+1}+t$$

$$=2(t+1)+\frac{4}{t+1}-5$$

$$\geqq 2\sqrt{2(t+1)\cdot\frac{4}{t+1}}-5\quad(\because\ t+1>0,\ 相加・相乗平均の関係)$$

$$=4\sqrt{2}-5$$

等号は，$t+1=\dfrac{2}{t+1}$ すなわち $t=\sqrt{2}-1$（これは $0<t<1$ を満たす）のときに成り立つので，$\triangle$OAC $+\triangle$BCD の最小値は

$$\frac{4\sqrt{2}-5}{2}=2\sqrt{2}-\frac{5}{2}$$

である。

$$\triangle \mathrm{ACD}=\triangle \mathrm{OAB}-(\triangle \mathrm{OAC}+\triangle \mathrm{BCD})=\frac{1}{2}-(\triangle \mathrm{OAC}+\triangle \mathrm{BCD})$$

より，三角形 ACD の面積の最大値は

$$\frac{1}{2}-2\sqrt{2}+\frac{5}{2}=3-2\sqrt{2} \quad \cdots\cdots(\text{答})$$

〔注〕 $\overrightarrow{\mathrm{CA}}=(-t,\ 1)$, $\overrightarrow{\mathrm{CD}}=\left(\dfrac{t(1-t)}{1+t},\ \dfrac{1-t}{1+t}\right)$ であることを用いて

$$\triangle \mathrm{ACD}=\frac{1}{2}\left|\frac{t(1-t)}{t+1}-(-t)\cdot\frac{1-t}{t+1}\right|=\frac{t-t^2}{t+1} \quad (\because\ 0<t<1)$$

$$=2-t-\frac{2}{t+1}=3-\left\{(t+1)+\frac{2}{t+1}\right\}$$

として処理することもできる。

43 2005年度 〔3〕 Level A

ポイント ［解法1］ $x^2 = X$ とおいて得られる X の2次方程式が正の2解をもつことを示す。与えられた方程式の解は $x = \pm\sqrt{X}$ となるので，X のとる値の範囲を求めることで x のとる値の範囲が得られる。$s + t = k$ とおくと，k を係数に含む X の2次方程式が得られる。k の値には範囲がつくので，その範囲の k に対する0以上の実数解 X の値の範囲が問題となる。k の2次方程式とみて，その解がある範囲に存在するために X のとりうる値の範囲を求めるとよい。

［解法2］ $k = s + t$ とおき，$(s - t)^2$ を k で表す。k の範囲は $1 \leq k \leq \sqrt{2}$ である。このとき，$X = x^2$ として与えられた方程式は，$X^2 - 2kX + 2 - k^2 = 0$ となり，$X = k \pm \sqrt{2(k^2 - 1)}$ となる。次に，$1 \leq k \leq \sqrt{2}$ の範囲で，$k + \sqrt{2(k^2 - 1)}$ は k の増加関数，$k - \sqrt{2(k^2 - 1)}$ は k の減少関数であることを示し，X のとりうる値の範囲を求める。

解法 1

$s \geq 0$, $t \geq 0$ より X の方程式
$$X^2 - 2(s + t)X + (s - t)^2 = 0 \quad \cdots\cdots①$$
について
$$\frac{(判別式)}{4} = (s + t)^2 - (s - t)^2 = 4st \geq 0$$
$$(2解の和) = 2(s + t) \geq 0$$
$$(2解の積) = (s - t)^2 \geq 0$$
よって，①の2解（重解の場合を含む）は0以上の実数となる。したがって
$$x^4 - 2(s + t)x^2 + (s - t)^2 = 0 \quad \cdots\cdots②$$
の解は①の解 X を用いて $\pm\sqrt{X}$ と表される。
$s + t = k$ とおくと $s^2 + t^2 = 1$ なので，条件 $s \geq 0$, $t \geq 0$ のもとで，k のとりうる値の範囲は右図より
$$1 \leq k \leq \sqrt{2} \quad \cdots\cdots③$$
また，$2st = (s + t)^2 - (s^2 + t^2) = k^2 - 1$ より
$$(s - t)^2 = s^2 + t^2 - 2st = 2 - k^2$$
よって，①は
$$X^2 - 2kX + 2 - k^2 = 0 \quad \cdots\cdots①'$$
と書ける。

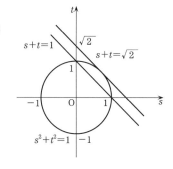

0以上の実数 X が，③をみたす k から得られる方程式①' の解になるための条件は

「$1 \leqq k_0 \leqq \sqrt{2}$ をみたすある実数 k_0 が存在して
$$X^2 - 2k_0 X + 2 - k_0{}^2 = 0$$
が成り立つ」

すなわち

「k の 2 次方程式 $k^2 + 2Xk - X^2 - 2 = 0$ が
$1 \leqq k \leqq \sqrt{2}$ の範囲に少なくとも解を 1 つもつ」
　　　　　　　　　　　　　　　　　　……（＊）

である。

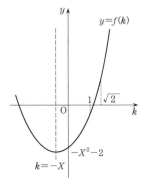

$f(k) = k^2 + 2Xk - X^2 - 2$ とおくと，放物線 $y = f(k)$ の
軸は $k = -X \ (\leqq 0)$ だから，（＊）のための $X \ (\geqq 0)$ の
条件は右図より

$$f(1) \leqq 0 \leqq f(\sqrt{2})$$
$$-X^2 + 2X - 1 \leqq 0 \leqq 2\sqrt{2}X - X^2$$
$$\begin{cases} X^2 - 2X + 1 \geqq 0 \\ X(X - 2\sqrt{2}) \leqq 0 \end{cases}$$

よって　　$0 \leqq X \leqq 2\sqrt{2}$

ゆえに，②の解 x のとる値の範囲は

$$-\sqrt{2\sqrt{2}} \leqq x \leqq \sqrt{2\sqrt{2}} \quad ……（答）$$

解 法 2

$s^2 + t^2 = 1 \ (s \geqq 0, \ t \geqq 0)$ より
$$s = \cos\theta, \quad t = \sin\theta \quad \left(0 \leqq \theta \leqq \frac{\pi}{2}\right)$$

として考える。

$k = s + t$ とおくと
$$k = \sqrt{2}\sin\left(\theta + \frac{\pi}{4}\right), \quad \frac{\pi}{4} \leqq \theta + \frac{\pi}{4} \leqq \frac{3}{4}\pi$$

から
$$1 \leqq k \leqq \sqrt{2} \quad ……①$$

また
$$(s - t)^2 = 1 - 2\sin\theta\cos\theta$$
$$= 1 - (k^2 - 1)$$
$$= 2 - k^2$$

このとき，$x^4 - 2(s + t)x^2 + (s - t)^2 = 0$ は，$X = x^2$ とおいて
$$X^2 - 2kX + 2 - k^2 = 0 \quad ……②$$

となる。この判別式 D について

$$\frac{D}{4} = k^2 - (2-k^2) = 2(k^2-1) \geqq 0 \quad (\text{①より})$$

から、②の 2 解は実数であり、解と係数の関係より、2 解の和は $2k\,(>0)$、積は $2-k^2\,(\geqq 0)$ となる。よって、2 解は正と 0 以上で

$$X = k + \sqrt{2(k^2-1)} \quad \text{または} \quad X = k - \sqrt{2(k^2-1)} \quad \cdots\cdots\text{③}$$

$f(k) = k + \sqrt{2(k^2-1)}$ とおくと、①の範囲で、k も k^2-1 も k の増加関数なので $f(k)$ も k の増加関数である。よって、$f(1) \leqq f(k) \leqq f(\sqrt{2})$ となり

$$1 \leqq f(k) \leqq 2\sqrt{2} \quad \cdots\cdots\text{④}$$

$g(k) = k - \sqrt{2(k^2-1)}$ とおくと

$$g(k) = \frac{k^2 - 2(k^2-1)}{k + \sqrt{2(k^2-1)}} = \frac{2-k^2}{f(k)}$$

①の範囲で、$f(k)$ は k の増加関数、$2-k^2$ は減少関数なので $g(k)$ は k の減少関数である。

よって、$g(\sqrt{2}) \leqq g(k) \leqq g(1)$ となり

$$0 \leqq g(k) \leqq 1 \quad \cdots\cdots\text{⑤}$$

③、④、⑤から、$0 \leqq X \leqq 2\sqrt{2}$ となり、$X = x^2$ から

$$-\sqrt{2\sqrt{2}} \leqq x \leqq \sqrt{2\sqrt{2}} \quad \cdots\cdots\text{(答)}$$

44

ポイント　2つの放物線の交点の x 座標，および直線 $y = -x + k$ と2つの放物線の接点の x 座標の大小で場合分けを行う。

解 法

$y = x^2$ ……① と $y = -2x^2 + 3ax + 6a^2$ ……②

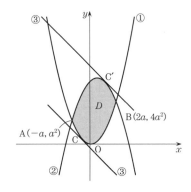

のグラフは2交点 $(-a, a^2)$，$(2a, 4a^2)$ を有し，領域 D は右図の網かけ部分（境界を含む）となる。2交点をそれぞれ A，B とする。

領域 D と直線 $x + y = k$ が共有点をもつときの k の最大値，最小値を求める。

①と直線 $y = -x + k$　……③ が接する条件は，x の2次方程式

$$x^2 = -x + k$$

すなわち

$$x^2 + x - k = 0 \quad \cdots\cdots④$$

について，（④の判別式）$= 1 + 4k = 0$ より

$$k = -\frac{1}{4}$$

このときの接点を C とすると，その x 座標は④の重解 $-\dfrac{1}{2}$ である。

②と③が接する条件は，x の2次方程式

$$-2x^2 + 3ax + 6a^2 = -x + k$$

すなわち

$$2x^2 - (3a + 1)x - 6a^2 + k = 0 \quad \cdots\cdots⑤$$

について，（⑤の判別式）$= (3a + 1)^2 - 8(-6a^2 + k) = 0$ より

$$k = \frac{1}{8}(57a^2 + 6a + 1)$$

このときの接点を C′ とすると，その x 座標は⑤の重解 $\dfrac{3a + 1}{4}$ である。

以上から，最大値 M については次の2通りの場合が考えられる。

(ⅰ) $\dfrac{3a+1}{4} \leqq 2a$ すなわち $a \geqq \dfrac{1}{5}$ のとき，③が C′ を通る（C′で②に接する）ときの k の値が M となり

$$M = \dfrac{1}{8}(57a^2 + 6a + 1)$$

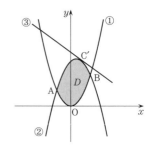

(ⅱ) $2a < \dfrac{3a+1}{4}$ すなわち $0 < a < \dfrac{1}{5}$ のとき，③が B を通るときの k の値が M となり

$$M = 2a + 4a^2$$

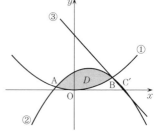

また，最小値 m については次の2通りの場合が考えられる。

(ⅲ) $-a \leqq -\dfrac{1}{2}$ すなわち $a \geqq \dfrac{1}{2}$ のとき，③が C を通る（Cで①に接する）ときの k の値が m となり

$$m = -\dfrac{1}{4}$$

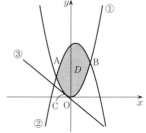

(ⅳ) $-\dfrac{1}{2} < -a$ すなわち $0 < a < \dfrac{1}{2}$ のとき，③がA を通るときの k の値が m となり

$$m = -a + a^2$$

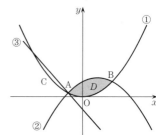

ゆえに

$0 < a < \dfrac{1}{5}$ のとき　　　最大値 $4a^2 + 2a$, 最小値 $a^2 - a$

$\dfrac{1}{5} \leqq a < \dfrac{1}{2}$ のとき　　最大値 $\dfrac{1}{8}(57a^2 + 6a + 1)$, 最小値 $a^2 - a$　……(答)

$\dfrac{1}{2} \leqq a$ のとき　　　最大値 $\dfrac{1}{8}(57a^2 + 6a + 1)$, 最小値 $-\dfrac{1}{4}$

〔注〕　全部で4通りの場合分けを丹念に検討し，最後に a の値でさらに3通りにまとめる
のがよい。ただし，最大値，最小値ごとに別々に答えることも許される。

45

2003 年度　〔2〕　　　　　　　　　　　　　　　**Level　B**

ポイント　領域 D の境界をなす直線と両軸の組み合わせで，4通りの場合分けでまとめられる。

解法

任意の実数 k に対して，直線 $x+y=k$　……① を考える。

領域 D における $x+y$ の最小値とは，領域 D と直線①が共有点をもつような k の最小値である。

直線 $x+3y=a$　……② の x 切片，y 切片はそれぞれ a と $\dfrac{a}{3}$ である。

直線 $3x+y=b$　……③ の x 切片，y 切片はそれぞれ $\dfrac{b}{3}$ と b である。

直線②と直線③の交点の座標は $\left(\dfrac{3b-a}{8},\ \dfrac{3a-b}{8}\right)$ である。

領域 D の境界の組み合わせを考えると，次の4通りが考えられる。

(i)　x 軸，y 軸

(ii)　x 軸，y 軸，直線②

(iii)　x 軸，y 軸，直線③

(iv)　x 軸，y 軸，直線②，直線③

これらの各場合に対応する a，b の値の範囲は，次のようになる。

(i)　$a\leqq0,\quad b\leqq0$

(ii)　$a\geqq0,\quad \dfrac{a}{3}\geqq b$

(iii)　$b\geqq0,\quad \dfrac{b}{3}\geqq a$

(iv)　$\dfrac{a}{3}\leqq b\leqq3a$

各場合の領域 D を図示すると，次図の斜線部分（境界を含む）となる。

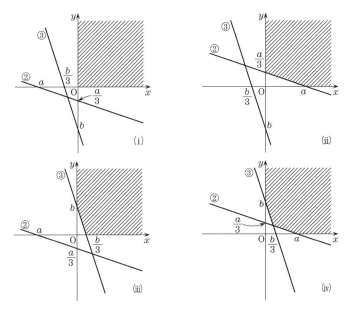

よって，$k=f(x, y)=x+y$ とおくと，直線 $y=-x+k$ の y 切片 k を考えて各場合における $x+y$ の最小値 m は次のようになる。

(ⅰ)のとき：$m=f(0, 0)=0$

(ⅱ)のとき：$m=f\left(0, \dfrac{a}{3}\right)=\dfrac{a}{3}$

(ⅲ)のとき：$m=f\left(\dfrac{b}{3}, 0\right)=\dfrac{b}{3}$

(ⅳ)のとき：$m=f\left(\dfrac{-a+3b}{8}, \dfrac{3a-b}{8}\right)=\dfrac{a+b}{4}$

ゆえに，領域 D における $x+y$ の最小値は

$$\left.\begin{array}{ll} a\leqq0,\ b\leqq0 \text{ のとき} & 0 \\[2mm] a\geqq0,\ \dfrac{a}{3}\geqq b \text{ のとき} & \dfrac{a}{3} \\[3mm] b\geqq0,\ \dfrac{b}{3}\geqq a \text{ のとき} & \dfrac{b}{3} \\[3mm] \dfrac{a}{3}\leqq b\leqq3a \text{ のとき} & \dfrac{a+b}{4} \end{array}\right\} \cdots\cdots(\text{答})$$

46 2000年度〔2〕 Level B

ポイント 与式を $f(x, y)$ とおく。y の値を固定するごとに $f(x, y)$ は x のたかだか 1 次の整式であるから，最小値は $\min\{f(1, y), f(-1, y)\}$ である。つぎに $f(1, y)$，$f(-1, y)$ は y のたかだか 1 次の整式であるから，同様に処理できる。

[解法 1] 一般に "$\min\{\min(A, B), \min(C, D)\} = \min\{A, B, C, D\}$" であることと "$\min\{A, B, C, D\} > 0 \iff A > 0$ かつ $B > 0$ かつ $C > 0$ かつ $D > 0$" であることを用いる。

[解法 2] 求める領域が b 軸に関して対称であることを示し，$a \geqq 0$ の場合を処理する。やはり，1 次式の特性に注目する。

解法 1

$f(x, y) = 1 - ax - by - axy$ とおく。

y の値を固定するごとに，$f(x, y)$ は x のたかだか 1 次の関数であるから，その最小値は

$\min\{f(1, y), f(-1, y)\}$

（ここで一般に $\min\{p, q\}$ は，p, q の大きくない方を表す。）

$f(1, y) = -(a + b)y - a + 1$

$f(-1, y) = (a - b)y + a + 1$

これらは y のたかだか 1 次の関数であるから，それぞれの最小値は

$\min\{f(1, 1), f(1, -1)\}$

$\min\{f(-1, 1), f(-1, -1)\}$

ここで

$f(1, 1) = -2a - b + 1, \quad f(1, -1) = b + 1$

$f(-1, 1) = 2a - b + 1, \quad f(-1, -1) = b + 1$

であるから，$f(x, y)$ の $-1 \leqq x \leqq 1$，$-1 \leqq y \leqq 1$ での最小値は

$\min(-2a - b + 1, 2a - b + 1, b + 1)$

（ここで，$\min(p, q, r)$ は 3 数 p, q, r のうち，他のどの 2 つよりも大きくない数とする。）

一般に，「$\min(p, q, r) > 0 \iff p > 0$ かつ $q > 0$ かつ $r > 0$」は明らかであるから，題意に適する (a, b) の条件は

$$\begin{cases} -2a - b + 1 > 0 \\ 2a - b + 1 > 0 \\ b + 1 > 0 \end{cases}$$

すなわち

$$\begin{cases} b < -2a + 1 \\ b < 2a + 1 \\ b > -1 \end{cases}$$

これを図示すると，右図の斜線部分（境界は含まない）となる。

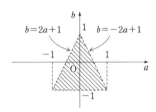

解法 2

求める点 (a, b) の範囲は b 軸に関して対称である。

（証明）点 (a, b) が題意に適するならば，定数 p, q $(|p| \leqq 1, |q| \leqq 1)$ があって

$$1 - ax - by - axy \geqq 1 - ap - bq - apq > 0$$

が，すべての x $(|x| \leqq 1)$, y $(|y| \leqq 1)$ に対して成り立つ。

よって，$|x| \leqq 1$, $|y| \leqq 1$ なるすべての x, y に対して

$$1 - (-a)(-x) - by - (-a)(-x)y \geqq 1 - (-a)(-p) - bq - (-a)(-p)q > 0$$
$$\cdots\cdots ①$$

が成り立つ。

$-x$ は $-1 \leqq -x \leqq 1$ のすべての値をとりうるから，①より

$$1 - (-a)x - by - (-a)xy \geqq 1 - (-a)(-p) - bq - (-a)(-p)q > 0 \quad \cdots\cdots ②$$

が，すべての x $(|x| \leqq 1)$, y $(|y| \leqq 1)$ に対して成り立つ。ここで，$|-p| \leqq 1$, $|q| \leqq 1$ であるから，点 $(-a, b)$ も題意に適する。 （証明終）

よって，$a \geqq 0$ のときについて調べる。

y を定数とみると，変数 x の関数

$$1 - ax - by - axy = 1 - by - a(1+y)x \quad (=f(x) \text{ とおく}) \quad (|x| \leqq 1)$$

において

$$-a(1+y) \leqq 0 \quad (\because \quad a \geqq 0, |y| \leqq 1)$$

であるから

$$f(x) \geqq f(1) = 1 - by - a(1+y)$$
$$= 1 - a - (a+b)y \quad (=g(y) \text{ とおく})$$

$g(y)$ を変数 y $(|y| \leqq 1)$ の関数とみると

(i) $a + b \geqq 0$ のとき

$$g(y) \geqq g(1) = 1 - 2a - b$$

点 (a, b) が題意に適するための条件は

$$g(1) > 0$$

すなわち

$$2a + b < 1$$

(ii) $a + b < 0$ のとき

$$g(y) \geqq g(-1) = 1 + b$$

点 (a, b) が題意に適するための条件は

$$g(-1) > 0$$

すなわち

$$b > -1$$

求める点 (a, b) の範囲は，対称性と，(i)，(ii)により，［解法 1］の図の斜線部分（境界は含まない）となる。

§4 三角関数

47 2002 年度 〔1〕（文理共通（一部）） Level A

ポイント 与式から y を消去して得られる x の 2 次方程式が相異なる 2 つの実数解を
もつ条件を求めると三角不等式となる。

解法

$$y = 2\sqrt{3}\,(x - \cos\theta)^2 + \sin\theta \quad \cdots\cdots ①$$
$$y = -2\sqrt{3}\,(x + \cos\theta)^2 - \sin\theta \quad \cdots\cdots ② \qquad (0°\leqq\theta<360°)$$

（①－②）÷2 より

$$2\sqrt{3}x^2 + 2\sqrt{3}\cos^2\theta + \sin\theta = 0 \quad \cdots\cdots ③$$

となり，$\begin{cases} ① \\ ② \end{cases} \Longleftrightarrow \begin{cases} ② \\ ③ \end{cases}$ であるので，③をみたす実数 x の各値に対して，②より実数 y

が 1 つ定まる。

よって，放物線①，②が相異なる 2 点で交わるためには，x の 2 次方程式③が相異な
る 2 つの実数解をもつこと，すなわち

$$2\sqrt{3}\cos^2\theta + \sin\theta < 0$$

となることが，必要かつ十分である。

$\cos^2\theta = 1 - \sin^2\theta$ であるから，この不等式は次のようになる。

$$2\sqrt{3}\sin^2\theta - \sin\theta - 2\sqrt{3} > 0 \qquad (2\sin\theta + \sqrt{3})(\sqrt{3}\sin\theta - 2) > 0$$

$-1\leqq\sin\theta\leqq 1$ より，つねに $\sqrt{3}\sin\theta - 2 < 0$ であるから

$$2\sin\theta + \sqrt{3} < 0 \qquad \therefore \quad \sin\theta < -\frac{\sqrt{3}}{2}$$

ゆえに，求める θ の範囲は $240° < \theta < 300°$ $\cdots\cdots$（答）

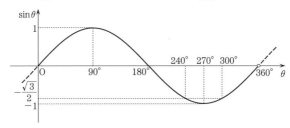

48

1999 年度 〔1〕（文理共通）　　　　　　　　Level B

ポイント　(1) xy 座標平面上で x 軸の正方向を始線とし，これと一般角 θ をなす動径を考える（単位円を利用することも可）。

(2) $P(\cos(\alpha+\beta),\ \sin(\alpha+\beta))$, $A(1,\ 0)$, $Q(\cos(-\alpha),\ \sin(-\alpha))$, $R(\cos\beta,\ \sin\beta)$ を考え，線分 AP は線分 QR を原点のまわりに α だけ回転したものであることを利用し，2 点間の距離を考える。$\cos(\alpha+\beta)$ についての式が先に求められるので，これを用いて $\sin(\alpha+\beta)$ についての式を導く。

解法

(1) xy 座標平面上で，x 軸の正の部分（原点 O を端点とする半直線）を始線とし，一般角 θ に対する動径上で，O からの距離 r（r は $r>0$ の定数）の点 P の座標を $(x,\ y)$ とすると，$\dfrac{x}{r},\ \dfrac{y}{r}$ の値は r の値に関係なく，θ の値により定まる。

ここで，$\sin\theta=\dfrac{y}{r},\ \cos\theta=\dfrac{x}{r}$ と定義する。

(2) (1)の r の値を $r=1$ とする。したがって，一般角に対する動径上の点は，動径と単位円（原点を中心とする半径 1 の円）との交点となる。

一般角 $\alpha+\beta$ に対する単位円上の点 P の座標は $P(\cos(\alpha+\beta),\ \sin(\alpha+\beta))$ であるから，点 A $(1,\ 0)$ に対して

$$AP^2=\{\cos(\alpha+\beta)-1\}^2+\sin^2(\alpha+\beta)$$
$$=2-2\cos(\alpha+\beta)\quad\cdots\cdots①$$

一般角 $-\alpha,\ \beta$ それぞれに対する単位円上の点 Q, R の座標は

$$Q(\cos\alpha,\ -\sin\alpha)$$
（定義より　$\cos(-\alpha)=\cos\alpha,\ \sin(-\alpha)=-\sin\alpha$）
$$R(\cos\beta,\ \sin\beta)$$

であるから

$$QR^2=(\cos\beta-\cos\alpha)^2+(\sin\beta+\sin\alpha)^2$$
$$=2-2(\cos\alpha\cos\beta-\sin\alpha\sin\beta)\quad\cdots\cdots②$$

線分 QR を原点のまわりに角 α だけ回転すると，線分 AP に重なるから

$$AP=QR$$

ゆえに，①，②より

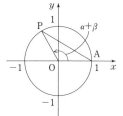

$$\cos(\alpha+\beta)=\cos\alpha\cos\beta-\sin\alpha\sin\beta$$

次に

$$\sin(\alpha+\beta)=\cos\{90°-(\alpha+\beta)\}=\cos\{(90°-\alpha)+(-\beta)\}$$
$$=\cos(90°-\alpha)\cos(-\beta)-\sin(90°-\alpha)\sin(-\beta)$$
$$=\sin\alpha\cos\beta+\cos\alpha\sin\beta$$

ただし，①，②および上の変形では，(1)の定義に基づく次の性質を用いている。

(i) $\sin^2\theta+\cos^2\theta=1$

（単位円周上の点 P $(\cos\theta,\ \sin\theta)$ に対して，OP＝1であるから）

(ii) $\sin(-\theta)=-\sin\theta,\quad\cos(-\theta)=\cos\theta$

（点 $(\cos(-\theta),\ \sin(-\theta))$ は点 $(\cos\theta,\ \sin\theta)$ と x 軸に関して対称であるから）

(iii) $\sin(90°-\theta)=\cos\theta,\quad\cos(90°-\theta)=\sin\theta$

（点 $(\cos(90°-\theta),\ \sin(90°-\theta))$ は点 $(\cos\theta,\ \sin\theta)$ と直線 $y=x$ に関して対称であるから） （証明終）

〔注1〕 (2)の証明の途中の式変形で用いる三角関数の諸性質が(1)の定義から導かれるものであることを明記する必要がある。また，α や β の値によっては必ずしも三角形 OAP などができないこともあるので，三角形の合同を用いる場合は，P が x 軸上にある場合と，そうでない場合に分けて記述することになる。それを避けるために，線分の回転という考えにしてある。ただし，$\alpha+\beta=0$ のときは線分を点として考えることになる。

〔注2〕 三角関数は本来，円関数とも言われてきたように，角に対して単位円周上の点の座標を対応させる関数として定義するのが高校では一般的である。単位円周上の点 P に対応する一般角とは，$\overset{\frown}{AP}$ の長さに 2π の任意の整数倍を加えたものである。したがって，三角関数を定義するためには円の弧の長さが先に定義されていなければならない。ところが，弧の長さを求めるのに積分を用いるのだが，ここに三角関数を用いるとなると，三角関数を用いて三角関数を定義するということになり，三角関数の定義は甚だ怪しいものになる。高校の微積分にはこのような問題が潜んでいる。角の定義を含め，三角関数の定義を直観的な議論を越えて厳密に行うにはどうするのかは，大学で（あるいは専門書で）学ぶことになる。

§5 空間図形

49 2023年度 〔4〕 Level B

ポイント [解法1] (1) $\tan\left(\dfrac{1}{2}\angle ACB\right)$ の値を求める。

(2) △CDM（Mは辺 AB の中点）を底面とみる。辺 CD の中点をNとして外接球の中心Oが直線 MN 上にあることを導き，次いで平面 CDM で考えて CM，DM の長さ，$\sin 2\alpha$（$\angle CMO = \alpha$）の値を順次求める。

[解法2] (1) AC（=BC）の値を求める。

(2) △ABC を底面とみる。Dから平面 ABC に下ろした垂線の足Hが直線 CM 上にあることを導き，やはり平面 CDM で考えて DH の長さを求める。

[解法3] (2) 座標空間で O $(0,\ 0,\ 0)$，A$\left(\dfrac{\sqrt{3}}{2},\ \dfrac{1}{2},\ 0\right)$，B$\left(\dfrac{\sqrt{3}}{2},\ -\dfrac{1}{2},\ 0\right)$，

C $(a,\ 0,\ b)$，D $(a,\ 0,\ -b)$ とおき，$a,\ b$ を求める。底面を ABN とみる。

(2)は，(1)がなければ四面体 ABCD の平面 CDM に関する対称性に基づく [解法1] の発想が自然であり，本質的である。

解法 1

(1) $\angle ACB = \angle ADB = 2\theta$ $\left(0<\theta<\dfrac{\pi}{2}\right)$ とおく。

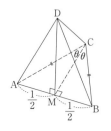

$\cos 2\theta = \dfrac{4}{5}$ から，$2\cos^2\theta - 1 = \dfrac{4}{5}$ であり

$$\tan^2\theta = \dfrac{1}{\cos^2\theta} - 1 = \dfrac{1}{9}$$

$0<\theta<\dfrac{\pi}{2}$ から，$\tan\theta = \dfrac{1}{3}$ である。

三角形 ABC は AC=BC の二等辺三角形であり，辺 AB の中点をMとすると，CM⊥AB である。また，AM=BM=$\dfrac{1}{2}$ である。よって

$$CM = \dfrac{AM}{\tan\theta} = \dfrac{3}{2} \quad \cdots\cdots①$$

となり

$$\triangle ABC = \dfrac{1}{2}\cdot 1\cdot\dfrac{3}{2} = \dfrac{3}{4} \quad \cdots\cdots(答)$$

(2) 三角形 ABC, ABD は底辺と頂角の大きさが等しい二等辺三角形なので合同であり

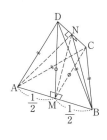

$$AC = BC = AD = BD, \quad CM = DM, \quad CM \perp AB,$$
$$DM \perp AB$$

である。

$CM \perp AB$ と $DM \perp AB$ から

$$(平面\, CDM) \perp AB$$

これと AM = BM から,2点 A,B は平面 CDM に関して対称である。よって,四面体 ABCD の体積は

$$\frac{1}{3} \cdot \triangle CDM \cdot AB = \frac{1}{3} \cdot \triangle CDM \quad \cdots\cdots ②$$

また

A,B から等距離にある点は平面 CDM 上にある   ……③

さらに,AC = BC = AD = BD から,三角形 ACD,BCD は CD を底辺とする合同な二等辺三角形であり,辺 CD の中点を N とすると,AN⊥CD と BN⊥CD から

$$(平面\, ABN) \perp CD$$

これと CN = DN から

C,D から等距離にある点は平面 ABN 上にある   ……④

③,④から,四面体 ABCD の外接球の中心を O とすると,O は平面 ABN と平面 CDM の交線 MN 上にある。

以下,平面 CDM 上で考える。

まず,三角形 OAB は AB = OA = OB = 1 の正三角形なので

$$OM = \frac{\sqrt{3}}{2}$$

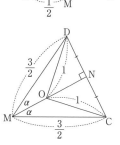

また,①から

$$DM = CM = \frac{3}{2}$$

よって,$\angle CMO = \alpha \ (0 < \alpha < \pi)$ とおくと三角形 CMO で余弦定理から

$$\cos\alpha = \frac{OM^2 + CM^2 - OC^2}{2OM \cdot CM}$$

$$= \frac{\dfrac{3}{4} + \dfrac{9}{4} - 1}{2 \cdot \dfrac{\sqrt{3}}{2} \cdot \dfrac{3}{2}} = \frac{4\sqrt{3}}{9}$$

$$\sin\alpha = \sqrt{1 - \left(\frac{4\sqrt{3}}{9}\right)^2} = \frac{\sqrt{33}}{9}$$

$$\sin 2\alpha = 2\sin\alpha\cos\alpha = 2\cdot\frac{\sqrt{33}}{9}\cdot\frac{4\sqrt{3}}{9} = \frac{8\sqrt{11}}{27}$$

$$\triangle\text{CDM} = \frac{1}{2}\cdot\left(\frac{3}{2}\right)^2\cdot\frac{8\sqrt{11}}{27} = \frac{\sqrt{11}}{3}$$

ゆえに，②から四面体 ABCD の体積は $\dfrac{\sqrt{11}}{9}$ ……(答)

〔注１〕 上の図では，O が線分 MN 上にあることになっているが，線分 MN の N の側の延長上にある場合でも $\cos\alpha$ の値は同じ値となる。また，O が線分 MN の M の側の延長上にくることはない。この場合には α が鈍角となり，三角形 CMO の最大辺は OC となるが，OC $=1$，CM $=\dfrac{3}{2}$ であるので，矛盾となるからである。

〔注２〕 $\cos\alpha = \dfrac{4\sqrt{3}}{9}$ を得た後，MN $=$ CM$\cos\alpha = \dfrac{3}{2}\cdot\dfrac{4\sqrt{3}}{9} = \dfrac{2\sqrt{3}}{3}$ から，CN $=\sqrt{\text{CM}^2-\text{MN}^2}$ $=\dfrac{\sqrt{33}}{6}$ を用いて△CDM を求めてもよい。あるいは，$\sin\alpha = \sqrt{1-\left(\dfrac{4\sqrt{3}}{9}\right)^2} = \dfrac{\sqrt{33}}{9}$ から，CN $=\dfrac{3}{2}\cdot\dfrac{\sqrt{33}}{9} = \dfrac{\sqrt{33}}{6}$ とするなどバリエーションがある。

〔注３〕 ［解法１］では∠CMO $=\alpha$ とする解法によっているが，これとは別に，ON $=x$ とおく解法も考えられる。
直角三角形 CMN，OCN で三平方の定理から，CN^2 を 2 通りに計算し

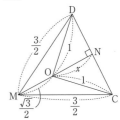

$$\left(\frac{3}{2}\right)^2-\left(\frac{\sqrt{3}}{2}+x\right)^2 = 1^2-x^2 \quad \text{より} \quad x=\frac{\sqrt{3}}{6}$$

を得て，これより $\quad$ MN $=\dfrac{\sqrt{3}}{2}+\dfrac{\sqrt{3}}{6} = \dfrac{2\sqrt{3}}{3}$

および $\quad$ CD $=2$CN $=2\sqrt{1^2-\left(\dfrac{\sqrt{3}}{6}\right)^2} = \dfrac{\sqrt{33}}{3}$

が求められ，△CDM $=\dfrac{\sqrt{11}}{3}$ となる。

解法 2

(1) AC $=$ BC $=t$ とおくと，三角形 ABC で余弦定理から

$$t^2+t^2-2t^2\cos\angle\text{ACB}=1$$
$$2t^2\left(1-\frac{4}{5}\right)=1$$
$$t^2=\frac{5}{2}$$

よって

$$\triangle\text{ABC}=\frac{1}{2}t^2\sin\angle\text{ACB}$$

$$= \frac{1}{2} \cdot \frac{5}{2} \sqrt{1 - \left(\frac{4}{5}\right)^2}$$

$$= \frac{3}{4} \quad \cdots\cdots (答)$$

(2)（Oが直線 MN 上にあるところまでは［解法1］に同じ）

CM⊥AB，DM⊥AB と三垂線の定理から，D から平面 ABC に下ろした垂線の足 H は直線 CM 上にある。

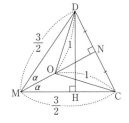

以下，平面 CDM で考える。

∠CMO＝α とおくと，［解法1］と同様に

$$\sin 2\alpha = \frac{8\sqrt{11}}{27}$$

よって

$$DH = \frac{3}{2} \sin 2\alpha = \frac{4\sqrt{11}}{9}$$

ゆえに，四面体 ABCD の体積は

$$\frac{1}{3} \cdot \triangle ABC \cdot DH = \frac{1}{3} \cdot \frac{3}{4} \cdot \frac{4\sqrt{11}}{9} = \frac{\sqrt{11}}{9} \quad \cdots\cdots (答)$$

解法 3

(2)$\left(\text{Oが直線 MN 上にあり，} OM = \frac{\sqrt{3}}{2} \text{ となるところまでは［解法1］に同じ}\right)$

$$O (0, 0, 0), \ A\left(\frac{\sqrt{3}}{2}, \frac{1}{2}, 0\right), \ B\left(\frac{\sqrt{3}}{2}, -\frac{1}{2}, 0\right)$$

とおくことができる。

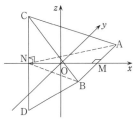

さらに，CD⊥（平面 ABN），CN＝DN から

$$C (a, 0, b), \ D (a, 0, -b) \quad (b > 0)$$

とおくことができる。このとき，CO＝1 から

$$a^2 + b^2 = 1 \quad \cdots\cdots ⑤$$

また，［解法2］の(1)にあるように，$AC^2 = \frac{5}{2}$ であるから

$$\left(a - \frac{\sqrt{3}}{2}\right)^2 + \frac{1}{4} + b^2 = \frac{5}{2}$$

$$a^2 + b^2 - \sqrt{3}\,a = \frac{3}{2} \quad \cdots\cdots ⑥$$

⑤，⑥から

$$a = -\frac{\sqrt{3}}{6}, \quad b = \sqrt{\frac{11}{12}} = \frac{\sqrt{33}}{6}$$

よって

$$CD = \frac{\sqrt{33}}{3}, \quad MN = \frac{\sqrt{3}}{2} + \frac{\sqrt{3}}{6} = \frac{2\sqrt{3}}{3}$$

となる。ゆえに求める体積は

$$\frac{1}{3} \cdot \triangle ABN \cdot CD = \frac{1}{3} \cdot \left(\frac{1}{2} \cdot 1 \cdot \frac{2\sqrt{3}}{3}\right) \cdot \frac{\sqrt{33}}{3} = \frac{\sqrt{11}}{9} \quad \cdots\cdots (答)$$

50

2001 年度 〔1〕（文理共通）　　　　　　　　　Level B

ポイント 　辺 AB の中点を E，辺 CD の中点を F として，中心 O が EF 上にあることの根拠を記した後，AO＝CO を利用して，EO の値を求める。

解 法

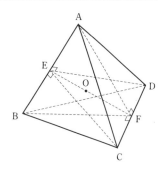

　辺 AB の中点を E とする。E は二等辺三角形 ABC，ABD の底辺の中点であるから

CE⊥AB，DE⊥AB

よって　　AB⊥平面 CED　……①

E は辺 AB の中点であるから，①により A，B から等距離にある点の全体は平面 CED である。

辺 CD の中点を F とすると，同様に C，D から等距離にある点の全体は平面 ABF である。

E，F はともに平面 CED，ABF 上にあるから，この 2 平面の共有点の全体は直線 EF である。

よって，球の中心は直線 EF 上の点 O で AO＝CO となる点である。

△AEO は∠E＝90°の直角三角形であるから

$$AO^2 = AE^2 + EO^2 = \left(\frac{\sqrt{3}}{2}\right)^2 + EO^2 = \frac{3}{4} + EO^2 \quad ……②$$

△CFO は∠F＝90°の直角三角形であるから

$$CO^2 = CF^2 + FO^2 = 1^2 + FO^2 = 1 + FO^2 \quad ……③$$

△AEF は∠E＝90°の直角三角形であるから

$$EF^2 = AF^2 - AE^2 = AD^2 - DF^2 - AE^2 = 4 - 1 - \frac{3}{4} = \frac{9}{4}$$

$$\therefore \quad EF = \frac{3}{2}$$

ゆえに

$$FO = EF - EO = \frac{3}{2} - EO$$

$$FO^2 = \frac{9}{4} - 3EO + EO^2 \quad ……④$$

③，④より

$$CO^2 = 1 + \frac{9}{4} - 3EO + EO^2 \quad ……⑤$$

②，⑤と $AO^2 = CO^2$ より

$$\frac{3}{4} + EO^2 = 1 + \frac{9}{4} - 3EO + EO^2$$

$$\therefore \quad EO = \frac{5}{6}$$

ゆえに

$$r = AO = \sqrt{AE^2 + EO^2} = \sqrt{\frac{3}{4} + \frac{25}{36}} = \frac{\sqrt{13}}{3} \quad \cdots\cdots (答)$$

〔注〕　球の中心が EF 上にあること（〔解法〕の 11 行目まで）を導いた後，以下のように続けることもできる。

　空間において，正三角形 ACD の各頂点から等距離にある点の集合は，この三角形の重心 G（外心）を通り，平面 ACD に垂直な直線である。

　したがって点 O は，△AEF において AF を 2:1 に内分する点 G を通り，AF に垂直な直線と EF との交点である。

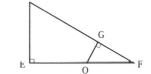

△AEF∽△OGF であるから

$$OG = \frac{AE \cdot FG}{EF} = \frac{1}{3}$$

$$\left(\because \quad AE = \frac{\sqrt{3}}{2}, \quad FG = \frac{AF}{3} = \frac{\sqrt{AC^2 - CF^2}}{3} = \frac{\sqrt{3}}{3}, \quad EF = \sqrt{AF^2 - AE^2} = \frac{3}{2} \right)$$

ゆえに

$$r = OA = \sqrt{AG^2 + OG^2} = \sqrt{\left(\frac{2\sqrt{3}}{3}\right)^2 + \left(\frac{1}{3}\right)^2} = \frac{\sqrt{13}}{3}$$

§6 確率・個数の処理

51 2023 年度 〔3〕（文理共通）　　　　　Level C

ポイント (1) 玉はすべて区別して考える。黒玉と白玉の計 8 個を並べ，それらの間7 カ所と両端 2 カ所の計 9 カ所から異なる 4 カ所を選び，そこに赤玉を 1 個ずつ入れる場合の数 N を求める。

(2) どの赤玉も隣り合わない並べ方のうち，少なくとも 2 個の黒玉が隣り合う場合の数 M を求めると，$q = \dfrac{N-M}{N}$ である。隣り合う黒玉の個数が 3 個である場合の数 M_1 と，2 個である場合の数 M_2 を求める。M_2 では，連続する 2 個の黒玉をまとめて 1 個として考えるが，これに残りの 1 個の黒玉が連続し，3 個の黒玉が連続する場合を除く必要がある。これを計算する際に M_1 が利用できる。例えば，M_1 通りの 1 つ $\boxed{B_1 B_2 B_3}$ からは除くべき $\boxed{B_1 B_2} B_3$ と $B_1 \boxed{B_2 B_3}$ の 2 通りが得られる。

解 法

(1) 黒玉と白玉の計 8 個を並べ，それらの間 7 カ所と両端 2 カ所の計 9 カ所から異なる 4 カ所を選び，そこに赤玉を 1 個ずつ入れる場合の数を N とすると

$$N = 8! \cdot {}_9C_4 \cdot 4! = 8! \cdot \frac{9!}{4! \cdot 5!} \cdot 4! = 9! \cdot 8 \cdot 7 \cdot 6$$

12 個の玉の並べ方は 12! 通りあるから

$$p = \frac{N}{12!} = \frac{9! \cdot 8 \cdot 7 \cdot 6}{12!} = \frac{8 \cdot 7 \cdot 6}{12 \cdot 11 \cdot 10} = \frac{14}{55} \quad \cdots\cdots(答)$$

(2) どの赤玉も隣り合わない N 通りの並べ方のうち，少なくとも 2 個の黒玉が隣り合う場合の数を M とすると，$q = \dfrac{N-M}{N} \left(= 1 - \dfrac{M}{N}\right)$ である。隣り合う黒玉の個数が 3 個である場合と，2 個である場合の数をそれぞれ M_1, M_2 とすると

$$M = M_1 + M_2 \quad \cdots\cdots①$$

(i) M_1 を求める。

連続する黒玉 3 個の並べ方は 3! 通りある。その各々に対して連続する 3 個の黒玉をまとめて 1 個と考え，これと 5 個の白玉の計 6 個の並べ方が 6! 通りある。その各々に対してそれらの間 5 カ所と両端 2 カ所の計 7 カ所から異なる 4 カ所を選び，そこに 4 個の赤玉を 1 個ずつ入れる場合の数が ${}_7C_4 \cdot 4!$ 通りあるので

$$M_1 = 3! \cdot 6! \cdot {}_7C_4 \cdot 4! = 6 \cdot 6! \cdot \frac{7!}{4! \cdot 3!} \cdot 4! = 6! \cdot 7! \quad \cdots\cdots②$$

(ii) M_2 を求める。

連続する2個の黒玉の選び方が $_3C_2$ 通りあり，その各々に対して2個の並べ方が2!通りある。この2個をまとめて1個と考え，これと残りの1個の黒玉と5個の白玉の計7個を並べ，それらの間6カ所と両端2カ所の計8カ所から異なる4カ所を選び，そこに4個の赤玉を1個ずつ入れる場合の数を M_2' とする。

$$M_2' = {}_3C_2 \cdot 2! \cdot 7! \cdot {}_8C_4 \cdot 4! = 3 \cdot 2! \cdot 7! \cdot \frac{8!}{4! \cdot 4!} \cdot 4!$$

$$= 6 \cdot 7! \cdot 8 \cdot 7 \cdot 6 \cdot 5$$

これら M_2' 通りのうちで黒玉が3個隣り合っている場合の数を M_2'' とすると
$$M_2 = M_2' - M_2''$$
である。

ここで，黒玉を B_1，B_2，B_3 とするとき，M_2'' 通りの1つ1つは(i)の M_1 通りの各々，例えば $\boxed{B_1B_2B_3}$ から，$\boxed{B_1B_2}B_3$ と $B_1\boxed{B_2B_3}$ のように2通りに区別して得られるので，$M_2'' = 2M_1$ となり
$$M_2 = M_2' - M_2'' = M_2' - 2M_1 \quad \cdots\cdots ③$$

①，②，③から
$$M = M_1 + M_2 = M_2' - M_1$$
$$= 6 \cdot 7! \cdot 8 \cdot 7 \cdot 6 \cdot 5 - 6! \cdot 7!$$
$$= 6 \cdot 5 \cdot 7! (8 \cdot 7 \cdot 6 - 4 \cdot 3 \cdot 2)$$
$$= 6^2 \cdot 5 \cdot 7! \cdot 52$$
$$= 6^2 \cdot 5 \cdot 7! \cdot 4 \cdot 13$$

ゆえに
$$q = \frac{N-M}{N} = \frac{9! \cdot 8 \cdot 7 \cdot 6 - 6^2 \cdot 5 \cdot 7! \cdot 4 \cdot 13}{9! \cdot 8 \cdot 7 \cdot 6}$$
$$= \frac{9 \cdot 8 \cdot 8 \cdot 7 - 6 \cdot 5 \cdot 4 \cdot 13}{9 \cdot 8 \cdot 8 \cdot 7}$$
$$= \frac{3 \cdot 8 \cdot 7 - 5 \cdot 13}{3 \cdot 8 \cdot 7}$$
$$= \frac{103}{168} \quad \cdots\cdots (答)$$

〔注〕 (1)の式中の $_9C_4 \cdot 4!$，(2)の式中の $_7C_4 \cdot 4!$，$_3C_2 \cdot 2!$，$_8C_4 \cdot 4!$ はそれぞれ $_9P_4$，$_7P_4$，$_3P_2$，$_8P_4$ としてもよい。

52

2022 年度 〔4〕   **Level C**

ポイント 表が出ることを A, 裏が出ることを B として, A, B が起きた順に文字A とBを並べる場合の数を考える。裏が出たときは, $\vec{0}$ を加えると考えると, $\overrightarrow{OX_N}$ は結局, $\vec{v_j}$ $(j=0,\ 1,\ 2)$ の和となる。Bは出た順に B_1, B_2, B_3, … と区別し, Aの下に $\vec{v_j}$ を記して考える。ただし, たとえば, B_4 と B_5 の間のAの下には, 4を3で割った余り1を j として, $\vec{v_1}$ を記す。$N=8$ のとき, たとえば,

B_1	B_2	A	B_3	A	B_4	A	B_5
$\vec{0}$	$\vec{0}$	$\vec{v_2}$	$\vec{0}$	$\vec{v_0}$	$\vec{0}$	$\vec{v_1}$	$\vec{0}$

なら, $\overrightarrow{OX_8}=\vec{v_0}+\vec{v_1}+\vec{v_2}\,(=\vec{0})$ となる。X_N がOにあるときには, $\vec{v_0}$, $\vec{v_1}$, $\vec{v_2}$ が現れる回数を a, b, c として, $a=b=c$ となる $(a,\ b,\ c)$ の組を考える。

(1) $\vec{v_0}+\vec{v_1}+\vec{v_2}=\vec{0}$ から, $\overrightarrow{OX_5}=\vec{0}$ となるのは, $(0,\ 0,\ 0)$ または $(1,\ 1,\ 1)$ のときである。

(2) $(30,\ 30,\ 30)$ のときを考える。90個のAと, 8個のBの並べ方を考える。

解法

$$
\vec{v_k}=
\begin{cases}
\vec{v_0}=(1,\ 0) & (k\equiv 0\ (\mathrm{mod}\,3)\ \text{のとき}) \\[2mm]
\vec{v_1}=\left(-\dfrac{1}{2},\ \dfrac{\sqrt{3}}{2}\right) & (k\equiv 1\ (\mathrm{mod}\,3)\ \text{のとき}) \\[2mm]
\vec{v_2}=\left(-\dfrac{1}{2},\ -\dfrac{\sqrt{3}}{2}\right) & (k\equiv 2\ (\mathrm{mod}\,3)\ \text{のとき})
\end{cases}
$$

であり, $\vec{v_0}+\vec{v_1}+\vec{v_2}=\vec{0}$ である。

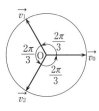

$\vec{v_0}$, $\vec{v_1}$, $\vec{v_2}$ のそれぞれの移動が生じる回数を a, b, c としたとき, $\overrightarrow{OX_N}=a\vec{v_0}+b\vec{v_1}+c\vec{v_2}$ となる。ここで, 移動は表が出たときにのみ1回ずつ起きるので, $a+b+c$ は表が出た回数の和となる。このとき, $\overrightarrow{OX_N}=\vec{0}$ となるための条件は, $a=b=c$ のときである。コインの表, 裏が出る事象をそれぞれ A, B として, A, B が起きた順に文字A, Bを横一列に並べ, Bは出た順に B_1, B_2, B_3, … と区別する。次いで, B_m の下には $\vec{0}$ を記し, Aの下には, それ以前に置かれているBの個数 ($\vec{0}$ の個数) が k のとき, k を3で割った余りを j として, $\vec{v_j}$ $(j=0, 1, 2)$ を記す。

$N=5$ のとき, たとえば,

A	B_1	A	B_2	A
$\vec{v_0}$	$\vec{0}$	$\vec{v_1}$	$\vec{0}$	$\vec{v_2}$

なら

$$\overrightarrow{OX_5}=\vec{v_0}+\vec{v_1}+\vec{v_2}\,(=\vec{0})$$

となる。

(1) X_5 が O に あ る の は, $0 \leq a+b+c \leq 5$ か つ $a=b=c$ の と き な の で, $(a, b, c) = (0, 0, 0)$, $(1, 1, 1)$ のときに限られる。

(i) $(0, 0, 0)$ のとき, B が 5 個並ぶ 1 通りがある。

(ii) $(1, 1, 1)$ のとき

A を 3 個, B を 2 個置くことになる。

$\overrightarrow{v_0}$, $\overrightarrow{v_1}$, $\overrightarrow{v_2}$ がそれぞれ 1 回ずつ現れるので

$$\begin{array}{|ccccc|} \hline \text{A} & \text{B}_1 & \text{A} & \text{B}_2 & \text{A} \\ \overrightarrow{v_0} & \vec{0} & \overrightarrow{v_1} & \vec{0} & \overrightarrow{v_2} \\ \hline \end{array}$$ の 1 通りがある。

(i), (ii)から, 求める確率は $\dfrac{1+1}{2^5} = \dfrac{1}{16}$ ……(答)

(2) $a+b+c = 90$ かつ $a=b=c$ すなわち $(a, b, c) = (30, 30, 30)$ である。

まず, 8 個の B を並べ, 次いで, これらの間または両端に 90 個の A を置いていく。 B_m と B_{m+1} $(1 \leq m \leq 7)$ の間に置く A の個数を x_m とおく。また, x_0 は左端に置く A の個数, x_8 は右端に置く A の個数とする。このとき, $j = 0, 1, 2$, $0 \leq m \leq 8$ として, A の下に現れる $\overrightarrow{v_j}$ の個数は

$$\overrightarrow{v_j} \text{の個数} = \begin{cases} m \equiv 0 \pmod 3 \text{ となる } x_m \text{ の和} & (j = 0 \text{ のとき}) \\ m \equiv 1 \pmod 3 \text{ となる } x_m \text{ の和} & (j = 1 \text{ のとき}) \\ m \equiv 2 \pmod 3 \text{ となる } x_m \text{ の和} & (j = 2 \text{ のとき}) \end{cases}$$

なので, $N = 98$ かつ X_{98} が O にあるのは

$$\begin{cases} x_0 + x_3 + x_6 = 30 & (\overrightarrow{v_0} \text{ の個数}) \\ x_1 + x_4 + x_7 = 30 & (\overrightarrow{v_1} \text{ の個数}) \\ x_2 + x_5 + x_8 = 30 & (\overrightarrow{v_2} \text{ の個数}) \end{cases}$$

がすべて成り立つ場合である。

ここで, 0 以上の 3 つの整数の和が 30 となるような (x_0, x_3, x_6), (x_1, x_4, x_7), (x_2, x_5, x_8) の組はどれも $_{32}\text{C}_2$ 通りある。なぜなら, 32 個の ○ を横一列に並べ, これらの 32 個から 2 個を選び, 仕切り | に変え, 2 つの仕切りのそれぞれの左側の ○ の個数と 2 番目の仕切りの右側の ○ の個数を順に, たとえば, x_0, x_3, x_6 の値とすることによって, 第 1 式を満たす 3 個の 0 以上の整数の値の組 (x_0, x_3, x_6) のすべてが得られるからである。第 2 式と第 3 式についても同様である。

$$_{32}\text{C}_2 = \frac{32!}{2!\,30!} = 16 \cdot 31$$

よって, 求める確率は $\dfrac{(16 \cdot 31)^3}{2^{98}} = \dfrac{31^3}{2^{86}}$ ……(答)

〔注〕 [解法]のように, A, B の並びとその下の $\overrightarrow{v_j}$ の並びを同時に記した図でとらえて

みると，解法のイメージがつかみやすいと思われる。Aの下に$\vec{v_k}$ではなく，kを3で割った余りで置き換えたものを用いるところがポイントである。さらに，BをB$_1$，B$_2$，B$_3$，… と区別すると，説明がしやすくなる。必ずしもこのような図が必要というわけではないが，B$_m$とB$_{m+1}$の間のAでは同じ$\vec{v_j}$（$j \equiv m$（mod 3），$j = 0$，1，2）が現れるという観点が重要である。

53

ポイント　[解法 1]　(1)　N 個の○と N 個の×を横一列に並べるとき，左端が○で，かつどの 2 つの○も連続しない並べ方の個数を求める。

(2)　連続する $N-2$ 個以上の数の最初の $N-2$ 個をひとまとめにしたものを□で，残り 2 個の選んだ数の 1 つずつを○で，選ばなかった数の 1 つずつを×で置き換える。左端が□か○，□と○が連続する場合は□の右に○がくるような□，○，×の並べ方を数える。

[解法 2]　(2)　[解法 1]の□を連続する $N-2$ 個以上の数すべてをひとまとめにしたものに変え，この□に含まれる数の個数が N 個，$N-1$ 個，$N-2$ 個の場合に分けて考える。

[解法 3]　(2)　□，○，×の置き換えによらず，少なくとも $N-2$ 個の連続する数の最小値を m として，$m=1$ と $m \neq 1$ の場合分けで考える。

[解法 4]　(2)　□，○，×の置き換えによらず，連続する $N-2$ 個以上の数の個数が N 個，$N-1$ 個，$N-2$ 個の場合に分けて考える。

解 法 1

(1)　1 以上 $2N$ 以下の整数を小さいほうから順に横一列に並べる。選んだ数の 1 つずつを○で，選ばなかった数の 1 つずつを×で置き換える。

これにより，条件 1 を満たす選び方と，左端が○でかつどの 2 つの○も連続しないような○と×の横一列の並べ方が 1 対 1 に対応する。

このような N 個ずつの○，×の並べ方の個数を求める。

まず，N 個の○を並べ，それらの間の $N-1$ カ所に×を 1 個ずつ置く。次いで，残り 1 個の×をこれら $N-1$ 個の×か右端の○の直後の計 N カ所から 1 カ所を選んで置く。

このような並べ方の個数は，残り 1 個の×の置き方の個数に等しく

　　　N 通り　……(答)

(2)　1 以上 $2N$ 以下の整数を 1 から順に横一列に並べる。

選んだ数のうち，連続する $N-2$ 個以上の数の最初の $N-2$ 個をひとまとめにしたものを□で，選んだ数の残り 2 個の 1 つずつを○で，選ばなかった N 個の数の 1 つずつを×で置き換える。ここで，$N \geq 5$ なので，$N-2 \geq 3$ であり，2 個の○が連続してもこれは $N-2$ 個以上の連続する数とはならない。よって，□は 1 個となる。また，□と○が連続する場合は必ず□の右に○がくるようにする。

これにより，条件 2 を満たす選び方と，左端が□か○で，□と○が連続する場合は□の右に○がくるような□（ 1 個），○（ 2 個），×（N 個）の横一列の並べ方が 1 対

1 に対応する。

このような□, ○, ×の並べ方の個数を求める。

(i) 左端に□を置く場合

□ に次いで, N 個の×と 2 個の○を自由に並べる並べ方の個数から,

$$_{N+2}C_2 = \frac{(N+2)(N+1)}{2}$$ 通りがある。

(ii) 左端に○を置く場合

1 個目の○に次いで N 個の×を置く。

次いで, 各×の直後の N カ所から 1 カ所を選んで□を置く。

この N 通りの各々に対して, 各×の直前か, ×と□を並べた全体の最後尾の計 $N+1$ から 1 カ所を選んで残り 1 個の○を置く。

このような並べ方は, $(N+1)N$ 通りがある。

以上, (i), (ii)から, 条件 2 を満たす選び方は

$$\frac{(N+2)(N+1)}{2} + (N+1)N = \frac{(N+1)(3N+2)}{2}$$ 通り ……(答)

解法 2

(2) 1 以上 $2N$ 以下の整数を小さいほうから順に横一列に並べる。

選んだ数のうち連続する $N-2$ 個以上の数をひとまとめに□で, 選んだ数のうち□に現れないものの 1 つずつを○で, 選ばなかった数の 1 つずつを×で表す。このとき, 左端は必ず○か□である。また, □に含まれる数の個数は N, $N-1$, $N-2$ のいずれかであり, $N \geqq 5$ から, □は 1 個, ○は 0, 1, 2 個のいずれか, ×は N 個である。このような□, ○, ×の並べ方と, 条件 2 を満たす数の選び方が 1 対 1 に対応する。そこで, このような□, ○, ×の並べ方の個数を求める。

(i) □に含まれる数がちょうど N 個の場合

○は現れない。

まず, □を置き, その後に N 個の×を置く 1 通りがある。

(ii) □に含まれる数がちょうど $N-1$ 個の場合

○は 1 個である。

• まず, □を置き, その後に N 個の×を置く。各×の直後の N カ所から 1 カ所を選び○を置く N 通りがある。

• まず, ○を置き, その後に N 個の×を置く。各×の直後の N カ所から 1 カ所を選び□を置く N 通りがある。

よって, (ii)の場合は, $2N$ 通りがある。

(iii) □に含まれる数がちょうど $N-2$ 個の場合

○は 2 個である。

- まず，□を置き，その後に 1 個の×を置く。

  次いで，その×の後に，$N-1$ 個の×と 2 個の○の計 $N+1$ 個を任意に置く。○の位置を考えて，${}_{N+1}\mathrm{C}_2 = \dfrac{(N+1)N}{2}$ 通りがある。

- まず，1 個の○を置き，その後に N 個の×を置く。

  次いで，各×の直後の計 N カ所から 2 カ所を選び，□と残り 1 個の○を置く。○と□の順も考え，$2{}_{N}\mathrm{C}_2 = N(N-1)$ 通りがある。

- まず，2 個の○を置き，その後に N 個の×を置く。

  次いで，各×の直後の計 N カ所から 1 カ所を選び，□を置く。

  これは ${}_{N}\mathrm{C}_1 = N$ 通りがある。

  よって，(iii)の場合は，$\dfrac{(N+1)N}{2} + N(N-1) + N = \dfrac{N(3N+1)}{2}$ 通りがある。

以上，(i), (ii), (iii)から，条件 2 を満たす選び方は

$$1 + 2N + \frac{N(3N+1)}{2} = \frac{3N^2 + 5N + 2}{2} \left(= \frac{(N+1)(3N+2)}{2} \right) \text{通り} \quad \cdots\cdots\text{(答)}$$

解 法 3

(2) 選んだ N 個の数 $b_1, b_2, \cdots, b_N$（小さい順で $b_1 = 1$）の中に連続する数が少なくとも $N-2$ 個あり，$N \geq 5$ から，$N-2 \geq 3$ である。

少なくとも $N-2$ 個の連続する数の最小値を m とする。

(i) $m=1$ の場合

b_1 から b_{N-2} までは，1 から $N-2$ までの連続する数として確定する。b_{N-1}, b_N は，残り $N+2$ 個から 2 個を自由に選ぶ。

よって，この場合は，${}_{N+2}\mathrm{C}_2 = \dfrac{(N+2)(N+1)}{2}$ 通りがある。

(ii) $m \neq 1$ のとき，m として可能なのは，3, 4, $\cdots$, $N+3$ の $N+1$ 通りがある（$m \geq N+4$ なら，連続する $N-2$ 個の整数の最大値が $N+4+(N-3) = 2N+1$ 以上となってしまうため）。

このそれぞれに対して，m から連続する $N-2$ 個の数と 1 の計 $N-1$ 個が確定する。残り 1 個をこれらと $m-1$ を除いた N 個から選ぶので N 通りがある。

よって，この場合は，$(N+1)N$ 通りがある。

以上，(i), (ii)から，条件 2 を満たす選び方は

$$\frac{(N+2)(N+1)}{2} + (N+1)N = \frac{(N+1)(3N+2)}{2} \text{通り} \quad \cdots\cdots\text{(答)}$$

解法 4

(2) $N \geqq 5$ から，$N-2 \geqq 3$ である。$N-2$ 個以上連続する数の個数は N 個，$N-1$ 個，$N-2$ 個のいずれかである。この個数で場合を分けて考える。

(i) N 個の場合

　連続する N 個は 1 から始まるので，$1,\ 2,\ 3,\ \cdots,\ N$ の 1 通り。

(ii) $N-1$ 個の場合

　(ア)　これら $N-1$ 個が 1 から始まるとき，残り 1 個を $N+1,\ N+2,\ \cdots,\ 2N$ の N 個のいずれかから選ぶので，N 通りがある。

　(イ)　これら $N-1$ 個が 1 以外から始まるとき，すでに 1 が選ばれているため，連続する $N-1$ 個は $3,\ 4,\ \cdots,\ N+2$ の N 通りのいずれかから始まるので，N 通りがある。

　(ア)または(イ)で $2N$ 通りがある。

(iii) $N-2$ 個の場合

　(ウ)　これら $N-2$ 個が 1 から始まるとき，残り 2 個を $N,\ N+1,\ \cdots,\ 2N$ の $N+1$ 個から選ぶので，${}_{N+1}C_2 = \dfrac{(N+1)N}{2}$ 通りがある。

　(エ)　これら $N-2$ 個が 1 以外から始まるとき，すでに 1 が選ばれているので，連続する $N-2$ 個は $3,\ 4,\ \cdots,\ N+3$ の $N+1$ 通りのいずれかから始まる。これら先頭の数を $k\ (3 \leqq k \leqq N+3)$ とすると，連続する $N-2$ 個の最後尾の数は $k+N-3$ である。したがって，残り 1 個は

　　$k=3$ のときは，$N+2,\ N+3,\ \cdots,\ 2N$ の $N-1$ 個から選ぶ。

　　$k=4$ のときは，$2,\ N+3,\ N+4,\ \cdots,\ 2N$ の $N-1$ 個から選ぶ。

　　$k=5$ のときは，$2,\ 3,\ N+4,\ N+5,\ \cdots,\ 2N$ の $N-1$ 個から選ぶ。

　　$k=6$ のときは，$2,\ 3,\ 4,\ N+5,\ N+6,\ \cdots,\ 2N$ の $N-1$ 個から選ぶ。

　　$\vdots$

　　$k=N+1$ のときは，$2,\ 3,\ 4,\ \cdots,\ N-1,\ 2N$ の $N-1$ 個から選ぶ。

　　$k=N+2$ のときは，$2,\ 3,\ 4,\ \cdots,\ N$ の $N-1$ 個から選ぶ。

　　$k=N+3$ のときは，$2,\ 3,\ 4,\ \cdots,\ N+1$ の N 個から選ぶ。

　　よって，$(N-1) \times N + N = N^2$ 通りがある。

　(ウ)または(エ)で $\dfrac{(N+1)N}{2} + N^2 = \dfrac{3N^2+N}{2}$ 通りがある。

以上，(i)，(ii)，(iii)から，条件 2 を満たす選び方は

$$1 + 2N + \frac{3N^2+N}{2} = \frac{3N^2+5N+2}{2}\left(=\frac{(N+1)(3N+2)}{2}\right) \text{ 通り } \quad \cdots\cdots(\text{答})$$

54 2020年度 〔2〕 Level C

ポイント　[解法1]　(1)　選んだ点を含まない2本の直線が，ともにx軸に垂直な場合，ともにy軸に垂直な場合，1本がx軸に垂直で1本がy軸に垂直な場合の3つの場合がある。各場合ごとに，丹念に数える。

(2)　x軸に垂直な4本の直線上から選ぶ点の個数の組が{1個，1個，1個，2個}であることから，たとえば，直線$x=1$から2点$(1, 1)$, $(1, 2)$を選ぶときを考えて，やはり丹念に数える。

[解法2]　(1)　場合分けは[解法1]と同じ。選んだ点を含まない2本の直線がともにx軸に垂直（またはともにy軸に垂直）のとき，残り2本の上の格子点8個から5個を選ぶ${}_8 C_5$通りから，選んだ点を含まない直線がもう1本生じる場合を除くと考える。1本がx軸に，もう1本がy軸に垂直な場合は${}_9 C_5$通りから，同様のことを考える。

(2)　選んだ点を含まない直線があるのはちょうど1本，ちょうど2本，ちょうど3本の場合がある。ちょうど2本の場合の数は(1)の結果を用いる。これにちょうど1本とちょうど3本の場合の数を加えたものを${}_{16} C_5$から引く。

(1), (2)ともやはり丹念に数える。

解法1

(1)　選んだ点を含まない2本の直線の組合せは次の3つの場合がある。

　　(i)　ともにx軸に垂直な場合

　　(ii)　ともにy軸に垂直な場合

　　(iii)　1本がx軸に垂直，もう1本がy軸に垂直な場合

(i)の場合：

どの2本かで${}_4 C_2 = 6$通り。

そのそれぞれに対して，たとえば，右図のように

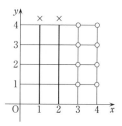

• $x=3$から4個，$x=4$から1個を選ぶのが4通り

• $x=3$から3個，$x=4$から2個を選ぶのが$4 \cdot 3 = 12$通り

• $x=3$から2個，$x=4$から3個を選ぶのが$4 \cdot 3 = 12$通り

• $x=3$から1個，$x=4$から4個を選ぶのが4通り

よって，(i)の場合は，$6 \cdot 2(4+12) = 192$通りある。

(ii)の場合：

(i)と同様に，192 通りある。

(iii)の場合：

どの 2 本かで $_4C_1 \cdot _4C_1 = 16$ 通り。

そのそれぞれに対して

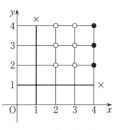

$x=4$ から 3 個を選ぶ場合

- x 軸に垂直な 3 本からそれぞれ 1 個，1 個，3 個を選ぶとき

  3 個を選ぶ直線がどれかで 3 通り，

  それぞれで点の選び方が $_3C_1 \cdot _3C_1 \cdot _3C_3 = 9$ 通りなので

  $3 \cdot 9 = 27$ 通り

- x 軸に垂直な 3 本からそれぞれ 1 個，2 個，2 個を選ぶとき

  1 個を選ぶ直線がどれかで 3 通り，

  それぞれで点の選び方が $_3C_1 \cdot 7 = 21$ 通り

  （7 通りは，右図で (a, b, d, e), (a, b, d, f),

  (a, b, e, f), (a, c, d, e), (a, c, e, f),

  (b, c, d, e), (b, c, d, f)）なので

  $3 \cdot 21 = 63$ 通り

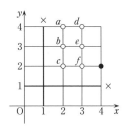

$x=4$ から 1 個を選ぶ場合

よって，(iii)の場合は，$16(27+63) = 1440$ 通りある。

以上から，条件を満たす 5 個の点の選び方は

$2 \cdot 192 + 1440 = 1824$ 通り ……(答)

(2) x 軸に垂直な 4 本の直線上から選ぶ点の個数の組は

$\{1$ 個，1 個，1 個，2 個$\}$ である。

2 個となる直線の選び方が $_4C_1 = 4$ 通り。

そのそれぞれで 2 個の点の選び方が $_4C_2 = 6$ 通りある。

たとえば，直線 $x=1$ から 2 点 $(1, 1)$, $(1, 2)$ を選ぶ場合を考える（他の場合も同じである）。

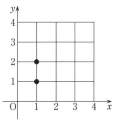

$x=1$ から 2 個を選ぶ場合

直線 $x=2$ から選ぶ 1 個がどの点かで場合を分ける。

(i) $(2, 1)$ または $(2, 2)$ のとき

残り 2 点は $(3, 3)$, $(4, 4)$ であるか，$(3, 4)$, $(4, 3)$ なので

$2 \cdot 2 = 4$ 通り

(ii) $(2, 3)$ のとき

残り 2 点の選び方は

$(3, 4)$ と $(4, k)$ $(1 \leq k \leq 4)$ の 4 通りと，

$(4, 4)$ と $(3, k)$ $(1 \leq k \leq 4)$ の 4 通りがあり,

これら 8 通りには $(3, 4)$ と $(4, 4)$ を選ぶ選び方が重複して数えられているので

$$2 \cdot 4 - 1 = 7 \text{ 通り}$$

(iii) $(2, 4)$ のとき

(ii)と同じ 7 通り。

以上から,条件を満たす 5 個の点の選び方は

$$4 \cdot 6 (4 + 7 + 7) = 432 \text{ 通り} \quad \cdots\cdots(\text{答})$$

解 法 2

(1) ((i)〜(iii)の場合分けは［解法 1］に同じ)

(i)の場合:

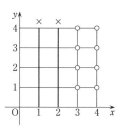

どの 2 本かで ${}_4\mathrm{C}_2 = 6$ 通りある。

そのそれぞれに対して,右図のように,8 個の点から 5 個を選ぶ方法が ${}_8\mathrm{C}_5 = 56$ 通りある。

これら 56 通りのうち,選んだ点を含まない直線が 3 本になるとき,直線 $y = l$ $(1 \leq l \leq 4)$ から 1 本の選び方が ${}_4\mathrm{C}_1 = 4$ 通りある。

そのそれぞれに対して,5 点の選び方が ${}_6\mathrm{C}_5 = 6$ 通りある。

よって,(i)の場合は,$6(56 - 4 \cdot 6) = 192$ 通りある。

(ii)の場合:

(i)と同様に,192 通りある。

(iii)の場合:

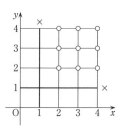

2 本の直線の選び方が ${}_4\mathrm{C}_1 \cdot {}_4\mathrm{C}_1 = 16$ 通り。

そのそれぞれに対して,たとえば,右図のように,9 個の点から 5 個を選ぶ方法が ${}_9\mathrm{C}_5 = 126$ 通りある。

これら 126 通りのうち,選んだ点を含まない直線が 3 本になるとき,直線 $x = l$ または直線 $y = l$ $(2 \leq l \leq 4)$ から 1 本の選び方が ${}_6\mathrm{C}_1 = 6$ 通りある。

そのそれぞれに対して,5 点の選び方が ${}_6\mathrm{C}_5 = 6$ 通りある。

よって,(iii)の場合は,$16(126 - 6 \cdot 6) = 1440$ 通りある。

以上から,条件を満たす 5 個の点の選び方は

$$2 \cdot 192 + 1440 = 1824 \text{ 通り} \quad \cdots\cdots(\text{答})$$

(2) 選んだ点を含まない直線がちょうど 3 本であるときと,ちょうど 1 本であるときを考える。

まず，選んだ点を含まない直線がちょうど3本であるときを考える。

その3本がx軸，y軸に垂直な直線がそれぞれ1本，2本のときと，2本，1本のときがある。どちらも同様である。

前者のとき，

x軸に垂直な1本の直線の選び方が $_4C_1 = 4$ 通り，

y軸に垂直な2本の直線の選び方が $_4C_2 = 6$ 通り，

計 $4 \cdot 6 = 24$ 通りのそれぞれで，6点から5点を選ぶのが $_6C_5 = 6$ 通りあるので，$24 \cdot 6 = 144$ 通りある。

よって，選んだ点を含まない直線がちょうど3本であるのは

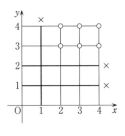

$$2 \cdot 144 = 288 \text{ 通り} \quad \cdots\cdots ①$$

次に，選んだ点を含まない直線がちょうど1本であるときを考える。

そのような直線の選び方が8通りある。

その直線が$x=1$であるときを考える（他の7本の場合も同じである）。

残りの3本の直線$x=2$，$x=3$，$x=4$から選ぶ5点の個数の組合せは $\{1個，1個，3個\}$ と，$\{1個，2個，2個\}$ がある。

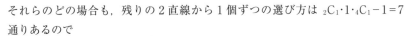

(i) $\{1個，1個，3個\}$ のとき

　　3個を含むのがどの直線かで $_3C_1 = 3$ 通り，

　　その3個がどの点かで $_4C_3 = 4$ 通り，

　　それらのどの場合も，残りの2直線から1個ずつの選び方は $_2C_1 \cdot 1 \cdot _4C_1 - 1 = 7$ 通りあるので

$$3 \cdot 4 \cdot 7 = 84 \text{ 通り}$$

(ii) $\{1個，2個，2個\}$ のとき

　　1個を含むのがどの直線かで $_3C_1 = 3$ 通り，

　　その1個（Aとする）がどの点かで $_4C_1 = 4$ 通り，

　　そのどの場合も，残りの2直線から2個ずつの選び方は，2個のうち1個がAを含むy軸に垂直な直線上にある場合と，そうでない場合に分けて数えると

$$_2C_1 \cdot _3C_1 \cdot _2C_2 + _3C_2 \cdot 1 \cdot _2C_1 = 12 \text{ 通り}$$

$$\text{（y軸に垂直な4本のどれからも点が選ばれるようにする）}$$

　　あるので

$$3 \cdot 4 \cdot 12 = 144 \text{ 通り}$$

よって，選んだ点を含まない直線がちょうど1本であるのは

$$8(84 + 144) = 1824 \text{ 通り} \quad \cdots\cdots ②$$

選んだ点を含まない直線は，ちょうど1本，ちょうど2本，ちょうど3本のいずれかであり，選んだ点を含まない直線がある場合は，(1)と①，②から

$$1824 + 288 + 1824 = 3936 \text{ 通り}$$

ゆえに，条件を満たす5個の点の選び方は

$$_{16}C_5 - 3936 = 4368 - 3936 = 432 \text{ 通り} \quad \cdots\cdots(\text{答})$$

55

ポイント ［解法1］ (1) コインの表が a 回，裏が b 回出るとして，条件を満たす (a, b) の組それぞれの確率の和を求める。

(2) 一度も F を通らずに 10 回後に A に移動する経路の個数を経路図を用いて計算し，それから得られる確率を(1)の確率から引く。

［解法2］ (1) 偶数回後には A，C または G，E のいずれかにあるので，$n = 2k$ として，それぞれの確率 A_k，C_k，E_k の漸化式を立式し，それらを解く。

解 法 1

(1) 事象 S が起こるとき，コインの表が a 回，裏が b 回出るとすると，a，b は 0 以上の整数で

$$\begin{cases} a + b = 10 \\ |a - b| \text{ は 8 の倍数} \end{cases}$$

これより

$$\begin{cases} a + b = 10 \\ a - b = -8 \end{cases}, \quad \begin{cases} a + b = 10 \\ a - b = 0 \end{cases}, \quad \begin{cases} a + b = 10 \\ a - b = 8 \end{cases}$$

となり

$$(a, b) = (1, 9), \ (5, 5), \ (9, 1)$$

となる。

ゆえに，求める確率は

$$2 \cdot {}_{10}C_1 \left(\frac{1}{2}\right)^1 \left(\frac{1}{2}\right)^9 + {}_{10}C_5 \left(\frac{1}{2}\right)^5 \left(\frac{1}{2}\right)^5 = 2 \cdot 10 \cdot \frac{1}{1024} + 252 \cdot \frac{1}{1024}$$

$$= \frac{5}{256} + \frac{63}{256} = \frac{17}{64} \quad \cdots\cdots \text{(答)}$$

(2) 10 回中一度も点 F を通ることのない移動で 10 回後に点 A に移動する経路の個数は，次図から 206 個である。

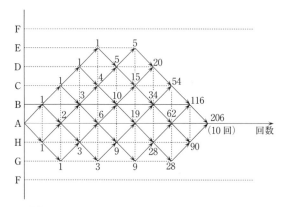

これより，事象 $S \cap \overline{T}$ の確率は

$$\frac{206}{2^{10}} = \frac{103}{512}$$

よって，求める確率は，事象 $S \cap T$ の確率であり

$$\frac{17}{64} - \frac{103}{512} = \frac{33}{512} \quad \cdots\cdots (\text{答})$$

解法 2

(1) 点Aに関する頂点の位置の対称性と点Pの移動の規則から，n 回後に動点Pが頂点BとHにある確率，CとGにある確率，DとFにある確率はそれぞれ等しい。

また，帰納的に，偶数回後にはA，C，E，Gにあり，奇数回後にはB，D，F，Hにある。そこで，$n = 2k$（k は自然数）のとき，PがAにある確率を A_k，CまたはGにある確率を C_k，Eにある確率を E_k とおくと，確率の推移は右図のようになるので，次の漸化式が成り立つ。

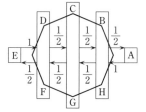

$$\begin{cases} A_{k+1} = 1 \cdot \dfrac{1}{2} A_k + \left(\dfrac{1}{2}\right)^2 C_k = \dfrac{1}{2} A_k + \dfrac{1}{4} C_k & \cdots\cdots\text{①} \\[2mm] C_{k+1} = 1 \cdot \dfrac{1}{2} A_k + 1 \cdot \dfrac{1}{2} C_k + 1 \cdot \dfrac{1}{2} E_k = \dfrac{1}{2}(A_k + C_k + E_k) & \cdots\cdots\text{②} \\[2mm] E_{k+1} = \left(\dfrac{1}{2}\right)^2 C_k + 1 \cdot \dfrac{1}{2} E_k = \dfrac{1}{4} C_k + \dfrac{1}{2} E_k & \cdots\cdots\text{③} \\[2mm] A_1 = \dfrac{1}{2}, \quad C_1 = \dfrac{1}{2}, \quad E_1 = 0 & \cdots\cdots\text{④} \end{cases}$$

②と $A_k + C_k + E_k = 1$ から $\quad C_{k+1} = \dfrac{1}{2}$

これと④から　　$C_k=\dfrac{1}{2}$　$(k\geqq 1)$　……⑤

①，⑤から，$A_{k+1}=\dfrac{1}{2}A_k+\dfrac{1}{8}$ となり

$$A_{k+1}-\dfrac{1}{4}=\dfrac{1}{2}\Big(A_k-\dfrac{1}{4}\Big)$$

$$A_k-\dfrac{1}{4}=\dfrac{1}{2^{k-1}}\Big(A_1-\dfrac{1}{4}\Big)$$

$$=\dfrac{1}{2^{k+1}}\quad(\text{④より})$$

よって　　$A_k=\dfrac{1}{4}+\dfrac{1}{2^{k+1}}$

事象 S の確率は A_5 なので　　$\dfrac{1}{4}+\dfrac{1}{2^6}=\dfrac{17}{64}$　……(答)

((2)は〔解法1〕に同じ)

〔注1〕〔解法2〕では漸化式を解かなくても，漸化式を用いて $(A_k,\ C_k,\ E_k)$ $(1\leqq k\leqq 5)$ を順次求める解法でもよい。この場合は以下のようになる。

$$k=1\cdots\Big(\dfrac{1}{2},\ \dfrac{1}{2},\ 0\Big),\qquad k=2\cdots\Big(\dfrac{3}{8},\ \dfrac{1}{2},\ \dfrac{1}{8}\Big),\qquad k=3\cdots\Big(\dfrac{5}{16},\ \dfrac{1}{2},\ \dfrac{3}{16}\Big),$$

$$k=4\cdots\Big(\dfrac{9}{32},\ \dfrac{1}{2},\ \dfrac{7}{32}\Big),\qquad k=5\cdots\Big(\dfrac{17}{64},\ \dfrac{1}{2},\ \dfrac{15}{64}\Big)$$

事象 S の確率は A_5 なので，$\dfrac{17}{64}$ である。

〔注2〕n 回後に P が A にある確率，B または H にある確率，C または G にある確率，D または F にある確率，E にある確率をそれぞれ $a_n,\ b_n,\ c_n,\ d_n,\ e_n$ とおくと

$$a_{n+1}=\dfrac{1}{2}b_n,\qquad b_{n+1}=a_n+\dfrac{1}{2}c_n,\qquad c_{n+1}=\dfrac{1}{2}(b_n+d_n),$$

$$d_{n+1}=\dfrac{1}{2}c_n+e_n,\qquad e_{n+1}=\dfrac{1}{2}d_n,$$

$$a_1=0,\qquad b_1=1,\qquad c_1=d_1=e_1=0$$

が成り立ち，$(a_n,\ b_n,\ c_n,\ d_n,\ e_n)$ $(n=1,\ 2,\ \cdots,\ 10)$ は順次，以下のようになる。

$$n=1\cdots(0,\ 1,\ 0,\ 0,\ 0),\qquad n=2\cdots\Big(\dfrac{1}{2},\ 0,\ \dfrac{1}{2},\ 0,\ 0\Big),$$

$$n=3\cdots\Big(0,\ \dfrac{3}{4},\ 0,\ \dfrac{1}{4},\ 0\Big),\qquad n=4\cdots\Big(\dfrac{3}{8},\ 0,\ \dfrac{1}{2},\ 0,\ \dfrac{1}{8}\Big),$$

$$n=5\cdots\Big(0,\ \dfrac{5}{8},\ 0,\ \dfrac{3}{8},\ 0\Big),\qquad n=6\cdots\Big(\dfrac{5}{16},\ 0,\ \dfrac{1}{2},\ 0,\ \dfrac{3}{16}\Big),$$

$$n=7\cdots\Big(0,\ \dfrac{9}{16},\ 0,\ \dfrac{7}{16},\ 0\Big),\qquad n=8\cdots\Big(\dfrac{9}{32},\ 0,\ \dfrac{1}{2},\ 0,\ \dfrac{7}{32}\Big),$$

$$n=9\cdots\Big(0,\ \dfrac{17}{32},\ 0,\ \dfrac{15}{32},\ 0\Big),\qquad n=10\cdots\Big(\dfrac{17}{64},\ 0,\ \dfrac{1}{2},\ 0,\ \dfrac{15}{64}\Big)$$

ちなみに，各確率は次のようになる。

- n が偶数のとき

$$a_n = \frac{1}{4} + \left(\frac{1}{2}\right)^{\frac{n+2}{2}}, \quad c_n = \frac{1}{2}, \quad e_n = \frac{1}{4} - \left(\frac{1}{2}\right)^{\frac{n+2}{2}},$$

$$b_n = d_n = 0$$

- n が奇数のとき

$$a_n = c_n = e_n = 0, \quad b_n = \frac{1}{2} + \left(\frac{1}{2}\right)^{\frac{n+1}{2}}, \quad d_n = \frac{1}{2} - \left(\frac{1}{2}\right)^{\frac{n+1}{2}}$$

56 2017 年度 〔3〕（文理共通（一部）） Level B

ポイント [解法1]（1）最初から1秒後には直線 $y=x+1$ または $y=x-1$ 上にそれぞれ等確率で移動する。

（2）点 P が直線 $y=x+k$ $(k=0, \pm 1, \pm 2, \cdots)$ 上にあれば，1秒後には直線 $y=x+k+1$ または直線 $y=x+k-1$ 上にそれぞれ確率 $\frac{1}{2}$ で移動することから，経路の個数に還元して考える。

[解法2]（2）6秒間に x 座標が1増加，1減少する移動がそれぞれ a 回，b 回，y 座標についても同様に c 回，d 回として (a, b, c, d) の組を求める。次いでそれらの組のそれぞれで0以外の a, b, c, d が6秒間のどこで起きるかの順列（重複順列）を考える。

解法1

（1）$t-s=-1$ すなわち $t=s-1$ となるのは点 P が直線 $y=x-1$ 上にあるときで，その確率は図1から

$$2 \cdot \frac{1}{4} = \frac{1}{2} \quad \cdots\cdots（答）$$

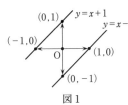

図1　　　　　図2

（2）直線 $y=x+k$ $(k=0, \pm 1, \pm 2, \cdots)$ を L_k とする。

L_k 上の点 P は1秒後には確率 $\frac{1}{2}$ で L_{k+1} 上または確率 $\frac{1}{2}$ で L_{k-1} 上にある（図2）。

よって，最初に L_0 上にある点 P が6秒間に移動する直線は図3のようになる。6秒後に L_0 上にあるような経路の個数は $_6C_3 = 20$ であるから，求める確率は

$$20\left(\frac{1}{2}\right)^6 = \frac{5}{16} \quad \cdots\cdots（答）$$

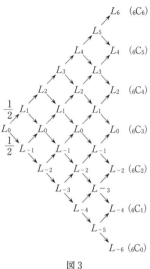

図 3

解 法 2

((1)は［解法 1］に同じ)

(2)　6 秒間に x 座標が 1 増加する移動が a 回，1 減少する移動が b 回，y 座標が 1 増加する移動が c 回，1 減少する移動が d 回であるとする。

原点にあった点 P が 6 秒後に直線 $y=x$ 上にあるための条件は

$$\begin{cases} c-d=a-b & \cdots\cdots① \\ a+b+c+d=6 & \cdots\cdots② \\ a,\ b,\ c,\ d \text{ は 0 以上の整数} & \cdots\cdots③ \end{cases}$$

①から　　$a+d=b+c$　……④

②，④から　　$a+d=b+c=3$　……⑤

③，⑤から　　$\begin{cases} (a,\ d)=(0,\ 3),\ (1,\ 2),\ (2,\ 1),\ (3,\ 0) \\ (b,\ c)=(0,\ 3),\ (1,\ 2),\ (2,\ 1),\ (3,\ 0) \end{cases}$　……⑥

⑥から得られる $(a,\ b,\ c,\ d)$ の組は，0 と 3 でできるもの，1 と 2 でできるものがそれぞれ 4 通り，0，1，2，3 でできるものが 8 通りある。

そのそれぞれで，1 以上の値の $a,\ b,\ c,\ d$ を並べる順番も考え，すべての場合の数は

$$4 \times \frac{6!}{3!3!} + 4 \times \frac{6!}{2!2!} + 8 \times \frac{6!}{2!3!} = 80 + 720 + 480 = 1280$$

ゆえに，求める確率は　　$\dfrac{1280}{4^6} = \dfrac{5}{16}$　……(答)

57 2016 年度 〔2〕（文理共通（一部）） Level B

ポイント (1)・(2) 推移図の周期性による。
(3) 2つの等比数列の和を計算する。

解 法

(1) 図1と図2から，5試合目でAが優勝するのは，1試合目でAが勝つ場合に起き，

その確率は $\dfrac{1}{2^5}=\dfrac{1}{32}$ ……（答）

図1 1試合目でAが勝つ場合

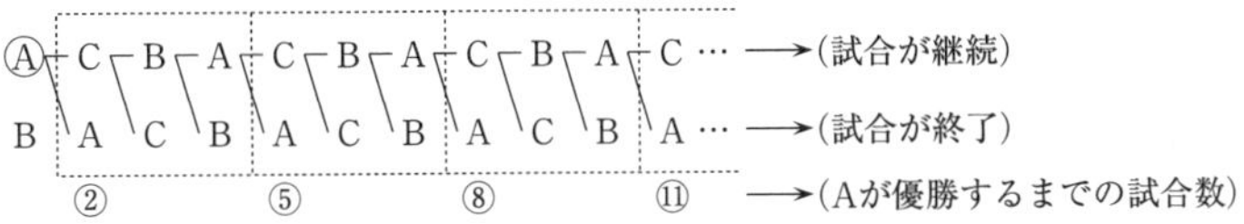

図2 1試合目でBが勝つ場合

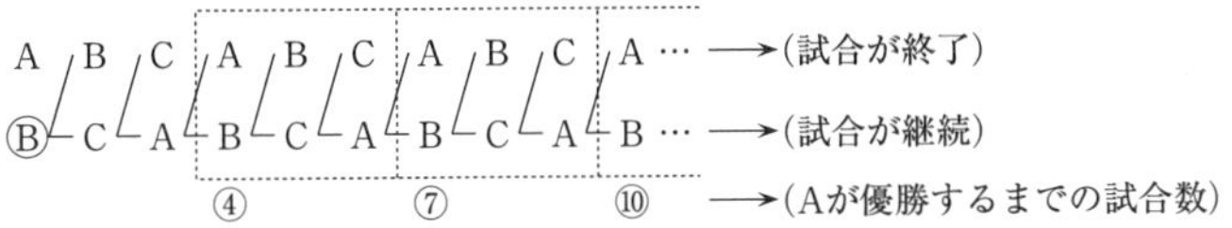

(2) (i) 1試合目でAが勝つ場合：

図1から，Aが優勝するのは $n=3k-1$（k は自然数）のときで，その確率は $\dfrac{1}{2^n}$ である。

(ii) 1試合目でBが勝つ場合：

図2から，Aが優勝するのは $n=3k+1$（k は自然数）のときで，その確率は $\dfrac{1}{2^n}$ である。

ゆえに，Aが優勝する確率は，k を自然数として

$$\begin{cases} n=3k\pm1 \text{ のとき} & \dfrac{1}{2^n} \quad \cdots\cdots\text{（答）} \\ n=3k \text{ のとき} & 0 \end{cases}$$

(3) $m\geqq2$ のとき，求める確率は，(2)から

$$\sum_{k=1}^{m}\left(\frac{1}{2}\right)^{3k-1}+\sum_{k=1}^{m-1}\left(\frac{1}{2}\right)^{3k+1}$$

$$=\frac{\left(\frac{1}{2}\right)^2\left\{1-\left(\frac{1}{2}\right)^{3m}\right\}}{1-\left(\frac{1}{2}\right)^3}+\frac{\left(\frac{1}{2}\right)^4\left\{1-\left(\frac{1}{2}\right)^{3(m-1)}\right\}}{1-\left(\frac{1}{2}\right)^3}$$

$$= \frac{2}{7}\left\{1-\left(\frac{1}{8}\right)^m\right\} + \frac{1}{14}\left\{1-\left(\frac{1}{8}\right)^{m-1}\right\}$$

$$= \frac{5}{14} - \frac{6}{7}\left(\frac{1}{8}\right)^m \quad \cdots\cdots①$$

$m=1$ のとき，求める確率は $\frac{1}{4}$ なので，①は $m=1$ でも成り立つ。

ゆえに $\quad \frac{5}{14} - \frac{6}{7}\left(\frac{1}{8}\right)^m \quad \cdots\cdots$(答)

58

ポイント [解法1] (1) 最初に書かれる文字が AA の場合と，Bの場合とに分けて漸化式を考える。

(2) 余事象の確率を考えると，(1)の結果が利用できる。

[解法2] (2)を(1)と同様の場合分けで考える。

[解法3] (1)・(2) 表が出たときに書く AA を A_1A_2 として，左端から n 番目が A_1 となる確率を a_n，A_2 となる確率を b_n，Bとなる確率を $c_n\,(=1-a_n-b_n)$ とおき，漸化式を考える。

解 法 1

(1) 求める確率を p_n とする。

$$p_1=\frac{1}{2}, \quad p_2=\frac{1}{2}\cdot1+\frac{1}{2}\cdot\frac{1}{2}=\frac{3}{4} \quad \cdots\cdots\text{①}$$

である。

$n\geqq3$ のとき，p_n は次の2つの確率(i)と(ii)の和である。

(i) 最初に AA が書かれ，引き続き $n-2$ 回コインを投げて，最初の AA の次の文字を1番目として数えて $n-2$ 番目（左端から数えて n 番目）がAであり，さらにもう1回投げて何が出てもよい確率は

$$\frac{1}{2}\cdot p_{n-2}\cdot1=\frac{1}{2}p_{n-2}$$

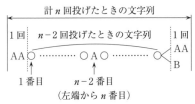

計 n 回投げたときの文字列

1回　$n-2$ 回投げたときの文字列　1回

AA○……○A○……○ AA／B

1番目　　$n-2$ 番目
（左端から n 番目）

(ii) 最初にBが書かれ，引き続き $n-1$ 回コインを投げて，最初のBの次の文字を1番目として数えて $n-1$ 番目（左端から数えて n 番目）がAである確率は

$$\frac{1}{2}\cdot p_{n-1}=\frac{1}{2}p_{n-1}$$

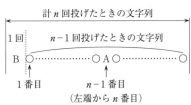

計 n 回投げたときの文字列

1回　　$n-1$ 回投げたときの文字列

B○……○A○……○

1番目　　　　$n-1$ 番目
（左端から n 番目）

よって，$n \geqq 3$ のとき，$p_n = \dfrac{1}{2}p_{n-1} + \dfrac{1}{2}p_{n-2}$ が成り立つ。これより

$$p_n + \dfrac{1}{2}p_{n-1} = p_{n-1} + \dfrac{1}{2}p_{n-2}$$

となり

$$p_n + \dfrac{1}{2}p_{n-1} = p_2 + \dfrac{1}{2}p_1 = 1 \quad (\text{①から})$$

$$p_n = -\dfrac{1}{2}p_{n-1} + 1$$

これより

$$p_n - \dfrac{2}{3} = \left(-\dfrac{1}{2}\right)\left(p_{n-1} - \dfrac{2}{3}\right)$$

となり，これは $n=2$ でも成り立ち

$$p_n - \dfrac{2}{3} = \left(-\dfrac{1}{2}\right)^{n-1}\left(p_1 - \dfrac{2}{3}\right) = -\dfrac{1}{6}\left(-\dfrac{1}{2}\right)^{n-1} \quad (\text{これは } n=1 \text{ でも成り立つ})$$

ゆえに，求める確率は

$$\dfrac{2}{3} - \dfrac{1}{6}\left(-\dfrac{1}{2}\right)^{n-1} \quad \cdots\cdots(\text{答})$$

〔注1〕 (1)の答えの表現は $\dfrac{2}{3} - \dfrac{2}{3}\left(-\dfrac{1}{2}\right)^{n+1}$ や $\dfrac{2}{3} + \dfrac{1}{3}\left(-\dfrac{1}{2}\right)^{n}$ なども可。

〔注2〕 $p_n = \dfrac{1}{2}p_{n-1} + \dfrac{1}{2}p_{n-2}$ を得た後は，これを

$$\begin{cases} p_n + \dfrac{1}{2}p_{n-1} = p_{n-1} + \dfrac{1}{2}p_{n-2} \\ p_n - p_{n-1} = -\dfrac{1}{2}(p_{n-1} - p_{n-2}) \end{cases}$$

と2通りに変形し，これから

$$\begin{cases} p_n + \dfrac{1}{2}p_{n-1} = p_2 + \dfrac{1}{2}p_1 = 1 \\ p_n - p_{n-1} = \left(-\dfrac{1}{2}\right)^{n-2}(p_2 - p_1) = \left(-\dfrac{1}{2}\right)^{n} \end{cases}$$

を得て，この2式から p_{n-1} を消去して

$$p_n = \dfrac{2}{3} + \dfrac{1}{3}\left(-\dfrac{1}{2}\right)^{n} = \dfrac{2}{3} - \dfrac{1}{6}\left(-\dfrac{1}{2}\right)^{n-1} \quad (n=1, 2 \text{ でも有効})$$

とすることも可。

(2) 求める確率は

「n 回投げて書かれた文字列の n 番目がBである確率」から，

「n 回投げて書かれた文字列の n 番目がB，$n-1$ 番目がBである確率」

を引いたものである。以下，p_n は(1)の確率である。

・前者の確率は　　$1 - p_n$　……②

• 後者の確率は次のようになる。

　コインを n 回投げて k 回目に書かれる文字が左から $n-1$ 番目となるとき，$k \leq n-1$ であるから，それは $n-1$ 回投げて k 回目に書かれる文字でもあり，それがBである確率は $1-p_{n-1}$ に等しい。

　次いで $k+1$ 回目に書かれる文字が左から n 番目の文字であり，それがBとなる確率は，考え得るどの k の値に対しても $\dfrac{1}{2}$ である。よって，後者の確率は

$$\frac{1}{2}(1-p_{n-1}) \quad \cdots\cdots ③$$

となる。

ゆえに，求める確率は，(1)の結果を用いて

$$② - ③ = (1-p_n) - \frac{1}{2}(1-p_{n-1})$$

$$= \frac{1}{3} + \frac{1}{6}\left(-\frac{1}{2}\right)^{n-1} - \frac{1}{2}\left\{\frac{1}{3} + \frac{1}{6}\left(-\frac{1}{2}\right)^{n-2}\right\}$$

$$= \frac{1}{6} + \frac{1}{6}\left(-\frac{1}{2}\right)^{n-1} + \frac{1}{6}\left(-\frac{1}{2}\right)^{n-1} = \frac{1}{6} + \frac{1}{3}\left(-\frac{1}{2}\right)^{n-1} \quad \cdots\cdots (答)$$

〔注3〕 (2)の答えの表現は $\dfrac{1}{6} - \dfrac{2}{3}\left(-\dfrac{1}{2}\right)^n$, $\dfrac{1}{6} - \dfrac{1}{6}\left(-\dfrac{1}{2}\right)^{n-2}$ なども可。

〔注4〕 (2) $n-1$ 回投げて，左から $n-1$ 番目に書かれるのがBであるのが k 回目に投げたときであるような k は複数あり得て，それらを k_1, k_2, $\cdots$, k_t とし，その確率をそれぞれ r_1, r_2, $\cdots$, r_t とすると，$1-p_{n-1}=r_1+r_2+\cdots+r_t$ である。どの場合も次の k_i+1 回目にBが書かれる確率は $\dfrac{1}{2}$ なので，$n-1$ 番目，n 番目ともBとなる確率は

$$\frac{1}{2}r_1 + \frac{1}{2}r_2 + \cdots + \frac{1}{2}r_t = \frac{1}{2}(1-p_{n-1})$$

となる。

解法 2

((1)は〔解法1〕に同じ)

(2) 求める確率を q_n $(n \geq 2)$ とする。

$$q_2 = 0, \quad q_3 = \frac{1}{2} \cdot \frac{1}{2} = \frac{1}{4} \quad \cdots\cdots (*)$$

である。

$n \geq 4$ のとき，q_n は次の2つの確率(ア)と(イ)の和である。

(ア) 最初にAAが書かれ，引き続き $n-2$ 回コインを投げて，最初のAAの次の文字を1番目として数えて $n-3$ 番目（左端から数えて $n-1$ 番目）がAで，$n-2$ 番目（左端から数えて n 番目）がBで，さらにもう1回投げて何が出てもよい確率は

$$\frac{1}{2} \cdot q_{n-2} \cdot 1 = \frac{1}{2} q_{n-2}$$

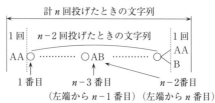

(イ) 最初にBが書かれ，引き続き $n-1$ 回コインを投げて，最初のBの次の文字を1番目として数えて $n-2$ 番目（左端から数えて $n-1$ 番目）がAで，$n-1$ 番目（左端から数えて n 番目）がBである確率は

$$\frac{1}{2} q_{n-1}$$

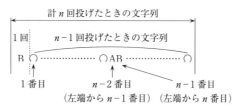

(ア)，(イ)から，$n \geq 4$ のとき，$q_n = \frac{1}{2} q_{n-1} + \frac{1}{2} q_{n-2}$ が成り立つ。

これより，(1)と同様に

$$q_n + \frac{1}{2} q_{n-1} = q_3 + \frac{1}{2} q_2 = \frac{1}{4} \quad ((*)\text{から})$$

したがって

$$q_n - \frac{1}{6} = \left(-\frac{1}{2}\right)\left(q_{n-1} - \frac{1}{6}\right)$$

となる。これは $n=3$ でも成り立ち

$$q_n - \frac{1}{6} = \left(-\frac{1}{2}\right)^{n-2}\left(q_2 - \frac{1}{6}\right) = -\frac{1}{6}\left(-\frac{1}{2}\right)^{n-2} \quad (\text{これは } n=2 \text{ でも有効})$$

ゆえに，求める確率は

$$\frac{1}{6} - \frac{1}{6}\left(-\frac{1}{2}\right)^{n-2} \quad \cdots\cdots(\text{答})$$

解法 3

(1) コインの表が出たときに書く AA を $A_1 A_2$ と書いて，左側のAと右側のAを区別して考える。

コインを n 回投げて

左端から n 番目が A_1 となる確率を a_n

左端から n 番目が A_2 となる確率を b_n

左端から n 番目が B となる確率を c_n

とする。$c_n = 1 - a_n - b_n$ であり、求める確率は $a_n + b_n$ である。

推移図は次のようになる。

よって

$$
\begin{cases}
a_{n+1} = \dfrac{1}{2} b_n + \dfrac{1}{2} c_n & \cdots\cdots ① \\
b_{n+1} = a_n & \cdots\cdots ② \quad \text{また} \quad a_1 = \dfrac{1}{2} \\
\left(c_{n+1} = \dfrac{1}{2} b_n + \dfrac{1}{2} c_n \right)
\end{cases}
$$

① と $c_n = 1 - a_n - b_n$ から

$$
a_{n+1} = \frac{1}{2} b_n + \frac{1}{2}(1 - a_n - b_n) = \frac{1}{2} - \frac{1}{2} a_n
$$

$$
a_{n+1} - \frac{1}{3} = -\frac{1}{2}\left(a_n - \frac{1}{3} \right)
$$

$$
a_n - \frac{1}{3} = \left(-\frac{1}{2} \right)^{n-1}\left(a_1 - \frac{1}{3} \right) = \left(-\frac{1}{2} \right)^{n-1}\left(\frac{1}{2} - \frac{1}{3} \right) = \frac{1}{6}\left(-\frac{1}{2} \right)^{n-1}
$$

$$
a_n = \frac{1}{3} + \frac{1}{6}\left(-\frac{1}{2} \right)^{n-1}
$$

② から、$n \geqq 2$ のとき、$b_n = a_{n-1}$ なので

$$
a_n + b_n = \frac{1}{3} + \frac{1}{6}\left(-\frac{1}{2} \right)^{n-1} + \frac{1}{3} + \frac{1}{6}\left(-\frac{1}{2} \right)^{n-2}
$$

$$
= \frac{2}{3} + \frac{1}{6}\left(-\frac{1}{2} \right)^{n-2}\left\{ \left(-\frac{1}{2} \right) + 1 \right\} = \frac{2}{3} - \frac{1}{6}\left(-\frac{1}{2} \right)^{n-1}
$$

これは $n = 1$ でも有効であるから、求める確率は $\quad \dfrac{2}{3} - \dfrac{1}{6}\left(-\dfrac{1}{2} \right)^{n-1} \quad \cdots\cdots(\text{答})$

(2) $n \geqq 3$ のとき、求める確率は、$n-1$ 回投げて書かれる文字（AA が書かれるので、n 個以上）の左端から $n-1$ 番目が A_2 で、n 番目が B となる確率なので、(1)の記号を用いて

$$
b_{n-1} \cdot \frac{1}{2} = \frac{1}{2} a_{n-2} = \frac{1}{6} + \frac{1}{12}\left(-\frac{1}{2} \right)^{n-3} = \frac{1}{6} - \frac{1}{6}\left(-\frac{1}{2} \right)^{n-2}
$$

$n=2$ のときは求める確率は 0 なので，これは $n=2$ でも有効であり，求める確率は

$$\frac{1}{6}-\frac{1}{6}\left(-\frac{1}{2}\right)^{n-2} \quad \cdots\cdots(答)$$

〔注5〕 n 回コインを投げて書かれる文字の個数は n 以上であるが，1回でも表が出ると AA が書かれるので，文字の個数は $n+1$ 個以上になる。このことを明確に意識しないと，$n-2$ 回投げたときや，$n-1$ 回投げたときの文字の位置と投げた回数の関係を正しくとらえることができない。例えば，1回目に AA が書かれた後に，引き続き $n-2$ 回投げた場合には，投げた回数は合計 $n-1$ 回，書かれた文字は合計 n 個以上となり，左端から n 番目の文字はこれらの中にあるが，投げた回数は計 $n-1$ 回なので，n 回投げて左から n 番目というわけではない。したがって，もう1回投げて文字（任意の文字）を付け加えることを考えないと，n 回投げて左端から n の文字を考えたことにならない。[解法3] ではこのことに注意したものにしてある。最初に AA となる場合と，B となる場合で考えて，p_n を p_{n-1} と p_{n-2} で表す発想は難しいものではないが，回数としての n と，位置としての n の扱いを正しくとらえないといけない点に本問の難しさがある。

59 2014年度 〔2〕（文理共通（一部）） Level B

ポイント (1) 白球が k 個，赤球が l 個であることを (k, l) で表すなどして，(k, l) の推移図を考える。

(2) $n+1$ 回目に赤球を取り出せるのは n 回目に白球を取り出すときに限られる。$n \geq 3$ に限定せず，$n \geq 1$ として漸化式を立てられることに注意。

解法

(1) 袋Uの中の白球が k 個，赤球が l 個であることを (k, l) で表すと，次の推移図が得られる。

ゆえに

$$p_1 = \frac{1}{a+3} \quad , \quad p_2 = \frac{a+2}{a+3} \cdot \frac{1}{a+1} = \frac{a+2}{(a+3)(a+1)} \quad \cdots\cdots (\text{答})$$

(2) 推移図から，$n+1$ 回目に赤球が取り出されるのは n 回目に白球が取り出されるときに限られ，n 回目に白球が取り出された後の袋の中の状態はつねに $(a, 1)$ である。また，n 回目に白球が取り出される確率は $1-p_n$ である。よって，次の漸化式が成り立つ。

$$p_{n+1} = \frac{1}{a+1}(1-p_n) \quad (n \geq 1)$$

これより

$$p_{n+1} - \frac{1}{a+2} = -\frac{1}{a+1}\left(p_n - \frac{1}{a+2}\right)$$

よって

$$p_n - \frac{1}{a+2} = \left(-\frac{1}{a+1}\right)^{n-1}\left(p_1 - \frac{1}{a+2}\right) = \left(-\frac{1}{a+1}\right)^{n-1}\left(\frac{1}{a+3} - \frac{1}{a+2}\right)$$

$$= -\frac{1}{(a+3)(a+2)}\left(-\frac{1}{a+1}\right)^{n-1}$$

ゆえに

$$p_n = \frac{1}{a+2} - \frac{1}{(a+3)(a+2)}\left(-\frac{1}{a+1}\right)^{n-1} \quad \cdots\cdots (\text{答})$$

〔注〕 ［解法］の漸化式は $n \geq 1$ で成り立つのに，問題文の $n \geq 3$ という設定に引きずられて推移図を見てしまうと，かえって難しく考えてしまうことになる。

60 2013 年度 〔4〕（文理共通（一部）） Level C

ポイント 表が出るのはAの1回か，A，Bそれぞれの1回かの場合に限ること，裏が続くときはコインの所持の交代が繰り返されることに注目する。表が奇数回目で出るのか，偶数回目で出るのか，また，nが偶数なのか，奇数なのかを考える。

解法 1

Aがa点，Bがb点で，Aがコインを持っていることを $(\boxed{a}, b)$ で表し，Aがa点，Bがb点でBがコインを持っていることを $(a, \boxed{b})$ で表す。
次の①，②が成り立つ。

① コインの表が出ると，どちらか一方の得点が$+1$変化する。裏が出ると，コインの所持が交代するだけで，どちらの得点も変化しない。

② i回目もj回目も $(\boxed{a}, b)$ ならば，$j-i$は偶数である（ただし，$i<j$）。
   理由：$(\boxed{a}, b)$，……，$(\boxed{a}, b)$ で得点に変化がないので，裏のみが出てAとBのコインの所持の交代が偶数回起きるからである（次図参照）。

$$\underset{(\boxed{a}, b),}{\overset{i回目}{}} \underbrace{\cdots\cdots, \underset{(\boxed{a}, b)}{\overset{j回目}{}}}_{\text{偶数回（0回含む）}=\lceil(a, \boxed{b}), (\boxed{a}, b)\rfloor の偶数回の繰り返し}} \to 裏のみが連続$$

n回目でAが勝利するには
(I) n回目で $(\boxed{2}, 0)$ となる場合
(II) n回目で $(\boxed{2}, 1)$ となる場合
の2つの場合が考えられる。

(I) n回目で $(\boxed{2}, 0)$ となる場合
   直前は $(\boxed{1}, 0)$ なので，$n-1$回目までの1回だけAが表を出し，その他はすべて裏が出る。よって，推移は次の図のようになる。

$$\underset{(始め)}{(\boxed{0}, 0),} \underbrace{\cdots\cdots, (\boxed{0}, 0)}_{(偶数回(0回含む))}, \underset{(奇数回目)}{(\boxed{1}, 0),} \underbrace{\cdots\cdots, (\boxed{1}, 0)}_{(偶数回(0回含む))}, \underset{(偶数回目)}{(\boxed{2}, 0)}$$

よって，nは偶数で，初めて $(\boxed{1}, 0)$ となるのは奇数回目である。
また，初めて $(\boxed{1}, 0)$ となる箇所が決まると，コインの出方は一通りに決まる。

1から$n-1$までに奇数は $\dfrac{n}{2}$ 個あるので，この場合の確率は

$$\frac{n}{2} \cdot \frac{1}{2^n} = \frac{n}{2^{n+1}}$$

(II) n回目で $(\boxed{2}, 1)$ となる場合

$n-1$ 回目は（$\boxed{1}$, 1）なので，$n-1$ 回目まででA，Bが各1回の表を出すことになり，どちらが先かによって次の(i), (ii)が考えられる。

(i) 先にAが表を出す場合

推移は次の図のようになる。

$(\boxed{0}, 0), \cdots\cdots, (\boxed{0}, 0), (\boxed{1}, 0), \cdots\cdots, (\boxed{1}, 0), (1, \boxed{0}), (1, \boxed{1}), (\boxed{1}, 1), \cdots\cdots, (\boxed{1}, 1), (\boxed{2}, 1)$

（始め）　　　　　（奇数回目）（偶数回（0回含む））　　（奇数回目）（偶数回（0回含む））　　　（奇数回目）（偶数回（0回含む））

$n-1$ 回目までで，初めて（$\boxed{1}$, 0）となる箇所と，初めて（1, $\boxed{1}$）となる箇所が決まると，コインの出方は一通りに決まる。この2箇所はともに奇数回目であり，また n は5以上の奇数である。n を5以上の奇数として，1から $n-1$ までの奇数は $\dfrac{n-1}{2}$ 個あるので，この場合の確率は

$$\sideset{_{\frac{n-1}{2}}}{}{\mathop{C}}_2 \cdot \frac{1}{2^n} = \frac{\left(\dfrac{n-1}{2}\right)\left(\dfrac{n-1}{2}-1\right)}{2} \cdot \frac{1}{2^n} = \frac{(n-1)(n-3)}{2^{n+3}}$$

(ii) 先にBが表を出す場合

推移は次の図のようになる。

$(\boxed{0}, 0), \cdots\cdots, (\boxed{0}, 0), (0, \boxed{0}), (0, \boxed{1}), \cdots\cdots, (0, \boxed{1}), (\boxed{0}, 1), (\boxed{1}, 1), \cdots\cdots, (\boxed{1}, 1), (\boxed{2}, 1)$

（始め）　　　　　（偶数回目）（偶数回（0回含む））　　（偶数回目）（偶数回（0回含む））　　　（奇数回目）（偶数回（0回含む））

$n-1$ 回目までで，初めて（0, $\boxed{1}$）となる箇所と，初めて（$\boxed{1}$, 1）となる箇所が決まると，コインの出方は一通りに決まる。この2箇所はともに偶数回目であり，また n は5以上の奇数である。n を5以上の奇数として，1から $n-1$ までの偶数は $\dfrac{n-1}{2}$ 個あるので，(i)と同じく，この場合の確率は $\dfrac{(n-1)(n-3)}{2^{n+3}}$ である。

したがって，(II)の場合の確率は

$$2 \cdot \frac{(n-1)(n-3)}{2^{n+3}} = \frac{(n-1)(n-3)}{2^{n+2}} \quad (\text{これは } n=1, 3 \text{ の場合も有効である})$$

(I), (II)より

$$p(n) = \begin{cases} \dfrac{n}{2^{n+1}} & (n \text{ が偶数のとき}) \\[3mm] \dfrac{(n-1)(n-3)}{2^{n+2}} & (n \text{ が奇数のとき}) \end{cases} \quad \cdots\cdots(\text{答})$$

〔注〕　本問では状態の推移の規則の中で何が本質的なのかを見抜くことが意外と難しい。ただし，本問のような問題では，表が出る回数が小さな場合しか処理しきれないことが多く，本問でも少ない表の出る箇所がどこなのかを探ることが解決の糸口になる。する

と，残りの大部分である裏が続く箇所でのコインの所持の交代が偶数回なのか奇数回なのかが定まり，n の偶奇が定まる。そこで，n の偶奇で場合分けを行い，$n-1$ 回目までに表が 2 回出る場合にはさらに A，B どちらが先なのかの場合分けを行うことになる。このような分析と場合分けができると，確率計算自体は驚くほど簡単な問題であり，漸化式の利用は必要ない。

解法 2

コインの表が出ることを○，裏が出ることを×で表し，コインの表裏の出方を○と×の順列で表す。以下，偶数回と書いたときは，0 回も含めるものとする。
次の①，②が成り立つ。

①　A がコインを所持している状態から，A のみが 1 度だけ得点しコインも A が所持するのは，裏が連続で偶数回出て，表が 1 回出て，再び裏が連続で偶数回出るときである。これは，裏が 2 回連続で出ることを表す×× を 0 個以上と，表が 1 回出ることを表す○を 1 個含む順列で表される。

$$×× \quad ×× \quad \cdots \quad ×× \quad ○ \quad ×× \quad ×× \quad \cdots \quad ××$$

②　A がコインを所持している状態から，B のみが 1 度だけ得点しコインが A に戻るのは，裏が連続で奇数回出て，表が 1 回出て，再び裏が連続で奇数回出るときである。これは，裏が 2 回連続で出ることを表す×× を 0 個以上と，裏と表と裏がこの順番で出ることを表す×○× を 1 個含む順列で表される。

$$×× \quad ×× \quad \cdots \quad ×× \quad ×○× \quad ×× \quad ×× \quad \cdots \quad ××$$

A，B のいずれかが 2 点を獲得した時点で，2 点を獲得した方の勝利とするので
(i)　B が得点せずに A が勝利する場合
(ii)　B が 1 度だけ得点し A が勝利する場合
の 2 つの場合が考えられる。

(i)　B が得点せずに A が勝利する場合

①より，×× を m 個（m は 0 以上の整数）と○を 1 個含む順列の後に，○が 1 個並べばよい。このとき，$n=2m+2$ であるから，n は偶数である。このような順列は $\dfrac{(m+1)!}{m!}=m+1=\dfrac{n}{2}$ 通りあるので，n が偶数のときの求める確率は

$$p(n)=\dfrac{n}{2}\cdot\dfrac{1}{2^n}=\dfrac{n}{2^{n+1}}$$

(ii)　B が 1 度だけ得点し A が勝利する場合

最初にコインを A が所持している状態から，A が 1 度だけ得点しコインも A が所持する出方と，B が 1 度だけ得点しコインが A に戻る出方が 1 回ずつ現れた後，A が得点すればよい。すなわち，①と②より，×× を m 個（m は 0 以上の整数）と○を 1 個と×○× を 1 個含む順列の後に，○が 1 個並べばよい。このとき，

$n = 2m + 5$ であるから，n は 5 以上の奇数である。このような順列は $\dfrac{(m+2)!}{m!}$

$= (m+2)(m+1) = \dfrac{n-1}{2} \cdot \dfrac{n-3}{2}$ 通りあるので，n が 5 以上の奇数のときの求める確

率は

$$p(n) = \dfrac{n-1}{2} \cdot \dfrac{n-3}{2} \cdot \dfrac{1}{2^n} = \dfrac{(n-1)(n-3)}{2^{n+2}}$$

また，$n=1$ あるいは $n=3$ のときは，ちょうど n 回投げ終わったときに A が 2 点を獲
得して勝利する出方は存在しない。すなわち

$$p(1) = p(3) = 0$$

であるが，これは(ii)の場合の $p(n)$ が，$n=1$，3 の場合も有効であることを意味して
いる。

以上より

$$p(n) = \begin{cases} \dfrac{n}{2^{n+1}} & (n \text{ が偶数のとき}) \\[2mm] \dfrac{(n-1)(n-3)}{2^{n+2}} & (n \text{ が奇数のとき}) \end{cases} \quad \cdots\cdots(\text{答})$$

61 2012 年度 〔3〕 (文理共通) Level B

ポイント 球が部屋Qにあるのは n が偶数のときに限ることを述べた上で,$n=2m$ 秒後に部屋Qにある確率を q_m とおいて,図形の対称性を利用すると,q_m のみの漸化式で解決する。

解 法

図のように,部屋 Q′,R,S,T を考える。
球は部屋 P を出発して 1 秒後には,P,Q,Q′ 以外の部屋にあり,2 秒後には P,Q,Q′ のいずれかにある。以後帰納的に奇数秒後には P,Q,Q′ 以外の部屋にあり,偶数秒後には P,Q,Q′ のいずれかにある。

したがって,n が偶数の場合を考えれば十分である。m を自然数として球が $n=2m$ 秒後に部屋Qにある確率を q_m とすると,Pに対する図形の対称性から $2m$ 秒後に部屋 Q′ にある確率も q_m であり,したがって,$2m$ 秒後に部屋 P にある確率は $1-2q_m$ である。
球が $2(m+1)$ 秒後に部屋Qにあるのは次の 3 通りの移動の場合である。

(ⅰ) $2m$ 秒後に部屋Pにあり,P→R→Qと移動する。

(ⅱ) $2m$ 秒後に部屋Qにあり,Q→R→QまたはQ→S→QまたはQ→T→Qと移動する。

(ⅲ) $2m$ 秒後に部屋 Q′ にあり,Q′→S→Qと移動する。

よって,次の漸化式が成り立つ。

$$q_{m+1}=\frac{1}{3}\cdot\frac{1}{2}(1-2q_m)+\left(2\cdot\frac{1}{3}\cdot\frac{1}{2}+\frac{1}{3}\cdot 1\right)q_m+\frac{1}{3}\cdot\frac{1}{2}q_m$$

これより

$$q_{m+1}=\frac{1}{2}q_m+\frac{1}{6}\quad\text{すなわち}\quad q_{m+1}-\frac{1}{3}=\frac{1}{2}\left(q_m-\frac{1}{3}\right)$$

したがって,数列 $\left\{q_m-\frac{1}{3}\right\}$ は公比 $\frac{1}{2}$,初項 $q_1-\frac{1}{3}=\frac{1}{3}\cdot\frac{1}{2}-\frac{1}{3}=-\frac{1}{6}$ の等比数列であり

$$q_m-\frac{1}{3}=-\frac{1}{6}\left(\frac{1}{2}\right)^{m-1}$$

よって

$$q_m=\frac{1}{3}-\frac{1}{6}\left(\frac{1}{2}\right)^{m-1}=\frac{1}{3}\left\{1-\left(\frac{1}{2}\right)^m\right\}$$

$m = \dfrac{n}{2}$ であるから,求める確率は

n が偶数のとき $\dfrac{1}{3}\left\{1-\left(\dfrac{1}{2}\right)^{\frac{n}{2}}\right\}$, n が奇数のとき 0 ……(答)

〔注1〕 本問では,[解法] とは別の漸化式を利用することもできる。例えば,$2m$ 秒後に部屋 P にある確率を p_m とおき,p_m と q_m の連立漸化式を作ると $\begin{cases} q_{m+1} = \dfrac{1}{6}p_m + \dfrac{5}{6}q_m \\ p_m + 2q_m = 1 \end{cases}$ と

なる。これらから p_m を消去すると [解法] の漸化式 $q_{m+1} = \dfrac{1}{2}q_m + \dfrac{1}{6}$ を得る。

また,別の漸化式

$$p_{m+1} = \left(\dfrac{1}{3}\cdot 1 + 2\cdot\dfrac{1}{3}\cdot\dfrac{1}{2}\right)p_m + 2\cdot\dfrac{1}{3}\cdot\dfrac{1}{2}q_m = \dfrac{2}{3}p_m + \dfrac{1}{3}q_m$$

を得ることもできて,これを利用すると $\begin{cases} p_{m+1} = \dfrac{2}{3}p_m + \dfrac{1}{3}q_m \\ q_{m+1} = \dfrac{1}{6}p_m + \dfrac{5}{6}q_m \end{cases}$ となる。この場合には,2

式を辺々引いて,$p_{m+1} - q_{m+1} = \dfrac{1}{2}(p_m - q_m)$ となり,これと $p_1 = \dfrac{2}{3}$, $q_1 = \dfrac{1}{6}$ から,

$p_m - q_m = \left(\dfrac{1}{2}\right)^m$ を得るので,$p_m + 2q_m = 1$ から $q_m = \dfrac{1}{3}\left\{1-\left(\dfrac{1}{2}\right)^m\right\}$ となる。

〔注2〕 [解法] では,$2m$ 秒後に部屋 Q にある確率を q_m とする工夫も行っている。もちろん q_{2m} とおいて立式しても構わないが,q_m とすると漸化式の処理を間違えにくい利点がある。

62 2011 年度〔3〕(文理共通(一部)) Level B

ポイント (1) 条件 $-q \leqq b \leqq 0 \leqq a \leqq p$ かつ $b \leqq c \leqq a$ かつ $w([a, b;c]) = -q$ を満た
す組 (a, b, c) の個数を求める問題である。後半も同様。p, q を用いて答える。
(2) $q=p$ のもとで $w([a, b;c]) = -p+s$ を変形して得られる a, b の関係式を ab 平
面で描いてみると、条件を満たす (a, b) の個数が p, s を用いて定まる。その各々
に対して条件 $b \leqq c \leqq a$ から c の個数が定まるので、それらの総和を求める。p, s を
用いて答える。

解 法

(1) $\begin{cases} -q \leqq b \leqq 0 \leqq a \leqq p & \cdots\cdots① \\ b \leqq c \leqq a & \cdots\cdots② \\ w([a, b;c]) = -q & \cdots\cdots③ \end{cases}$ を条件(Ⅰ)とし、この条件を満たす (a, b, c)

の個数を求める。

$$③ \Longleftrightarrow p-q-(a+b) = -q \Longleftrightarrow p = a+b \quad \cdots\cdots③'$$

このとき、①は $-q \leqq b \leqq 0 \leqq a \leqq a+b$ となり、これより $-q \leqq b = 0 \leqq a$ となる。
特に $b=0$ なので、③′ から $\quad p=a$
よって $\quad ① \Longleftrightarrow -q \leqq 0 \leqq p \quad , \quad ② \Longleftrightarrow 0 \leqq c \leqq p$

したがって、条件(Ⅰ)は $\begin{cases} -q \leqq 0 \leqq p & \cdots\cdots①' \\ 0 \leqq c \leqq p & \cdots\cdots②' \\ a=p, \ b=0 & \cdots\cdots③'' \end{cases}$ となる。

ここで $p>0$、$q>0$ より①′ は常に成り立ち、③″ を満たす a, b は 1 通りである。②′
を満たす整数 c の個数は $p+1$ 個あるので、条件(Ⅰ)を満たす (a, b, c) の個数は
$p+1$ 個。 $\cdots\cdots$(答)

次いで、$\begin{cases} -q \leqq b \leqq 0 \leqq a \leqq p & \cdots\cdots① \\ b \leqq c \leqq a & \cdots\cdots② \\ w([a, b;c]) = p & \cdots\cdots④ \end{cases}$ を条件(Ⅱ)とし、この条件を満たす

(a, b, c) の個数を求める。

$$④ \Longleftrightarrow p-q-(a+b) = p \Longleftrightarrow -q = a+b \quad \cdots\cdots④'$$

このとき、①は $a+b \leqq b \leqq 0 \leqq a \leqq p$ となり、これより $a=0 \leqq p$ となる。
特に $a=0$ なので、④′ から $\quad b=-q$
よって $\quad ① \Longleftrightarrow -q \leqq 0 \leqq p \quad , \quad ② \Longleftrightarrow -q \leqq c \leqq 0$

したがって、条件(Ⅱ)は $\begin{cases} -q \leqq 0 \leqq p & \cdots\cdots①' \\ -q \leqq c \leqq 0 & \cdots\cdots②'' \\ a=0, \ b=-q & \cdots\cdots④'' \end{cases}$ となる。

ここで $p>0$, $q>0$ より①′は常に成り立ち, ④″を満たす a, b は1通りである。

②″を満たす整数 c の個数は $q+1$ 個あるので, 条件(Ⅱ)を満たす (a, b, c) の個数は $q+1$ 個。 ……(答)

(2) $\begin{cases} -p \leqq b \leqq 0 \leqq a \leqq p & \cdots\cdots⑤ \\ b \leqq c \leqq a & \cdots\cdots② \\ w([a, b ; c]) = -p+s & \cdots\cdots⑥ \end{cases}$ を条件(Ⅲ)とし, この条件を満たす

(a, b, c) の個数を求める。$q=p$ なので, ⑥は

$$-(a+b) = -p+s \quad \text{すなわち} \quad a+b=p-s \quad \cdots\cdots⑥'$$

となる。ab 平面において条件⑤の範囲で直線⑥′上の格子点の個数を求め, 次いでそれらの格子点 (a, b) ごとに条件②を満たす整数 c の個数を求め, それらの総和を求める。

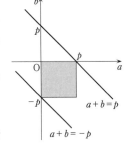

直線 $a+b=p-s$ の b 切片が $p-s$ であることから, ⑤かつ⑥′を満たす (a, b) が存在するためには

$$-p \leqq p-s \leqq p \quad \text{すなわち} \quad 0 \leqq s \leqq 2p$$

が必要である。条件から $s \leqq p$ なので, 以下, $0 \leqq s \leqq p$ で考える。

⑤かつ⑥′を満たす (a, b) は $k=0, 1, \cdots, s$ として $(p-s+k, -k)$ で与えられる $s+1$ 個あり, これらの各々に対して, ②を満たす c は

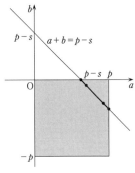

$(p-s+k) - (-k-1) = p-s+2k+1$ 個ある。

よって, 求める個数は

$$\sum_{k=0}^{s} (p-s+2k+1)$$

$$= (s+1)(p-s+1) + 2 \cdot \frac{1}{2} s(s+1)$$

$$= (s+1)(p+1)$$

以上より

$$\begin{cases} s<0 \text{ のとき,} \quad 0 \text{ 個} \\ 0 \leqq s \leqq p \text{ のとき,} \quad (s+1)(p+1) \text{ 個} \end{cases} \quad \cdots\cdots(答)$$

〔注〕 あえて意味をとらえにくい問題文にしてあるので, 端的にとらえ直す力が必要である。p, q, s が定数であり, 条件を満たす (a, b, c) を p, q, s で表すという意識が大切である。

(1)では前半は与えられた条件を整理して $a=p$ かつ $b=0$ を導くことがポイントとなる。すると $b \leqq c \leqq a$ から c の個数が定まる。後半も同様。

(2)では $q=p$ のもとで $w([a, b ; c]) = -p+s$ を変形して得られる a, b の関係式 $a+b=p-s$ が ab 平面での直線を表しているので, グラフを描いてみるとわかりやすい。

なお, (2)の⑥′以降は, 直線⑥′上の格子点の個数を考えることなく, 以下のような記

述でもよい。

まず，$s<0$ または $2p<s$ のときは⑤かつ⑥′を満たす整数 (a, b) は存在しないので，$0 \leqq s \leqq 2p$ が必要。条件から $s \leqq p$ なので，$0 \leqq s \leqq p$ で考えるとよい。

このとき，⑤，⑥′から，$p-s \leqq a \leqq p$ が必要。

この範囲の a の各値に対して，⑥′から b は 1 通りに定まり，②を満たす c は

$a-(b-1)=a-(p-s-a)+1=2a-p+s+1$ 通りある。

よって，求める個数は

$$
\begin{aligned}
\sum_{a=p-s}^{p} (2a-p+s+1) &= 2\sum_{a=p-s}^{p} a + \{p-(p-s-1)\}(-p+s+1) \\
&= \{p-(p-s-1)\}\{(p-s)+p\} + (s+1)(-p+s+1) \\
&= (s+1)(2p-s) + (s+1)(-p+s+1) \\
&= (s+1)(p+1)
\end{aligned}
$$

63 2010 年度 〔3〕（文理共通（一部）） Level B

ポイント ［解法1］ (1) $0 \leqq x \leqq 15$ の場合と $16 \leqq x \leqq 30$ の場合の各々で，1回目の
コインの表裏の場合に分けて，箱Lのボールの個数の変化を立式する。

(2) (1)で得られた式に従って，$2n$ から $2n-2$ までの式変形を丹念に進める。

［解法2］ (2) (1)を用いず，箱Lのボールの個数の推移図から漸化式を求める。

解法 1

(1) 1回目の操作後の箱Lのボールの個数は次のようになる。

(i) $0 \leqq x \leqq 15$ のとき

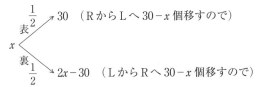

特にLのボールの個数が0のときには，コインの表裏の出方にかかわらず，Lのボールの個数は常に0のままで変わらない。すなわち，任意の自然数 k に対して，$P_k(0) = 0$ である。

(ii) $16 \leqq x \leqq 30$ のとき

特にLのボールの個数が30のときには，コインの表裏の出方にかかわらず，Lのボールの個数は常に30のままで変わらない。すなわち，任意の自然数 k に対して，$P_k(30) = 1$ である。

(i), (ii)から

$0 \leqq x \leqq 15$ のとき

$$P_m(x) = \frac{1}{2} P_{m-1}(2x) + \frac{1}{2} \cdot 0 = \frac{1}{2} P_{m-1}(2x)$$

$16 \leqq x \leqq 30$ のとき

$$P_m(x) = \frac{1}{2} \cdot 1 + \frac{1}{2} P_{m-1}(2x - 30) = \frac{1}{2} P_{m-1}(2x - 30) + \frac{1}{2}$$

ゆえに

$$P_m(x) = \begin{cases} \dfrac{1}{2}P_{m-1}(2x) & (0 \leqq x \leqq 15 \text{ のとき}) \\[2mm] \dfrac{1}{2}P_{m-1}(2x-30) + \dfrac{1}{2} & (16 \leqq x \leqq 30 \text{ のとき}) \end{cases} \quad \cdots\cdots\text{(答)}$$

(2)　$Q_n = P_{2n}(10)$ とおくと，$n \geqq 2$ のとき(1)により

$$Q_n = P_{2n}(10) = \frac{1}{2}P_{2n-1}(20) = \frac{1}{2}\left\{\frac{1}{2}P_{2n-2}(10) + \frac{1}{2}\right\} = \frac{1}{4}Q_{n-1} + \frac{1}{4}$$

変形すると

$$Q_n - \frac{1}{3} = \frac{1}{4}\left(Q_{n-1} - \frac{1}{3}\right)$$

よって，$n \geqq 1$ のとき

$$Q_n = \frac{1}{3} + \frac{1}{4^{n-1}}\left(Q_1 - \frac{1}{3}\right)$$

ここで

$$Q_1 = P_2(10) = \frac{1}{2}P_1(20) = \frac{1}{2}\cdot\frac{1}{2} = \frac{1}{4}$$

ゆえに

$$P_{2n}(10) = Q_n = \frac{1}{3} + \frac{1}{4^{n-1}}\left(\frac{1}{4} - \frac{1}{3}\right) = \frac{1}{3}\left(1 - \frac{1}{4^n}\right) \quad \cdots\cdots\text{(答)}$$

解法 2

(2)　$x = 10$ のとき，箱Lのボールの個数の推移図は次のようになる。

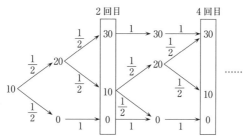

$2n$ 回目のボールの個数が 30 である確率を $a_n (= P_{2n}(10))$，10 である確率を b_n とおくと，この推移図から

$$\begin{cases} a_1 = b_1 = \dfrac{1}{4} \\[2mm] a_n = a_{n-1} + \dfrac{1}{4}b_{n-1} \quad (n \geqq 2) \\[2mm] b_n = \dfrac{1}{4}b_{n-1} \quad (n \geqq 2) \end{cases}$$

これより, $a_n - a_{n-1} = \left(\dfrac{1}{4}\right)^n$ となり, $n \geqq 2$ のとき

$$a_n = a_1 + \sum_{k=2}^{n} \left(\frac{1}{4}\right)^k = \frac{1}{4} + \frac{\left(\dfrac{1}{4}\right)^2 \left\{1 - \left(\dfrac{1}{4}\right)^{n-1}\right\}}{1 - \dfrac{1}{4}}$$

$$= \frac{1}{4} + \frac{1}{3}\left\{\frac{1}{4} - \left(\frac{1}{4}\right)^n\right\} = \frac{1}{3}\left(1 - \frac{1}{4^n}\right) \quad (\text{これは } n=1 \text{ でも成り立つ}) \quad \cdots\cdots(\text{答})$$

〔注〕 m 回の操作後の箱 L のボールの個数が 30 となる確率は最初のボールの個数 x にのみ依存して決まるという理解がないと, $P_m(x)$ の意味がつかめない。まずは, $0 \leqq x \leqq 15$ の場合と $16 \leqq x \leqq 30$ の場合の各々で, 1 回目の操作後のボールの個数の変化を立式してみると, $P_m(x)$ の意味がはっきりしてくると同時に問題の意図も明らかになる。「状態 (本問では L のボールの個数) の変化の推移図を描いて, 漸化式を立てる」というのは東大入試における確率問題の頻出形式である。本問では特に x が 0 の場合と 30 の場合にその後の個数の変化がどうなるかを明確にとらえておくことも大切である。

64

2009 年度 〔3〕（文理共通）　　　　　　　　Level B

ポイント (1)・(2)　4色のものを5つ並べる順列（同じものを含む順列）を考える。
(3)　4色のものを10個並べる順列（同じものを含む順列）を考える。ただし，どの色も2個以上含まれることに注意する。

解 法

(1)　操作(A)を5回おこなって，箱Lに4色すべての玉が入る確率は，1色が2回，他の3色が1回ずつ出る場合の確率なので

$$\frac{{}_4\mathrm{C}_1 \cdot \dfrac{5!}{2!}}{4^5} = \frac{4 \cdot 5 \cdot 4 \cdot 3}{4^5} = \frac{15}{4^3}$$

操作(B)を5回おこなって，Rに4色すべての玉が入る確率も同様に $\dfrac{15}{4^3}$ である。

操作(A)と操作(B)は独立な試行なので

$$P_1 = \left(\frac{15}{4^3}\right)^2 = \frac{225}{4096} \quad \cdots\cdots (答)$$

(2)　求める確率は1色が2回，他の3色が1回ずつ出る場合の確率なので

$$P_2 = \frac{{}_4\mathrm{C}_1 \cdot \dfrac{5!}{2!}}{4^5} = \frac{4 \cdot 5 \cdot 4 \cdot 3}{4^5} = \frac{15}{64} \quad \cdots\cdots (答)$$

(3)　箱Rに4色すべての玉が入ることから，どの色の玉も少なくとも2回出ることが必要である。

逆にどの色の玉も少なくとも2回出るとき，初めて出た色の玉のみLに入れ，他の玉はRに入れることになるので条件が満たされる。

よって，求める確率は4色の玉を10個並べるとき，どの色の玉も少なくとも2個以上含まれる確率である。

各色が2回ずつで計8個の玉が出るので，残り2個の玉の色を考えて

　(ア)　2回出る色が2種類，3回出る色が2種類となる場合
　(イ)　2回出る色が3種類，4回出る色が1種類となる場合

の2通りが考えられる。

(ア)の場合の確率は

$$\frac{{}_4\mathrm{C}_2 \cdot \dfrac{10!}{2!2!3!3!}}{4^{10}} = \frac{7 \cdot 5^2 \cdot 3^3 \cdot 2}{4^8}$$

(イ)の場合の確率は

$$\frac{{}_4C_1 \cdot \dfrac{10!}{2!2!2!4!}}{4^{10}} = \frac{7 \cdot 5^2 \cdot 3^3}{4^8}$$

(ア), (イ)は互いに排反な事象の確率なので

$$P_3 = \frac{7 \cdot 5^2 \cdot 3^3 \cdot 2}{4^8} + \frac{7 \cdot 5^2 \cdot 3^3}{4^8} = \frac{7 \cdot 5^2 \cdot 3^4}{4^8}$$

ゆえに

$$\frac{P_3}{P_1} = \frac{7 \cdot 5^2 \cdot 3^4}{4^8} \times \frac{4^6}{5^2 \cdot 3^2} = \frac{7 \cdot 3^2}{4^2} = \frac{63}{16} \quad \cdots\cdots (\text{答})$$

65 2008 年度　〔2〕（文理共通（一部））　　　　　　Level　A

ポイント　(1)・(2)　ともに手持ちのカードの状態について推移図を描き，変化の規則性を見出す。

解 法

(1)　4回目で初めてすべてのカードが同じ色になる場合を考えればよいので，推移図は次のようになる。

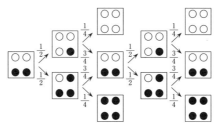

よって，求める確率は

$$2 \cdot \frac{1}{2} \cdot \frac{3}{4} \cdot \left(2 \cdot \frac{1}{2} \cdot \frac{1}{4}\right) = \frac{3}{16} \quad \cdots\cdots(答)$$

(2)　推移図は(1)と同様に次のようになる。

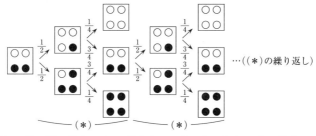

ここで，「白2枚・黒2枚」である事象を X，「一方の色が3枚・他方の色が1枚」である事象を Y，「4枚とも同じ色」である事象を Z とすると，次の推移図を得る。

$$X \xrightarrow[1]{} Y \xrightarrow[\frac{3}{4}]{\frac{1}{4} \nearrow Z} X \xrightarrow[1]{} Y \xrightarrow[\frac{3}{4}]{\frac{1}{4} \nearrow Z} X \cdots \left(\xrightarrow[1]{} Y \xrightarrow[\frac{3}{4}]{\frac{1}{4} \nearrow Z} X \text{ の繰り返し} \right)$$

よって，操作（A）を n 回繰り返した後に事象 Z となる確率は

$$n \text{ が奇数のとき：} 0 \qquad n \text{ が偶数のとき：} \frac{1}{4}\left(\frac{3}{4}\right)^{\frac{n-2}{2}} \quad \cdots\cdots(答)$$

66 2007年度 〔4〕（文理共通） Level B

ポイント 全設問について，$m=n$ の場合と $0 \leqq m < n$ の場合で考える。

(1) $0 \leqq m < n$ のときは，$n-m-1$ 回目までは任意で，$n-m$ 回目に裏が出て，$n-m+1$ 回目から n 回目までの m 回すべてが表となる確率を求める。

(2) $0 \leqq k \leqq m$ として，高さが k となる確率の総和を求める。

(3) 2回の試行の少なくとも1回で高さが m となる確率を求める。

解 法

(1) (I) $n=1$ の場合

$m=0$ または 1 であって，明らかに

$$p_1 = p, \quad p_0 = 1-p$$

(II) $n \geqq 2$ の場合

$m=n$ のとき

n 回すべてで表が出る確率なので

$$p_m = p_n = p^n \quad \cdots\cdots ①$$

$0 \leqq m < n$ のとき

$n-m-1$ 回目までは任意で，$n-m$ 回目に裏が出て，$n-m+1$ 回目から n 回目までの m 回すべてが表となる確率なので

$$p_m = (1-p) p^m \quad \cdots\cdots ②$$

①，②はそれぞれ $n=1$ の場合でも適用できるので，(I)，(II)をまとめて

$$p_m = \begin{cases} p^n & (m=n \text{ のとき}) \\ (1-p) p^m & (0 \leqq m < n \text{ のとき}) \end{cases} \quad \cdots\cdots (答)$$

(2) $m=n$ のとき

ブロックの高さは常に n 以下なので $\quad q_m = 1$

$0 \leqq m < n$ のとき

(1)の結果から

$$q_m = \sum_{k=0}^{m} (1-p) p^k = \sum_{k=0}^{m} (p^k - p^{k+1})$$

$$= 1 - p^{m+1}$$

よって $\quad q_m = \begin{cases} 1 & (m=n \text{ のとき}) \\ 1 - p^{m+1} & (0 \leqq m < n \text{ のとき}) \end{cases} \quad \cdots\cdots (答)$

(3) 2回の試行（n 回の硬貨投げ）の一方を試行A，他方を試行Bとする。

ブロックの高さが試行Aで m となり，試行Bで m 以下となる事象の確率を a とする。

ブロックの高さが試行Bで m となり，試行Aで m 以下となる事象の確率も a である。

ブロックの高さが試行 A，B ともに m となる事象の確率を b とする。

(1)，(2)の結果を用いると

$m = n$ のとき

$$a = p_m q_m = p^n \times 1 = p^n, \quad b = p_m{}^2 = (p^n)^2 = p^{2n}$$

$0 \leqq m < n$ のとき

$$a = p_m q_m = (1-p)p^m (1-p^{m+1}),$$

$$b = p_m{}^2 = \{(1-p)p^m\}^2 = (1-p)^2 p^{2m}$$

よって

$$r_m = 2a - b$$

$$= \begin{cases} p^n(2-p^n) & (m = n \text{ のとき}) \\ (1-p)p^m\{2-(1+p)p^m\} & (0 \leqq m < n \text{ のとき}) \end{cases} \quad \cdots\cdots(\text{答})$$

67 2006 年度 〔2〕（文理共通（一部）） Level B

ポイント (1)・(2) 場合をすべて書き出してみる。

(3) ××で始まる場合と×○で始まる場合に分け，さらに後者の場合にはその後×が現れない場合とどこかに1回だけ現れる場合に分けて考える。確率計算においては，p と $1-p$ がそれぞれ何回必要かを正確に数える。

[解法1] 上記の方針による。

[解法2] (3) P_{n+1} について，○○で終わる場合と×○で終わる場合に分けて考え，P_{n+1} を P_n と p を用いて表し，漸化式を解く。

解法 1

(1) 右図より

$$P_2 = (1-p)p + (1-p)^3 + p(1-p)p$$
$$= (1-p)\{p + (1-2p+p^2) + p^2\}$$
$$= (1-p)(1-p+2p^2) \quad \cdots\cdots(答)$$

(2) 右図より

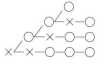

$$P_3 = (1-p)p^2 + 2(1-p)^3p + p(1-p)p^2$$
$$= (1-p)p\{p + 2(1-2p+p^2) + p^2\}$$
$$= (1-p)p(2-3p+3p^2) \quad \cdots\cdots(答)$$

(3) 求める確率は，次の互いに排反な3つの事象 A, B, C の確率の和となる。

× ─ ○ ─ ○ ─ …… ─ ○ ─ ○ （××の後に○が n 回連続する事象 A）

× ─ ○ ─ ○ ─ ○ ─ …… ─ ○ （×の後に○が n 回連続する事象 B）

○ ─ ○ ─ × ─ …… ─ ○ ─ ○ （×の後に○が n 個並び，○同士の間のどこか1カ所に×が入る事象 C）

事象 A の確率は　　$p(1-p)p^{n-1} = p^n(1-p)$

事象 B の確率は　　$(1-p)p^{n-1}$

事象 C の確率は　　$(1-p) \cdot {}_{n-1}C_1(1-p)^2p^{n-2} = (n-1)(1-p)^3p^{n-2}$

よって

$$P_n = p^n(1-p) + (1-p)p^{n-1} + (n-1)(1-p)^3p^{n-2}$$
$$= p^{n-1}(1-p^2) + (n-1)p^{n-2}(1-p)^3 \quad \cdots\cdots(答)$$

解 法 2

((1), (2)は［解法 1］に同じ)

(3)　次の推移図を考える。

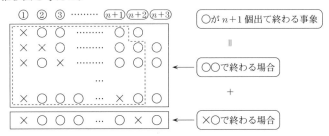

よって　　　$P_{n+1} = p \times P_n + (1-p)^3 p^{n-1}$

p^{n+1} で両辺を割って

$$\frac{P_{n+1}}{p^{n+1}} = \frac{P_n}{p^n} + \frac{(1-p)^3}{p^2}$$

また

$$P_1 = 1-p^2 \qquad (\times\bigcirc と \times\times\bigcirc より \quad P_1 = (1-p) + p(1-p) = 1-p^2)$$

したがって，数列 $\left\{\dfrac{P_n}{p^n}\right\}$ は初項 $\dfrac{1-p^2}{p}$，公差 $\dfrac{(1-p)^3}{p^2}$ の等差数列であり

$$\frac{P_n}{p^n} = \frac{1-p^2}{p} + (n-1)\frac{(1-p)^3}{p^2}$$

$$\therefore \quad P_n = p^{n-1}(1-p^2) + (n-1)p^{n-2}(1-p)^3 \quad \cdots\cdots (答)$$

68

ポイント (1) 甲が2回目をひかず，乙が2回目をひく場合に甲が勝つための条件となる不等式を明確にして，その不等式を満たす (c, d) の個数を a の式で表す。

(2) 甲が2回目をひき，乙が2回目をひく場合に甲が勝つための条件となる不等式を満たす (c, d) の個数をまず a と b を用いて表す。次いでその個数を $b=1$ から $N-a$ まで足し合わせると a の式で表すことができる。

解 法

(1) 甲は2回目をひかないので，条件(ii)から $b=0$ であり

$$a+b=a \leqq N$$

よって，条件(iii)から乙が1回目をひくことになり，甲が勝つためには乙の数字 c について

$$a+b=a \geqq c \quad \cdots\cdots ①$$

でなければならない。

したがって，条件(iv)から乙は2回目をひき，このとき，甲が勝つのは (c, d) が，①かつ「$a \geqq c+d \quad \cdots\cdots$(ア) または $c+d>N \quad \cdots\cdots$(イ)」を満たす場合である。

(I) ①かつ(ア)を満たす (c, d) の組の個数は，図1より

$$(a-1)+(a-2)+\cdots+2+1=\frac{(a-1)a}{2}$$

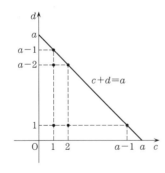

図 1　　　　　　　　　図 2

(II) ①かつ(イ)を満たす (c, d) の組の個数は，図2より

$$1+2+\cdots+a=\frac{(a+1)a}{2}$$

ここで，(ア)と(イ)は互いに排反である（(ア)かつ(イ)を満たす (c, d) があるとすると $a>N$ となり，$a \leqq N$ に反する）。

また，全事象の要素の個数は乙の2回の数字のすべての組み合わせの総数 N^2 であるから，求める確率は

$$\frac{(a-1)a+(a+1)a}{2N^2}=\frac{a^2}{N^2} \quad \cdots\cdots(\text{答})$$

(2) 甲は2回目をひいて勝つので，条件(ii)より

$$a+b\leqq N \quad (b=1,\ 2,\ \cdots,\ N-a) \quad \cdots\cdots②$$

でなければならず，条件(iii)から乙は1回目をひき，その数字 c について

$$a+b\geqq c \quad \cdots\cdots③$$

でなければならない。

したがって，条件(iv)から乙は2回目もひき，このとき，甲が勝つのは②を満たす b に対して，③かつ「$a+b\geqq c+d$ $\cdots\cdots$(ウ) または $c+d>N$ $\cdots\cdots$(エ)」の場合である。

(III) ②を満たすような b の値を固定したときに③かつ(ウ)を満たす $(c,\ d)$ の組の個数は，図3より

$$(a+b-1)+\cdots+2+1=\frac{(a+b-1)(a+b)}{2}$$

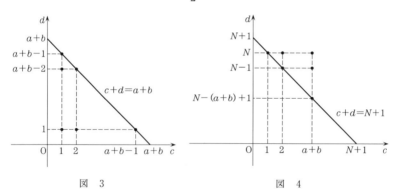

図 3　　　　　　　　　　　図 4

(IV) ②を満たすような b の値を固定したときに③かつ(エ)を満たす $(c,\ d)$ の組の個数は，図4より

$$1+2+\cdots+(a+b)=\frac{(a+b+1)(a+b)}{2}$$

ここで，(ウ)と(エ)は互いに排反である（$\because$ $a+b\leqq N$）から，③かつ「(ウ)または(エ)」の場合の数は

$$\frac{(a+b-1)(a+b)}{2}+\frac{(a+b+1)(a+b)}{2}=(a+b)^2$$

全事象の要素の個数は甲の2回目の数字 b と乙の2回の数字 $c,\ d$ のすべての組み合わせの総数 N^3 であるから，求める確率は

$$\frac{1}{N^3}\sum_{b=1}^{N-a}(a+b)^2=\frac{1}{N^3}\sum_{k=a+1}^{N}k^2$$

$$= \frac{1}{N^3} \left(\sum_{k=1}^{N} k^2 - \sum_{k=1}^{a} k^2 \right)$$

$$= \frac{N(N+1)(2N+1) - a(a+1)(2a+1)}{6N^3} \quad \cdots\cdots(答)$$

〔注1〕 少々煩雑にみえる条件を論理的に整理して，各場合に適する (c, d) の個数を数えることで正答に至る。

(1)・(2)ともに互いに排反な2通りの場合分けが考えられる。どちらの場合も条件が c と d の簡単な1次不等式で表される。この不等式を満たす (c, d) の個数が問題となるが，cd 平面上での直線から生じる領域を利用して格子点の個数を数えると計算間違いが少ないのではないかと思われる。

(2)では最終的に a を用いた答えを要求されているので，b の入った値を $b=1$ から $N-a$ まで加えなければならない。このような理解ができるかどうかが解答の成否を分けることになる。

〔注2〕 (2)の解法を見直してみると，②を満たす b の値を固定するごとに，(1)における a を $a+b$ で置きかえたうえで，全く同じ条件のもとで (c, d) の個数を求めていることがわかる。よって，(1)の計算結果 $\frac{(a-1)a}{2} + \frac{(a+1)a}{2} = a^2$ の a を $a+b$ で置きかえて $(a+b)^2$ を得る。b の特定の値（ただし，$1 \leqq b \leqq N-a$）が出る確率は $\frac{1}{N}$ であり，その値の b をひいたとき甲が勝つ確率は $\frac{(a+b)^2}{N^2}$ なので，求める確率は $\sum_{b=1}^{N-a} \frac{(a+b)^2}{N^3}$ となる。このような観点に気付くと記述は簡略化できる。

69

2004 年度　〔4〕（文理共通（一部））　　　　　　　　Level　B

ポイント　(1)　左端が1回裏返り，残りの2枚のどちらかが2回裏返る場合と，左端が3回裏返る場合に分けてその確率を計算する。

(2)　n が奇数なら，「白白白」から始めて n 回の操作の結果は，「黒白白」または「白黒白」または「白白黒」または「黒黒黒」のいずれかとなる。$2k-1$ 回の操作の結果からその後に続く2回の操作の結果を考える。「黒黒黒」となる確率 $1-p_{2k+1}$ を p_{2k-1} を用いて表す。

[解法1]　上記の方針による。

[解法2]　(2)　n 回の操作後に黒の枚数が 0，1，2，3 となる確率をそれぞれ a_n，b_n，c_n，d_n として，これらの間の漸化式を利用する。

解法 1

(1)　3枚の板のいずれについても1回の操作で裏返る確率は $\dfrac{1}{3}$ である。

左端が1回裏返り，他の2枚のどちらか一方の板が2回裏返る事象Aと，左端が3回裏返る事象Bの和事象の確率を求める。

事象A…左端が何回目で裏返るかで3通りあり，その各々に対して2回裏返る板の選び方が2通りあるので，この確率は

$$3 \cdot 2 \cdot \left(\frac{1}{3}\right)^3 = \frac{6}{27}$$

事象B…左端が3回裏返るので，この確率は

$$\left(\frac{1}{3}\right)^3 = \frac{1}{27}$$

事象Aと事象Bは互いに排反なので，求める確率は

$$\frac{6+1}{27} = \frac{7}{27} \quad \cdots\cdots (答)$$

(2)　n が奇数なら，「白白白」から始めて n 回の操作を行うと，「黒白白」または「白黒白」または「白白黒」または「黒黒黒」のいずれかとなる。

したがって，n が奇数のとき「黒黒黒」となっている確率は $1-p_n$ である。「黒白白」または「白黒白」または「白白黒」となっている確率はどれも $\dfrac{1}{3}p_n$ である。

最初の1回の操作の結果は「黒白白」または「白黒白」または「白白黒」のいずれかであるから，$p_1 = 1$ である。

k が自然数のとき $2k-1$ は1以上の奇数であり，「白白白」から始めて $2k-1$ 回の操

作の結果は「黒白白」または「白黒白」または「白白黒」または「黒黒黒」のいずれ
かである。

「黒白白」から引き続く 2 回の操作の結果は次のようになる。

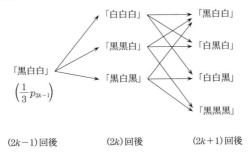

ここで矢印の変化が生じる確率はどれも $\frac{1}{3}$ である。

よって，「黒白白」から，次に引き続く 2 回の操作で「黒黒黒」となる確率は

$$\frac{1}{3}p_{2k-1}\cdot\left(\frac{1}{3}\cdot 0+\frac{1}{3}\cdot\frac{1}{3}+\frac{1}{3}\cdot\frac{1}{3}\right)=\frac{2}{27}p_{2k-1} \quad\cdots\cdots①$$

同様に，「白黒白」，「白白黒」から引き続く 2 回の操作の結果が「黒黒黒」となる確
率もそれぞれ①となる。

「黒黒黒」から引き続く 2 回の操作の結果は次のようになる。

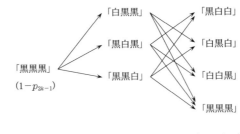

よって，「黒黒黒」から引き続く 2 回の操作の結果が「黒黒黒」となる確率は

$$3\cdot\frac{1}{3}\cdot\frac{1}{3}(1-p_{2k-1})=\frac{1}{3}(1-p_{2k-1}) \quad\cdots\cdots②$$

したがって，「白白白」から始めて $2k+1$ 回の操作の結果が「黒黒黒」となる確率
$1-p_{2k+1}$ は，①×3＋② より

$$\frac{2}{9}p_{2k-1}+\frac{1}{3}(1-p_{2k-1})=\frac{1}{3}-\frac{1}{9}p_{2k-1}$$

ゆえに

$$p_{2k+1}=\frac{2}{3}+\frac{1}{9}p_{2k-1}$$

これを変形すると

$$p_{2k+1} - \frac{3}{4} = \frac{1}{9}\left(p_{2k-1} - \frac{3}{4}\right)$$

$$= \left(\frac{1}{9}\right)^2\left(p_{2(k-1)-1} - \frac{3}{4}\right)$$

$$\vdots$$

$$= \left(\frac{1}{9}\right)^k\left(p_1 - \frac{3}{4}\right) = \frac{1}{4}\left(\frac{1}{9}\right)^k$$

$$\therefore \quad p_{2k+1} = \frac{3}{4} + \frac{1}{4}\left(\frac{1}{9}\right)^k \quad \cdots\cdots(答)$$

解 法 2

((1)は［解法1］に同じ)

(2) 白を0，黒を1で表すと，3枚の板の白・黒のあり方として考えられる場合は $(0, 0, 0)$，$(1, 0, 0)$，$(0, 1, 0)$，$(0, 0, 1)$，$(1, 1, 0)$，$(1, 0, 1)$，$(0, 1, 1)$，$(1, 1, 1)$ と表すことができる。これらを座標空間での座標とみると，次図のような立方体の頂点と考えることができる。

1つの頂点にある動点が，1回の操作ごとに隣の頂点（辺の他端）に移動する事象を考える。

$$\left(\begin{array}{l} 黒の枚数でみると○は0枚，●は1枚， \\ ◉は2枚，×は3枚であることを表して \\ いる。 \end{array}\right)$$

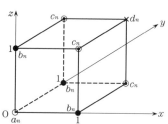

○からスタートして，n 回の操作の結果が3箇所の●にくる確率はいずれも等しい。これを b_n とおく。

同様に3箇所の◉にくる確率もいずれも等しい。これを c_n とおく。

また○，×にくる確率をそれぞれ a_n，d_n とおく。

このとき，次のことが成り立つ。

$$\begin{cases} n \text{ が偶数のとき} \qquad b_n = d_n = 0 \quad \cdots\cdots ① \\[2mm] a_n + 3b_n + 3c_n + d_n = 1 \qquad\qquad \cdots\cdots ② \\[2mm] a_{2m} = 3 \cdot \dfrac{1}{3} b_{2m-1} = b_{2m-1} \qquad\quad \cdots\cdots ③ \\[2mm] b_{2m-1} = \dfrac{1}{3} a_{2m-2} + 2 \cdot \dfrac{1}{3} c_{2m-2} \quad \cdots\cdots ④ \\[2mm] a_0 = 1 \qquad\qquad\qquad\qquad\qquad\quad \cdots\cdots ⑤ \end{cases} \qquad (m \text{ は自然数})$$

①, ②より

$$a_{2m-2} + 3c_{2m-2} = 1$$

$$c_{2m-2} = \frac{1}{3}(1 - a_{2m-2}) \quad \cdots\cdots ⑥$$

④, ⑥より

$$b_{2m-1} = \frac{1}{3} a_{2m-2} + 2 \cdot \frac{1}{3^2}(1 - a_{2m-2}) = \frac{2}{9} + \frac{1}{9} a_{2m-2} \quad \cdots\cdots ⑦$$

③, ⑦より

$$a_{2m} = \frac{2}{9} + \frac{1}{9} a_{2m-2}$$

$$a_{2m} - \frac{1}{4} = \frac{1}{9}\left(a_{2(m-1)} - \frac{1}{4}\right)$$

$$a_{2m} - \frac{1}{4} = \left(\frac{1}{9}\right)^m \left(a_0 - \frac{1}{4}\right) = \left(\frac{1}{9}\right)^m \cdot \frac{3}{4} \quad (\because \;\; ⑤)$$

$$\therefore \quad a_{2m} = \frac{1}{4} + \frac{3}{4} \cdot \frac{1}{3^{2m}} \quad \cdots\cdots ⑧$$

⑦, ⑧より

$$b_{2m-1} = \frac{2}{9} + \frac{1}{9}\left(\frac{1}{4} + \frac{3}{4} \cdot \frac{1}{3^{2m-2}}\right)$$

$$= \frac{1}{4} + \frac{1}{4} \cdot \frac{1}{3^{2m-1}}$$

求める確率 p_{2k+1} は $3b_{2(k+1)-1}$ であるから

$$p_{2k+1} = \frac{3}{4} + \frac{3}{4} \cdot \frac{1}{3^{2k+1}}$$

$$= \frac{3}{4} + \frac{1}{4}\left(\frac{1}{9}\right)^k \quad \cdots\cdots(答)$$

〔注〕 (2) [解法1]は設問の誘導にしたがって，求める確率そのものの漸化式に，[解法2]は4種類の確率の漸化式によっている。いずれの場合も偶数回の操作の結果は黒の枚数が0または2，奇数回の操作の結果は黒の枚数が1または3となることに気付くことが解決の糸口となる。また，どちらの解法でも補助的な図が正しい立式の助けとなるので活用してほしい。

70

2003 年度　〔4〕　　　　　　　　　　　　　　　　　　　　**Level B**

ポイント　(1)　1回目に出る目と X_1 の値の関係を表にする。次いで X_1 の各値から
生じうる X_2 の値とその確率および X_2 の各値から X_3 が 0 となる確率を図にする。

(2) (1)の図をもとに考える。

(3)　[解法1]　$X_n = 1$ となる確率を p_n とおき、(1)の図から p_n についての漸化式を考
える。

[解法2]　「$X_1 = \cdots = X_n = 1$」である事象と、「$1 \leqq i \leqq n-1$ なる各 i に対して $X_1 = \cdots$
$= X_i = 5$ かつ $X_{i+1} = \cdots = X_n = 1$」である事象の和事象の確率を求める。

漸化式によることも可能。

解法 1

(1)　1回目に出る目と X_1 の値の関係は次表のようになる。

1回目に出る目	1	2	3	4	5	6
X_1 の値	0	1	2	1	2	5

よって、X_1 のとりうる値は 0, 1, 2, 5 であり、これらの値をとる確率は順に $\dfrac{1}{6}$, $\dfrac{2}{6}$,
$\dfrac{2}{6}$, $\dfrac{1}{6}$ である。X_1 の各値に対して X_2 のとりうる値およびその値をとる確率、X_2 の
各値から $X_3 = 0$ となる確率は次図のようになる。

よって、$X_3 = 0$ となる確率は

$$\frac{1}{6} + \frac{2}{6}\left(\frac{1}{6} + \frac{5}{6}\cdot\frac{1}{6}\right) + \frac{2}{6}\left(\frac{2}{6} + \frac{4}{6}\cdot\frac{2}{6}\right) + \frac{1}{6}\left(\frac{2}{6} + 3\cdot\frac{2}{6}\cdot\frac{1}{6}\right) = \frac{29}{54} \quad \cdots\cdots (\text{答})$$

(2) $X_n=5$ となる確率は n 回とも 6 の目が出る確率に等しく,その確率は

$$\left(\frac{1}{6}\right)^n \quad \cdots\cdots(答)$$

(3) (1)の図より $X_{n+1}=1$ となるのは,$X_n=1$,$X_n=5$ のいずれかである。

よって,$X_n=1$ となる確率を p_n とおくと,(2)の結果も考慮して

$$p_{n+1}=\frac{5}{6}p_n+\frac{1}{3}\cdot\left(\frac{1}{6}\right)^n$$

両辺に 6^{n+1} をかけると

$$6^{n+1}p_{n+1}=5\cdot6^np_n+2$$

ここで,$q_n=6^np_n$ とおくと

$$q_{n+1}=5q_n+2 \qquad \therefore \quad q_{n+1}+\frac{1}{2}=5\left(q_n+\frac{1}{2}\right)$$

よって,数列 $\left\{q_n+\frac{1}{2}\right\}$ は,初項 $q_1+\frac{1}{2}=6p_1+\frac{1}{2}=\frac{5}{2}$,公比 5 の等比数列だから

$$q_n+\frac{1}{2}=\frac{5}{2}\cdot5^{n-1}$$

$$6^np_n=\frac{1}{2}(5^n-1) \qquad \therefore \quad p_n=\frac{5^n-1}{2\cdot6^n} \quad \cdots\cdots(答)$$

解 法 2

((1),(2)は[解法1]に同じ)

(3) (1)の図から

(I) $X_1=1$ となる確率は $\dfrac{1}{3}$

(II) $X_2=1$ となるには,$X_1=X_2=1$ または $X_1=5$,$X_2=1$ となる場合で,これらは互いに排反だから,$X_2=1$ となる確率は

$$\frac{1}{3}\cdot\frac{5}{6}+\frac{1}{6}\cdot\frac{2}{6}=\frac{1}{3}$$

(III) $X_n=1$ $(n\geqq3)$ となる確率は,次の(i)または(ii)の互いに排反な事象の和事象の確率である。

(i) $X_1=\cdots=X_n=1$ である事象

(ii) $1\leqq i\leqq n-1$ なる各 i に対して,$X_1=\cdots=X_i=5$ かつ $X_{i+1}=\cdots=X_n=1$ である事象

ここで,(i)の事象は1回目に2または4の目が出て,以後1以外の目が連続する事象である。この事象の確率は,$\dfrac{2}{6}\cdot\left(\dfrac{5}{6}\right)^{n-1}$ である。

また,(ii)の事象は次の(ア)または(イ)の互いに排反な事象の和事象である。

㋐　$1 \leqq i \leqq n-2$ なる任意の i に対して 1 回目から i 回目まで 6 の目が連続し，$i+1$ 回目に 2 または 4 の目，$i+2$ 回目以降は 1 以外の目が出る事象

㋑　1 回目から $n-1$ 回目まで 6 の目が連続し，n 回目に 2 または 4 の目が出る事象

よって，事象(ii)の確率は

$$\sum_{i=1}^{n-2}\left(\frac{1}{6}\right)^i \cdot \frac{2}{6} \cdot \left(\frac{5}{6}\right)^{n-i-1} + \left(\frac{1}{6}\right)^{n-1} \cdot \frac{2}{6} = \sum_{i=1}^{n-1}\left(\frac{1}{6}\right)^i \cdot \frac{2}{6} \cdot \left(\frac{5}{6}\right)^{n-i-1} = \frac{1}{3} \cdot \frac{1}{6^{n-1}} \sum_{i=1}^{n-1} 5^{n-i-1}$$

$$= \frac{1}{3} \cdot \frac{1}{6^{n-1}} \sum_{i=0}^{n-2} 5^i = \frac{1}{3} \cdot \frac{1}{6^{n-1}} \cdot \frac{5^{n-1}-1}{5-1}$$

$$= \frac{5^{n-1}-1}{2 \cdot 6^n}$$

ゆえに，$X_n = 1$ となる確率は，(i)または(ii)の確率を考えて

$$\frac{2}{6} \cdot \left(\frac{5}{6}\right)^{n-1} + \frac{5^{n-1}-1}{2 \cdot 6^n} = \frac{5^n-1}{2 \cdot 6^n}$$

この値は $n=1$，2 のときにも適用できる。

ゆえに，求める確率は　　$\dfrac{5^n-1}{2 \cdot 6^n}$　……(答)

71

ポイント 各弧ごとに両端の点を数えると各点は 2 回ずつ数えられる。両端が異なる色の弧と，両端が赤の点である弧に分けて赤が何回数えられるかを考える。青の点を数えてもよいが，一方のみで解決する。

解 法

両端の点の色が異なる弧の個数を a，両端の点の色が赤である弧の個数を b とする。1 つの弧ごとに両端の点の個数を合計すると，どの点も 2 回ずつ数えられるので，赤い点は全部で $2m$ 回数えられる。両端の点の色が異なる弧では赤い点は 1 回ずつ，両端の点の色が赤である弧では 2 回ずつ数えられるので，$2m = a + 2b$ である。よって，$a = 2(m - b)$ となり，a は偶数である。 (証明終)

〔注〕 どちらかの色を何回数えるかという発想で簡単に証明できるが，この発想自体が難しいかもしれない。

72 2001 年度 〔3〕（文理共通（一部））　　　Level C

ポイント　(1)　n 回の試行後の A，B の座標を a_n，b_n として，座標平面上で
点 $P_n(a_n, b_n)$ の動き（$P_n \to P_{n+1}$）を見る。起こり得る変化の確率にも注意する。

(2)　$p_n = \dfrac{X_n}{2^n}$ を利用する。

解　法

(1)　コインを n 回投げた後の A，B の座標をそれぞれ a_n，b_n として，座標平面上で
点 $P_n(a_n, b_n)$ を考える。
与えられた条件から，点 P_n が直線 $y=x$，$y=x-1$，$y=x+1$ のそれぞれの上にあると
き，P_{n+1} はそれぞれ等しい確率で図中の ● 印の位置にくる（○ 印は P_n の位置）。

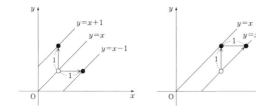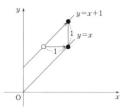

このことと，A，B が初めに原点にあることから，P_n はこの 3 つの直線のいずれか
の上にあり，しかも P_n が直線 $y=x-1$ 上にある確率と $y=x+1$ 上にある確率は等し
い。

さらに，P_n が直線 $y=x\pm1$ 上にある状態から，P_{n+1} が直線 $y=x$ 上にくる確率は $\dfrac{1}{2}$
である。

よって，$a_n=b_n$ となる確率 $\dfrac{X_n}{2^n}$ について

$$\frac{X_{n+1}}{2^{n+1}} = \frac{1}{2}\left(1 - \frac{X_n}{2^n}\right)$$

ゆえに　　$X_{n+1} = 2^n - X_n$　……（答）

(2)　$\dfrac{X_n}{2^n} = p_n$ とおくと

$$p_{n+1} = \frac{X_{n+1}}{2^{n+1}}$$

であるから，上の等式より

$$p_{n+1} = -\frac{p_n}{2} + \frac{1}{2}, \quad p_1 = 0$$

これより

$$p_{n+1} - \frac{1}{3} = -\frac{1}{2}\left(p_n - \frac{1}{3}\right)$$

数列 $\left\{p_n - \dfrac{1}{3}\right\}$ は，初項 $p_1 - \dfrac{1}{3} = -\dfrac{1}{3}$，公比 $-\dfrac{1}{2}$ の等比数列であるから

$$p_n = \frac{1}{3} + \left(-\frac{1}{2}\right)^{n-1}\left(-\frac{1}{3}\right) = \frac{1}{3} + \frac{(-1)^n}{3 \cdot 2^{n-1}}$$

ゆえに

$$X_n = \frac{2^n}{3} + \frac{2(-1)^n}{3} \quad (n=1, 2, \cdots) \quad \cdots\cdots(答)$$

〔注〕 (1) n 回コインを投げた後の A，B の数直線上の座標 a_n，b_n について，与えられた条件の対称性から，$a_n < b_n$ となる場合の数と $a_n > b_n$ となる場合の数は等しく，$a_n \neq b_n$ である場合から $a_{n+1} = b_{n+1}$，$a_{n+1} \neq b_{n+1}$ となる場合はコインの表裏によって等しく起こり得る。このことから，$X_{n+1} = 2^n - X_n$ はほとんど明らかであるが，この「対称性」と「等しく起こる」ということの根拠を，確率を用いて表したのが〔解法〕の記述である。

73 2001 年度 〔4〕 Level B

ポイント 白石を 1，黒石を -1 で置き換えた数列を考え，左端から n 番目までの和を S_n とする。

[解法1] $S_{M-1}=0$ かつ $S_M=-1$ となる M の存在を示す。

[解法2] 問題を一般化し，白石 k 個，黒石 $k+1$ 個の場合に条件を満たす黒石が存在することを k についての数学的帰納法で示す。

解法 1

左端が黒石のときは，この黒石が問題の条件を満たすことは明らかである。

左端が白石のときを考える。

並んだ白石を 1，黒石を -1 で置き換えて得られる数列 $\{a_k\}$ $(1\leqq k\leqq 361)$ を考え，$S_n=\sum_{k=1}^{n} a_k$ $(1\leqq n\leqq 361)$ とおく。

$\{S_n\}$ $(1\leqq n\leqq 361)$ は 1 から始まり，1 ずつ増減しながら -1 で終わる数列である。$S_{361}=-1$ であるから $S_n=-1$ となる n の最小値 M を考えることができる。

このとき，$S_M=-1$ なので，$S_{M-1}=0$ または $S_{M-1}=-2$ である。また，$S_1=1$，$S_2\geqq 0$ より，$M\geqq 3$ である。$S_{M-1}=-2$ のときは，S_3, S_4, …，S_{M-2} の中に -1 の値をとるものがあり，M の最小性に反する。

よって，$S_{M-1}=0$ かつ $S_M=-1$ であり，$a_M=-1$ となるので，M 番目は黒石で，この黒石が条件を満たす黒石である。　　　　　　　　　　　　　（証明終）

解法 2

一般に任意の自然数 k について，次の命題

「白石 k 個と黒石 $k+1$ 個が横に一列に並んでいるとき，（問題で与えられた）条件を満たす黒石が少なくとも1つある」 ……(*)

が正しいことを示す。

[I] 左端が黒石のとき：左端の黒石が条件を満たす。

[II] 左端が白石のとき：数学的帰納法で示す。

(i) $k=1$ のときは右端の黒石が条件を満たす。

(ii) ある自然数 m に対して，$k=1$, 2, …，m については命題(*)が成り立つことを仮定して，$k=m+1$ についても命題(*)が成り立つことを示す。

左端から n 番目 $(n=1, 2, …, 2m+3)$ までの（白石の個数）-（黒石の個数）を $S(n)$ とおく。

$S(1)=1$，$S(2m+3)=-1$，$S(j+1)-S(j)=\pm 1$ $(j=1, 2, …, 2m+2)$ である

から，$S(l)=0$ を満たす整数 l $(2 \leqq l \leqq 2m+2)$ が存在する。

・$l+1$ 番目が黒石ならば，その黒石が条件を満たす。

・$l+1$ 番目が白石ならば，$l+1$ 番目以降のすべての石の総数は

$2m+3-l \leqq 2m+1$ より $2m+1$ 以下であり，しかも（黒石の個数）＝（白石の個数）$+1$ なので，白石の個数は m 以下である。よって，帰納法の仮定により $l+1$ 番目以降のすべての石については条件を満たす黒石が少なくとも 1 つあり，$S(l)=0$ から，この黒石が $k=m+1$ に対して条件を満たす黒石の 1 つである。

(i)，(ii)から，左端が白石のとき，任意の自然数 k に対して命題（＊）が成り立つ。

以上，［Ⅰ］，［Ⅱ］から，任意の自然数 k について命題（＊）が成り立つ。

本問においては，$k=180$ とすればよい。　　　　　　　　　　　　　　（証明終）

〔注1〕　左端から n 番目までの（白石の個数）$-$（黒石の個数）を S_n という設定で考えることもできるが，根拠記述とイメージのとらえやすさを考慮して，［解法1］は 1 と -1 の数列に置き換える工夫も加えた解法にした。また，数学では最小値の存在とその利用が大変有効にはたらくことがある。

〔注2〕　［解法1］の S_n（［解法2］の $S(n)$）のように整数値をとり，しかもその値が ± 1 の変化をする関数を考えることがこの種の問題では大変有効なのだが，類題の経験がないと難しい発想である。

74

ポイント　X が $n+1$ 秒後に A_i に存在するのは，n 秒後に A_i と異なる頂点にいて，1 秒後に A_i に移動するときのことである。

このことから $\{P_i(n)\}$ についての漸化式を作る。

解法

　動点 X が頂点 A_i に $(n+1)$ 秒後 $(n=0,\ 1,\ 2,\ \cdots)$ に存在するための条件は，X が n 秒後に A_j $(j \neq i)$ にいて，その 1 秒後に A_i に移ることである。

よって

$$P_i(n+1) = \frac{1}{3}(1 - P_i(n))$$

これより

$$P_i(n+1) - \frac{1}{4} = -\frac{1}{3}\left(P_i(n) - \frac{1}{4}\right)$$

数列 $\left\{P_i(n) - \dfrac{1}{4}\right\}$ は，初項 $P_i(0) - \dfrac{1}{4}$，公比 $-\dfrac{1}{3}$ の等比数列であるから

$$P_i(n) - \frac{1}{4} = \left(-\frac{1}{3}\right)^n\left(P_i(0) - \frac{1}{4}\right)$$

$$P_i(n) = \frac{1}{4} + \left(-\frac{1}{3}\right)^n\left(P_i(0) - \frac{1}{4}\right) \quad (i=1,\ 2,\ 3,\ 4\ ;\ n=0,\ 1,\ 2,\ \cdots)$$

ゆえに

$$P_1(n) = \frac{1}{4} + \left(-\frac{1}{3}\right)^n\left(P_1(0) - \frac{1}{4}\right) = \frac{1}{4}$$

$$P_2(n) = \frac{1}{4} + \left(-\frac{1}{3}\right)^n\left(P_2(0) - \frac{1}{4}\right) = \frac{1}{4}\left\{1 + \left(-\frac{1}{3}\right)^n\right\}$$

……(答)

75

1999 年度 〔4〕（文理共通(一部)）   **Level B**

ポイント (1) 辺 AB が電流を通さないときに，AからBに電流が流れる場合を互い
に排反な場合に分け，ていねいに調べる。

(2) (1)の積事象として考える。

[解法1] (1) AからBへ電流が流れる場合を調べる。

[解法2] (1) AからBへ電流が流れない場合の確率を求める。

[解法3] (1) 樹形図による。

解法 1

(1) 辺 AB が電流を通すことを A ○ B で表し，電流を通さないことを A × B で表す
ことにする。他の辺についても同様とする。

A ○ B の場合は，AからBに電流が流れる。この場合の確率は $\dfrac{1}{2}$ である。

A × B の場合にAからBに電流が流れるのは次の(i), (ii), (iii)の3つの互いに排反な
場合に分けられる。

(i) A ○ C かつ A × D のとき

(ii) A × C かつ A ○ D のとき

(iii) A ○ C かつ A ○ D のとき

ここで，AからBに電流が流れる確率が(i)と(ii)の場合で等しくなることは頂点の配置
から明らかである。(i), (iii)のときAからBに電流が流れるのは

$$(\text{i})\begin{cases}\text{C} \bigcirc \text{B} \\ \text{C} \times \text{B かつ C} \bigcirc \text{D かつ D} \bigcirc \text{B}\end{cases}$$

$$(\text{iii})\begin{cases}\text{C} \bigcirc \text{B} \\ \text{C} \times \text{B かつ D} \bigcirc \text{B}\end{cases}$$

の場合で，これらは互いに排反である。

以上より，求める確率は，$p=\dfrac{1}{2}$ として

$$p+(1-p)\left[2p(1-p)\{p+(1-p)p^2\}+p^2\{p+(1-p)p\}\right]$$
$$=\frac{1}{2}+\frac{1}{2}\left[\frac{1}{2}\left\{\frac{1}{2}+\left(\frac{1}{2}\right)^3\right\}+\left(\frac{1}{2}\right)^2\left\{\frac{1}{2}+\left(\frac{1}{2}\right)^2\right\}\right]=\frac{1}{2}+\frac{1}{2}\left(\frac{5}{16}+\frac{3}{16}\right)=\frac{3}{4} \quad \cdots\cdots(\text{答})$$

(2) 電流が「BからAに流れる事象」，「EからFに流れる事象」の確率は，いずれも
(1)の確率に等しい。

電流がBからFに流れる事象は，上の2つの事象の積事象であり，これらの2つの事
象は独立事象であるから，求める確率は

$$\left(\frac{3}{4}\right)^2 = \frac{9}{16} \quad \cdots\cdots (答)$$

解法 2

(×と○の記号の意味は［解法1］に同じ)

(1) A × Bの場合にAからBに電流が流れない場合を次の2つの互いに排反な場合 (i), (ii)に分けて考える。

(i) C○Dの場合，右図を考えると
「A × CかつA × D」または「C × BかつD × B」
となる確率から，「A × CかつA × Dかつ
C × BかつD × B」となる確率をひいて

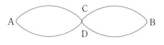

$$2 \times \left(\frac{1}{2}\right)^2 - \left(\frac{1}{2}\right)^4 = \frac{7}{16}$$

(ii) C × Dの場合，右図を考えると

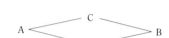

上の経路で電流が流れるのは $\left(\frac{1}{2}\right)^2 = \frac{1}{4}$

下の経路で電流が流れるのは $\left(\frac{1}{2}\right)^2 = \frac{1}{4}$

よって，どちらの経路でも電流が流れない確率は

$$\left(1 - \frac{1}{4}\right)^2 = \frac{9}{16}$$

以上，(i), (ii)より，AからBに電流が流れない確率は

$$\frac{1}{2} \times \left(\frac{1}{2} \times \frac{7}{16} + \frac{1}{2} \times \frac{9}{16}\right) = \frac{1}{4}$$

ゆえに，求める確率は，上記の値を1からひいて

$$1 - \frac{1}{4} = \frac{3}{4} \quad \cdots\cdots (答)$$

((2)は［解法1］に同じ)

(1) 全事象を樹形図に描くと，次のようになる。

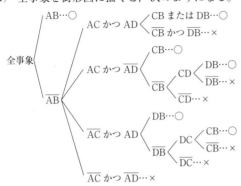

この樹形図で，辺が AB のように描かれているときは電流を通すことを表し，$\overline{\text{AB}}$ のように描かれているときは電流を通さないことを表す。

また，右端の○，×は，その場合，AからBに電流がそれぞれ，流れる，流れない，ことを表す。

よって，求める確率は

$$\frac{1}{2}+\frac{1}{2}\times\left(\frac{1}{2}\right)^2\left\{1-\left(\frac{1}{2}\right)^2\right\}+2\times\frac{1}{2}\times\left(\frac{1}{2}\right)^2\times\frac{1}{2}+2\times\frac{1}{2}\times\left(\frac{1}{2}\right)^2\times\left(\frac{1}{2}\right)^3$$

$$=\frac{1}{2}+\frac{1}{8}\times\frac{3}{4}+\frac{1}{8}+\frac{1}{32}$$

$$=\frac{3}{4}\quad\cdots\cdots(\text{答})$$

((2)は［解法1］に同じ)

§7 整式の微積分

76　2023 年度　〔2〕　　　　　　　　　　Level A

ポイント　(1) 点と直線の距離の公式から t の値の場合分けによって絶対値を外す。その後，a の値の場合分けで積分計算を行う。

(2) (1)の結果から $g(a)-f(a)$ を計算し，微分により増減表をつくり，必要な値を求める。

解 法

(1)　$f(t)=\dfrac{|2t-(3t^2-4t)|}{\sqrt{2^2+(-1)^2}}=\dfrac{1}{\sqrt{5}}|3t(t-2)|$

$$=\begin{cases}\dfrac{1}{\sqrt{5}}(3t^2-6t) & (t<0,\ 2<t) \\[2mm] -\dfrac{1}{\sqrt{5}}(3t^2-6t) & (0\leqq t\leqq 2)\end{cases}$$

よって

(i)　$-1\leqq a<0$ のとき

$$g(a)=\frac{1}{\sqrt{5}}\int_{-1}^{a}(3t^2-6t)\,dt$$

$$=\frac{1}{\sqrt{5}}\Big[t^3-3t^2\Big]_{-1}^{a}$$

$$=\frac{1}{\sqrt{5}}(a^3-3a^2+4)$$

(ii)　$0\leqq a\leqq 2$ のとき

$$g(a)=\frac{1}{\sqrt{5}}\int_{-1}^{0}(3t^2-6t)\,dt-\frac{1}{\sqrt{5}}\int_{0}^{a}(3t^2-6t)\,dt$$

$$=\frac{1}{\sqrt{5}}\left\{\Big[t^3-3t^2\Big]_{-1}^{0}-\Big[t^3-3t^2\Big]_{0}^{a}\right\}$$

$$=-\frac{1}{\sqrt{5}}(a^3-3a^2-4)$$

ゆえに

$$g(a) = \begin{cases} \dfrac{1}{\sqrt{5}}(a^3 - 3a^2 + 4) & (-1 \leqq a < 0) \\[3mm] -\dfrac{1}{\sqrt{5}}(a^3 - 3a^2 - 4) & (0 \leqq a \leqq 2) \end{cases} \quad \cdots\cdots (答)$$

(2) $h(a) = g(a) - f(a)$ $(0 \leqq a \leqq 2)$ とおくと，(1)から

$$h(a) = -\frac{1}{\sqrt{5}}(a^3 - 3a^2 - 4) + \frac{1}{\sqrt{5}}(3a^2 - 6a)$$

$$= -\frac{1}{\sqrt{5}}(a^3 - 6a^2 + 6a - 4)$$

$$h'(a) = -\frac{3}{\sqrt{5}}(a^2 - 4a + 2)$$

$$= -\frac{3}{\sqrt{5}}\{a - (2 - \sqrt{2})\}\{a - (2 + \sqrt{2})\}$$

よって，$h(a)$ の増減表は次のようになる。

a	0	$\cdots$	$2 - \sqrt{2}$	$\cdots$	2
$h'(a)$		$-$	0	$+$	
$h(a)$	$\dfrac{4}{\sqrt{5}}$	$\searrow$	$\dfrac{4(2-\sqrt{2})}{\sqrt{5}}$	$\nearrow$	$\dfrac{8}{\sqrt{5}}$

ゆえに，最大値は $\dfrac{8}{\sqrt{5}}$，最小値は $\dfrac{4(2-\sqrt{2})}{\sqrt{5}}$ $\cdots\cdots(答)$

§7

77 2022年度〔2〕 Level B

ポイント ［解法1］ (1)　Pにおける接線に直交する直線lとCの方程式からyを消去したxの3次方程式が相異なる3つの実数解をもつためのαの条件を考える。

(2)　β，γについての2次方程式の解と係数の関係を用いる。

(3)　uをαの3次関数で表し，その増減を考える。

［解法2］ (2)　lの傾きを用いる。

解 法 1

(1)　$y = x^3 - x$ について，$y' = 3x^2 - 1$ なので，P$(\alpha,\ \alpha^3 - \alpha)$ における接線の傾きは $3\alpha^2 - 1$ である。

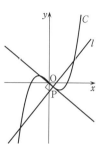

$3\alpha^2 - 1 = 0$ のときは，接線に垂直な直線はy軸に平行となり，Cと相異なる3点で交わることはない。

よって，$3\alpha^2 - 1 \neq 0$ であり，l の傾きは，$-\dfrac{1}{3\alpha^2 - 1}$ となり，l の方程式は

$$y = -\frac{1}{3\alpha^2 - 1}(x - \alpha) + \alpha^3 - \alpha$$

これと $y = x^3 - x$ からyを消去したxの3次方程式は

$$x^3 - x + \frac{1}{3\alpha^2 - 1}(x - \alpha) - \alpha^3 + \alpha = 0$$

$$(x - \alpha)(x^2 + \alpha x + \alpha^2) - (x - \alpha) + \frac{1}{3\alpha^2 - 1}(x - \alpha) = 0$$

$$(x - \alpha)\left(x^2 + \alpha x + \alpha^2 - 1 + \frac{1}{3\alpha^2 - 1}\right) = 0$$

ここで

$$x^2 + \alpha x + \alpha^2 - 1 + \frac{1}{3\alpha^2 - 1} = 0 \quad \cdots\cdots ①$$

を考え，①の左辺で$x = \alpha$とすると

$$3\alpha^2 - 1 + \frac{1}{3\alpha^2 - 1} = \frac{(3\alpha^2 - 1)^2 + 1}{3\alpha^2 - 1} \neq 0$$

よって，①が2つの実数解をもつとき，それらはαとは異なるので，Cとlは異なる3点で交わる。したがって，条件を満たすαのとりうる値の範囲は，（①の判別式）> 0 となるαの範囲となり

$$\alpha^2 - 4\left(\alpha^2 - 1 + \frac{1}{3\alpha^2 - 1}\right) > 0$$

$$\frac{9\alpha^4 - 15\alpha^2 + 8}{3\alpha^2 - 1} < 0$$

$$(3\alpha^2 - 1)(9\alpha^4 - 15\alpha^2 + 8) < 0$$

$$(3\alpha^2 - 1)\left\{9\left(\alpha^2 - \frac{5}{6}\right)^2 + \frac{7}{4}\right\} < 0$$

$$3\alpha^2 - 1 < 0$$

$$-\frac{\sqrt{3}}{3} < \alpha < \frac{\sqrt{3}}{3} \quad \cdots\cdots(\text{答})$$

(2) β, γ は①の2解であるから，解と係数の関係から

$$\beta + \gamma = -\alpha, \quad \beta\gamma = \alpha^2 - 1 + \frac{1}{3\alpha^2 - 1}$$

よって

$$\beta^2 + \beta\gamma + \gamma^2 - 1 = (\beta + \gamma)^2 - \beta\gamma - 1$$

$$= \alpha^2 - \left(\alpha^2 - 1 + \frac{1}{3\alpha^2 - 1}\right) - 1$$

$$= -\frac{1}{3\alpha^2 - 1} \quad \cdots\cdots②$$

$$\neq 0 \hspace{6cm} (\text{証明終})$$

(3) ②より

$$u = 4\alpha^3 + \frac{1}{\beta^2 + \beta\gamma + \gamma^2 - 1}$$

$$= 4\alpha^3 - 3\alpha^2 + 1$$

$$u' = 12\alpha^2 - 6\alpha = 12\alpha\left(\alpha - \frac{1}{2}\right)$$

$-\dfrac{\sqrt{3}}{3} < \alpha < \dfrac{\sqrt{3}}{3}$ での u の増減表は次のようになる。

α	$\left(-\dfrac{\sqrt{3}}{3}\right)$	$\cdots$	0	$\cdots$	$\dfrac{1}{2}$	$\cdots$	$\left(\dfrac{\sqrt{3}}{3}\right)$
u'			$+$	0	$-$	0	$+$
u	$\left(-\dfrac{4\sqrt{3}}{9}\right)$	$\nearrow$	1	$\searrow$	$\dfrac{3}{4}$	$\nearrow$	$\left(\dfrac{4\sqrt{3}}{9}\right)$

ここで，$\dfrac{4\sqrt{3}}{9} < \dfrac{4\cdot 2}{9} < 1$ であるから，u のとりうる値の範囲は

$$-\frac{4\sqrt{3}}{9} < u \leqq 1 \quad \cdots\cdots(\text{答})$$

解法 2

((1)および(3)は［解法1］に同じ)

(2) l は点 $(\beta, \beta^3 - \beta)$ と点 $(\gamma, \gamma^3 - \gamma)$ を結ぶ直線なので，その傾きは

$$\frac{(\beta^3 - \beta) - (\gamma^3 - \gamma)}{\beta - \gamma} = \frac{(\beta - \gamma)(\beta^2 + \beta\gamma + \gamma^2) - (\beta - \gamma)}{\beta - \gamma}$$
$$= \beta^2 + \beta\gamma + \gamma^2 - 1$$

である。

一方で，これは $-\dfrac{1}{3\alpha^2 - 1}$ に等しいので

$$\beta^2 + \beta\gamma + \gamma^2 - 1 = -\frac{1}{3\alpha^2 - 1} \neq 0$$

となる。 (証明終)

78

ポイント 曲線 C と円の方程式から, y を消去した x の 6 次方程式が相異なる 6 個の実数解をもつための a の条件を求める。$t=x^2$ とおくことで, t の 3 次方程式が相異なる 3 個の正の実数解をもつための a の条件に帰着する。

解 法

$y=ax^3-2x$ と, 原点を中心とする半径 1 の円の方程式 $x^2+y^2=1$ から y を消去した x の方程式は

$$x^2+(ax^3-2x)^2=1$$
$$a^2x^6-4ax^4+5x^2-1=0$$

これが相異なる 6 個の実数解をもつための正の実数 a の範囲を求める。

$t=x^2$ とおくと, この方程式は t の 3 次方程式

$$a^2t^3-4at^2+5t-1=0 \quad \cdots\cdots①$$

となる。

t の正の 1 つの値に対して $t=x^2$ となる異なる 2 つの実数 x が得られるので, ①が相異なる 3 個の正の実数解をもつための正の実数 a の範囲を求めればよい。

①の左辺を $f(t)$ とおくと

$$f'(t)=3a^2t^2-8at+5=(at-1)(3at-5)$$

これと $a>0$ から, $f(t)$ の $t>0$ での増減表は右のようになる。

よって, 求める a の条件は

$$f\left(\frac{1}{a}\right)>0 \quad かつ \quad f\left(\frac{5}{3a}\right)<0$$

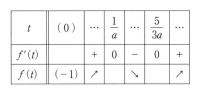

t	(0)	$\cdots$	$\dfrac{1}{a}$	$\cdots$	$\dfrac{5}{3a}$	$\cdots$
$f'(t)$		$+$	0	$-$	0	$+$
$f(t)$	(-1)	$\nearrow$		$\searrow$		$\nearrow$

ここで

$$f\left(\frac{1}{a}\right)=\frac{1}{a}-\frac{4}{a}+\frac{5}{a}-1=\frac{2-a}{a}$$

$$f\left(\frac{5}{3a}\right)=\frac{125}{27a}-\frac{100}{9a}+\frac{25}{3a}-1=\frac{50-27a}{27a}$$

ゆえに, 求める a の条件は

$$\frac{2-a}{a}>0 \quad かつ \quad \frac{50-27a}{27a}<0$$

から $\quad \dfrac{50}{27}<a<2 \quad \cdots\cdots(答)$

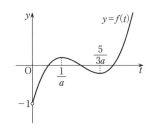

79

ポイント　b を a で表すには，極小値が 0 となることを用いる。a の取り得る値の範囲は，$x=0$，±1 のときの C 上の点の y 座標の条件に帰着させる。まず必要条件としての $1<f(0)\leqq 2$ をとらえる。

解法

$f(x)=x^3-3ax^2+b$ とおくと

$$f'(x)=3x^2-6ax=3x(x-2a)$$

となり，$a>0$ より右の増減表を得る。

条件 1 から，$b=0$ または $-4a^3+b=0$ であるが，$b>0$ なので

$$-4a^3+b=0$$

すなわち　　$b=4a^3$　……(答)

よって

$$f(x)=x^3-3ax^2+4a^3=(x-2a)^2(x+a)$$

となり，x 軸と C で囲まれた領域（D とする）は右図の網かけ部分（境界は含まない）である。D は領域 $y>0$ に含まれる。また，$f(x)$ は $-a\leqq x\leqq 0$ で単調増加，$0\leqq x\leqq 2a$ で単調減少であるから，D が格子点（x 座標，y 座標とも整数となる点）をただ 1 つ含むなら，その y 座標は 1 でなければならず，$(0,\ 1)\in D$ かつ $(0,\ 2)\notin D$ が必要である。その条件は

$$1<4a^3\leqq 2$$

すなわち　　$\dfrac{1}{\sqrt[3]{4}}<a\leqq\dfrac{1}{\sqrt[3]{2}}$　……①

このとき，$\dfrac{1}{8}<\dfrac{1}{4}<a^3\leqq\dfrac{1}{2}<1$ から，$\dfrac{1}{2}<a<1$ であり

$$-1<-a<0\quad\text{かつ}\quad 1<2a<2$$

である。

以上から，右図を得る。

よって，①のもとで，条件 2 は，$f(1)\leqq 1$ となり

x	$\cdots$	0	$\cdots$	$2a$	$\cdots$
$f'(x)$	+	0	−	0	+
$f(x)$	↗	b	↘	$-4a^3+b$	↗

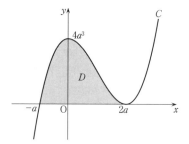

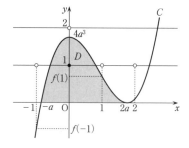

$$1-3a+4a^3 \leqq 1 \quad \text{すなわち} \quad a\left(a^2-\frac{3}{4}\right) \leqq 0$$

これと $a>0$ より

$$0<a \leqq \frac{\sqrt{3}}{2} \quad \cdots\cdots ②$$

ゆえに，a の取り得る値の範囲は①かつ②となる。

ここで

$$\left(\frac{1}{\sqrt[3]{2}}\right)^6 = \frac{1}{4} = \frac{16}{64}, \quad \left(\frac{\sqrt{3}}{2}\right)^6 = \frac{27}{64}$$

なので，$\dfrac{1}{\sqrt[3]{2}} < \dfrac{\sqrt{3}}{2}$ であり，①かつ②は

$$\frac{1}{\sqrt[3]{4}} < a \leqq \frac{1}{\sqrt[3]{2}} \quad \cdots\cdots (答)$$

となる。

〔注〕［解法］では，$(0,\ 1) \in D$ かつ $(0,\ 2) \notin D$ のとき，$1<4a^3 \leqq 2$ から $-1<-a<0$ かつ $1<2a<2$ を示し，このもとで条件2は $f(1) \leqq 1$ となることを得ているが，$2a \leqq 1$ のときはそもそも D に含まれる格子点は $(0,\ 1)$ 以外にはあり得ないことや，$f(-1)<f(1)$ であることなどから，必ずしも，1 と $2a$ の大小，-1 と $-a$ の大小を調べる必要はなく，単に，条件2を $(0,\ 1) \in D$ かつ $(0,\ 2) \notin D$ かつ $f(1) \leqq 1$ ととらえても正答が得られる。しかし，根拠記述としての明快さを考えると，$-1<-a<0$ かつ $1<2a<2$ をとらえることは有用である。なお，［解法］のように①が成り立てば②が成り立つことを示した上で，「必要条件としての①のもとで $f(1) \leqq 1$ が成り立つので求める条件は①である」という記述でもよい。

80

2019 年度 〔1〕（文理共通（一部）） Level A

ポイント (1) $\triangle \text{OPQ} = \dfrac{1}{3}$ から p, q の関係式を得る。点 R と直線 PQ との距離を利用すると，$\triangle \text{PQR} = \dfrac{1}{3}$ から p, q, r の関係式を得る。とりうる値の範囲は双曲線，放物線のグラフを用いる。

(2) p の 3 次関数の増減表を利用する。

解 法

(1) $\triangle \text{OPQ} = \dfrac{1}{3}$ から $\dfrac{1}{2} pq = \dfrac{1}{3}$ なので

$$q = \frac{2}{3p} \quad \cdots\cdots (\text{答})$$

直線 PQ の方程式は $\dfrac{x}{p} + \dfrac{y}{q} = 1$ より

$$qx + py - pq = 0$$

$$qx + py - \frac{2}{3} = 0 \quad \cdots\cdots① \quad \left(pq = \frac{2}{3} \text{ より}\right)$$

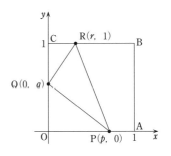

O は領域 $qx + py - \dfrac{2}{3} < 0$ にあり，点 R $(r,\ 1)$ は直線①に関して O と反対側にあるので，点 R は領域 $qx + py - \dfrac{2}{3} > 0$ にある。よって，点 R と直線①との距離 d は

$$d = \frac{qr + p - \dfrac{2}{3}}{\sqrt{p^2 + q^2}} \quad \cdots\cdots②$$

また　$\text{PQ} = \sqrt{p^2 + q^2} \quad \cdots\cdots③$

$\triangle \text{PQR} = \dfrac{1}{3}$ から $\dfrac{1}{2} \text{PQ} \cdot d = \dfrac{1}{3}$ であり，②，③より

$$qr + p - \frac{2}{3} = \frac{2}{3}$$

$$r = \frac{1}{q}\left(\frac{4}{3} - p\right)$$

$$= \frac{3p}{2}\left(\frac{4}{3} - p\right) \quad \left(q = \frac{2}{3p} \text{ より}\right)$$

$$= 2p - \frac{3}{2} p^2 \quad \cdots\cdots (\text{答})$$

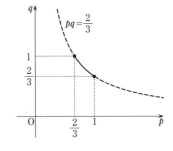

$pq = \dfrac{2}{3}$ と $0 < p \leqq 1,\ 0 < q \leqq 1$ から

$$\dfrac{2}{3} \leqq p \leqq 1,\quad \dfrac{2}{3} \leqq q \leqq 1\quad \cdots\cdots(答)$$

また

$$r = 2p - \dfrac{3}{2}p^2$$
$$= -\dfrac{3}{2}\left(p - \dfrac{2}{3}\right)^2 + \dfrac{2}{3}\quad \left(\dfrac{2}{3} \leqq p \leqq 1\right)$$

から

$$\dfrac{1}{2} \leqq r \leqq \dfrac{2}{3}\quad \cdots\cdots(答)$$

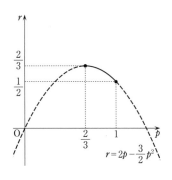

(2)
$$\dfrac{CR}{OQ} = \dfrac{r}{q} = \dfrac{3}{2}p\left(2p - \dfrac{3}{2}p^2\right)$$
$$= 3p^2 - \dfrac{9}{4}p^3$$

この右辺を $f(p)$ $\left(\dfrac{2}{3} \leqq p \leqq 1\right)$ とおくと

$$f'(p) = 6p - \dfrac{27}{4}p^2$$
$$= -\dfrac{27}{4}p\left(p - \dfrac{8}{9}\right)$$

ゆえに，増減表から

$$\dfrac{CR}{OQ} \text{ の最大値は } \dfrac{64}{81},\ \text{最小値は } \dfrac{2}{3}\quad \cdots\cdots(答)$$

p	$\dfrac{2}{3}$	$\cdots$	$\dfrac{8}{9}$	$\cdots$	1
$f'(p)$		$+$	0	$-$	
$f(p)$	$\dfrac{2}{3}$	↗	$\dfrac{64}{81}$	↘	$\dfrac{3}{4}$

〔注〕 (1)の $r = 2p - \dfrac{3}{2}p^2$ は次のように求めることもできる。

$\triangle OPQ = \dfrac{1}{3}$ から $\dfrac{1}{2}pq = \dfrac{1}{3}$ なので

$$q = \dfrac{2}{3p}$$

$\triangle PQR = (台形\ OPRC) - \triangle OPQ - \triangle CQR$
$$= \dfrac{1}{2}(p + r) - \dfrac{1}{3} - \dfrac{1}{2}(1 - q)r$$
$$= \dfrac{1}{2}(p + qr) - \dfrac{1}{3}$$

これと $\triangle PQR = \dfrac{1}{3}$ から，$p + qr = \dfrac{4}{3}$ となり

$$r = \dfrac{4}{3q} - \dfrac{p}{q} = 2p - \dfrac{3}{2}p^2\quad \left(q = \dfrac{2}{3p}\ \text{より}\right)$$

81

ポイント　(1) $f(x)$ の増減表による。

(2) $y = f(x)$ と $y = b$ のグラフの交点の x 座標を考える。

解 法

(1) $f(x) = x^3 - 3a^2 x$ より

$\quad f'(x) = 3x^2 - 3a^2 = 3(x+a)(x-a)$

x	$\cdots$	$-a$	$\cdots$	a	$\cdots$
$f'(x)$	+	0	−	0	+
$f(x)$	↗	$2a^3$	↘	$-2a^3$	↗

ゆえに, $x \geqq 1$ で $f(x)$ が単調に増加するための a（>0）の条件は

$\quad 0 < a \leqq 1$ ……（答）

(2) $y = f(x)$ と $y = b$ のグラフを考えて, 条件 1 が成り立つための a, b の条件は

$\quad -2a^3 < b < 2a^3$ ……①

①のとき, $\alpha < -a < \beta < a < \gamma$ である。

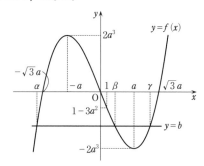

$y = f(x)$ のグラフは $-a \leqq x \leqq a$ で単調減少であり, 条件 2 が成り立つための a, b の条件はグラフから

$\quad a > 1$　かつ　$-2a^3 < b < 1 - 3a^2$ ……②

$a > 1$ のときは $1 - 3a^2 < 0 < 2a^3$ が成り立つので, ②のとき①は成り立つ。

ゆえに, a, b の満たすべき条件は

$\quad a > 1$　かつ　$-2a^3 < b < 1 - 3a^2$ ……（答）

ここで, $-2a^3 = 1 - 3a^2$ より

$\quad 2a^3 - 3a^2 + 1 = 0$　　$(a-1)^2(2a+1) = 0$

$\quad a = 1$（重解）, $-\dfrac{1}{2}$

よって，$b=-2a^3$ と $b=1-3a^2$ のグラフは点 $(1, -2)$ で接する。

これを図示すると，次図の網かけ部分（境界は含まない）となる。

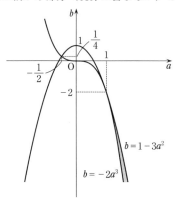

〔注〕 $a\leqq1$ の場合には次のグラフのように，$-2a^3<b<1-3a^2$ であっても $\beta>1$ となることはない。よって，$a>1$ も必要である。

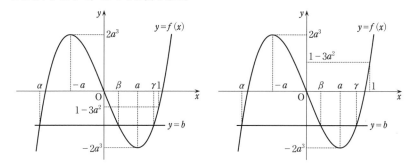

82 2017 年度〔1〕 Level A

ポイント P, Q はそれぞれ s, t の多項式であり，２つの放物線が接する条件から得られる s と t の関係式から，$\dfrac{Q}{P}$ は t の３次関数となる。この増減表を考える。

解法

$$P = \int_0^1 s(x-1)^2 dx = \frac{s}{3}\Big[(x-1)^3\Big]_0^1 = \frac{s}{3} \quad \cdots\cdots①$$

$$Q = \int_0^t (-x^2 + t^2)\,dx = \Big[-\frac{x^3}{3} + t^2 x\Big]_0^t$$

$$= -\frac{t^3}{3} + t^3 = \frac{2}{3}t^3 \quad \cdots\cdots②$$

また，$y = s(x-1)^2$ と $y = -x^2 + t^2$ から y を消去すると

$$s(x-1)^2 = -x^2 + t^2$$
$$(s+1)x^2 - 2sx + s - t^2 = 0$$

$s > 0$ から $s + 1 \neq 0$ なので，これは x の２次方程式である。
放物線 A と B がただ１点を共有することから，

$$\frac{(判別式)}{4} = 0 \ となり$$

$$s^2 - (s+1)(s - t^2) = 0$$
$$s(1 - t^2) = t^2$$

$0 < t < 1$ から $1 - t^2 > 0$ なので

$$s = \frac{t^2}{1 - t^2} \quad \cdots\cdots③$$

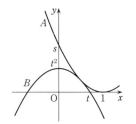

であり，$0 < t < 1$ である任意の t に対して，③で与えられる s は $s > 0$ を満たす。
①，②，③から

$$\frac{Q}{P} = \frac{2t^3}{\dfrac{s}{3}} \cdot \frac{1}{1} = 2t^3 \times \frac{1 - t^2}{t^2} = 2t - 2t^3$$

$f(t) = 2t - 2t^3 \ (0 < t < 1)$ とおくと

$$f'(t) = 2 - 6t^2$$

$$= -6\Big(t + \frac{\sqrt{3}}{3}\Big)\Big(t - \frac{\sqrt{3}}{3}\Big)$$

増減表から，$\dfrac{Q}{P}$ の最大値は

t	(0)	$\cdots$	$\dfrac{\sqrt{3}}{3}$	$\cdots$	(1)
$f'(t)$		$+$	0	$-$	
$f(t)$	(0)	↗		↘	(0)

$$f\left(\frac{\sqrt{3}}{3}\right) = 2 \cdot \frac{\sqrt{3}}{3} - 2 \cdot \frac{\sqrt{3}}{9} = \frac{4\sqrt{3}}{9} \quad \cdots\cdots (答)$$

〔注〕 ②を得る計算は

$$Q = \frac{1}{2} \int_{-t}^{t} (-x^2 + t^2) \, dx = -\frac{1}{2} \int_{-t}^{t} (x+t)(x-t) \, dx$$

$$= \left(-\frac{1}{2}\right) \cdot \left(-\frac{1}{6}\right) \{t - (-t)\}^3 = \frac{1}{12} \cdot 8t^3 = \frac{2}{3} t^3$$

としてもよい。

83 2016 年度 〔3〕 Level A

ポイント (1) 2 つの放物線を $y=f(x)$, $y=g(x)$ とおき, $f(-1)=g(-1)$ かつ $f'(-1)=g'(-1)$ を用いる。$f(x)-g(x)=0$ の解と係数の関係を用いてもよい。また, 判別式の利用でもよい。

(2) $S(t)$ は C と A の交点の x 座標の差を用いた式となる。

(3) 相加・相乗平均の関係を利用する。平方完成によることもできる。

解 法

$f(x)=x^2$, $g(x)=-x^2+px+q$ とおく。

(1) A と B が点 $(-1, 1)$ で接することから

$$\begin{cases} f(-1)=g(-1) \\ f'(-1)=g'(-1) \end{cases} \quad \text{すなわち} \quad \begin{cases} 1=-1-p+q \\ -2=2+p \end{cases}$$

これより $\begin{cases} p=-4 \\ q=-2 \end{cases}$ ……(答)

〔注1〕 上の [解法] は2曲線が点Pで接する条件を「Pを共有し, Pでの接線の傾きが等しい, すなわちPでの接線が一致する」として立式したものである。これと別の考え方として, $f(x)=g(x) \iff 2x^2-px-q=0$ が重解 -1 をもつので, 解と係数の関係から

$$\begin{cases} -1-1=\dfrac{p}{2} \\ (-1)\cdot(-1)=-\dfrac{q}{2} \end{cases}$$

として, $\begin{cases} p=-4 \\ q=-2 \end{cases}$ を得ることもできる。

あるいは

$$\begin{cases} -(-1)^2-p+q=1 \quad (g(-1)=1 \text{ より}) \\ p^2+8q=0 \quad (2x^2-px-q=0 \text{ の判別式より}) \end{cases}$$

を解いてもよい。

(2) (1)から $g(x)=-x^2-4x-2$

C の方程式は

$$y=g(x-2t)+t$$
$$y=-(x-2t)^2-4(x-2t)-2+t$$
$$y=-x^2+4(t-1)x-4t^2+9t-2$$

であり, $y=x^2$ を代入して, 整理すると

$$2x^2-4(t-1)x+4t^2-9t+2=0 \quad \text{……①}$$

①の判別式を D とすると

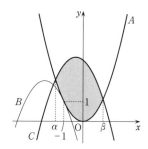

$$\frac{D}{4} = 4(t-1)^2 - 2(4t^2 - 9t + 2) = -4t\left(t - \frac{5}{2}\right)$$

よって，A と C が 2 点で交わるための条件は，$D>0$ から

$$0 < t < \frac{5}{2} \quad \cdots\cdots ②$$

②のもとで，①の 2 解を $\alpha,\ \beta\ (\alpha < \beta)$ とすると

$$\alpha = \frac{1}{2}\left\{2(t-1) - \sqrt{\frac{D}{4}}\right\}, \quad \beta = \frac{1}{2}\left\{2(t-1) + \sqrt{\frac{D}{4}}\right\}$$

また，②を満たす t に対しては

$$\{g(x-2t) + t\} - f(x) \geqq 0$$

であるから

$$S(t) = \int_{\alpha}^{\beta} \{g(x-2t) + t - f(x)\}\, dx = -2\int_{\alpha}^{\beta} (x-\alpha)(x-\beta)\, dx$$

$$= -2\left(-\frac{1}{6}\right)(\beta-\alpha)^3 = -2\left(-\frac{1}{6}\right)\left(\sqrt{\frac{D}{4}}\right)^3$$

$$-\frac{1}{3}\left\{\sqrt{4t\left(\frac{5}{2} - t\right)}\right\}^3 - \frac{8}{3}\left\{\sqrt{t\left(\frac{5}{2} - t\right)}\right\}^3$$

ゆえに $\quad S(t) = \begin{cases} \dfrac{8}{3}\left\{t\left(\dfrac{5}{2} - t\right)\right\}^{\frac{3}{2}} & \left(0 < t < \dfrac{5}{2}\right) \\[4mm] 0 & \left(t \geqq \dfrac{5}{2}\right) \end{cases} \quad \cdots\cdots(答)$

〔注 2〕 $S(t) = \dfrac{1}{3}(-4t^2 + 10t)^{\frac{3}{2}}\ \left(0 < t < \dfrac{5}{2}\ \text{のとき}\right)$ としてもよい。

(3) $0 < t < \dfrac{5}{2}$ において，相加・相乗平均の関係から

$$\sqrt{t\left(\frac{5}{2} - t\right)} \leqq \frac{1}{2}\left\{t + \left(\frac{5}{2} - t\right)\right\} = \frac{5}{4}$$

等号成立条件は，$t = \dfrac{5}{2} - t$ から，$t = \dfrac{5}{4}$ であり，これは $0 < t < \dfrac{5}{2}$ を満たす。

よって，$\sqrt{t\left(\dfrac{5}{2} - t\right)}$ の最大値は $\dfrac{5}{4}$ であり，(2)から，$S(t)$ の最大値は

$$\frac{8}{3}\left(\frac{5}{4}\right)^3 = \frac{125}{24} \quad \cdots\cdots(答)$$

〔注 3〕 $t\left(\dfrac{5}{2} - t\right) = -t^2 + \dfrac{5}{2}t = -\left(t - \dfrac{5}{4}\right)^2 + \dfrac{25}{16} \leqq \dfrac{25}{16}$ から，$S(t)$ の最大値は

$$S\left(\frac{5}{4}\right) = \frac{1}{3}\left(\frac{25}{4}\right)^{\frac{3}{2}} = \frac{1}{3}\left(\frac{5}{2}\right)^3 = \frac{125}{24}$$

としてもよい。

84 2014年度 〔1〕   Level A

ポイント (1) 平方完成による。

(2) 3次関数の微分と増減表による。

解法

(1) $f(x) = -2x^2 + 8tx - 12x + t^3 - 17t^2 + 39t - 18$

$\qquad = -2\{x^2 - 2(2t-3)x\} + t^3 - 17t^2 + 39t - 18$

$\qquad = -2\{x - (2t-3)\}^2 + 2(2t-3)^2 + t^3 - 17t^2 + 39t - 18$

$\qquad = -2\{x - (2t-3)\}^2 + t^3 - 9t^2 + 15t$

よって，$f(x)$ は $x = 2t-3$ で最大値をとり，その値は

$\qquad t^3 - 9t^2 + 15t$ ……(答)

(2) $g(t) = t^3 - 9t^2 + 15t$ であり

$\qquad g'(t) = 3t^2 - 18t + 15 = 3(t-1)(t-5)$

よって，$t \geqq -\dfrac{1}{\sqrt{2}}$ での $g(t)$ の増減表は次のようになる。

t	$-\dfrac{1}{\sqrt{2}}$	$\cdots$	1	$\cdots$	5	$\cdots$
$g'(t)$		$+$	0	$-$	0	$+$
$g(t)$		↗		↘		↗

$\qquad g\left(-\dfrac{1}{\sqrt{2}}\right) = -\dfrac{\sqrt{2}}{4} - \dfrac{9}{2} - \dfrac{15\sqrt{2}}{2} = -\dfrac{31}{4}\sqrt{2} - \dfrac{9}{2}$

$\qquad g(5) = 125 - 9 \cdot 25 + 15 \cdot 5 = -25$

したがって

$\qquad g\left(-\dfrac{1}{\sqrt{2}}\right) - g(5) = \dfrac{82 - 31\sqrt{2}}{4} = \dfrac{20 + 31(2 - \sqrt{2})}{4} > 0$

ゆえに，$g\left(-\dfrac{1}{\sqrt{2}}\right) > g(5)$ より

$\qquad t \geqq -\dfrac{1}{\sqrt{2}}$ での $g(t)$ の最小値は $\qquad g(5) = -25$ ……(答)

85

ポイント まず，C と l が O 以外の共有点をもつための t の条件を求める。次いで，この範囲の t で $g(t)$ の増減を調べる。t の値での場合分けが生じることにも注意する。

解 法

グラフ C と直線 l が O 以外の共有点をもつ条件は

$$x(x-1)(x-3) = tx$$

が 0 以外の実数解をもつことであり，そのための条件は

$$(x-1)(x-3) = t$$

すなわち

$$x^2 - 4x + 3 - t = 0 \quad \cdots\cdots ①$$

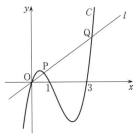

が少なくとも 1 つの 0 以外の実数解をもつことである。

①が 0 を解にもつのは，$t=3$ のときであるが，このとき，①は $x=4$ も解にもつので，この t の条件は①が実数解をもつ条件となる。よって，判別式を考えて

$$4 - (3 - t) \geqq 0$$

$$t \geqq -1$$

である。以下，この範囲で考える。

①の解を p, q とすると，P$(p, \ tp)$, Q$(q, \ tq)$ であり

$$|\overrightarrow{\mathrm{OP}}| = \sqrt{1+t^2}\,|p|, \quad |\overrightarrow{\mathrm{OQ}}| = \sqrt{1+t^2}\,|q|$$

したがって

$$g(t) = (1 + t^2)|pq|$$

①の解と係数の関係から，$pq = 3 - t$ なので

$$g(t) = \begin{cases} (1+t^2)(3-t) = -t^3 + 3t^2 - t + 3 & (-1 \leqq t \leqq 3) \\ -(1+t^2)(3-t) = t^3 - 3t^2 + t - 3 & (t > 3) \end{cases}$$

(I) $-1 \leqq t \leqq 3$ のとき

$$g'(t) = -3t^2 + 6t - 1$$

$g'(t) = 0$ となる t の値は，$t = 1 \pm \dfrac{\sqrt{6}}{3}$ である。

$\alpha = 1 - \dfrac{\sqrt{6}}{3}$, $\beta = 1 + \dfrac{\sqrt{6}}{3}$ とおく。

$2 < \sqrt{6} < 3$ より，$\dfrac{2}{3} < \dfrac{\sqrt{6}}{3} < 1$ なので

$$0<1-\frac{\sqrt{6}}{3}<\frac{1}{3}, \quad \frac{5}{3}<1+\frac{\sqrt{6}}{3}<2$$

よって，α，β はどちらも $-1\leqq t\leqq 3$ の範囲にある。

ここで，$g(t)=g'(t)\left(\frac{1}{3}t-\frac{1}{3}\right)+\frac{4}{3}(t+2)$ であるから

$$g(\alpha)=\frac{4}{3}(\alpha+2)=\frac{4}{3}\left(3-\frac{\sqrt{6}}{3}\right)=4-\frac{4\sqrt{6}}{9}$$

$$g(\beta)=\frac{4}{3}(\beta+2)=\frac{4}{3}\left(3+\frac{\sqrt{6}}{3}\right)=4+\frac{4\sqrt{6}}{9}$$

(Ⅱ)　$t>3$ のとき

$$g'(t)=3t^2-6t+1=3(t-1)^2-2>0 \quad (\because \quad t>3)$$

以上より，$t\geqq -1$ での $g(t)$ の増減表は次のようになる。

t	-1	$\cdots$	α	$\cdots$	β	$\cdots$	3	$\cdots$
$g'(t)$		$-$	0	$+$	0	$-$		$+$
$g(t)$		$\searrow$	$4-\dfrac{4\sqrt{6}}{9}$	$\nearrow$	$4+\dfrac{4\sqrt{6}}{9}$	$\searrow$	0	$\nearrow$

ゆえに，$g(t)$ の極値は

$$\text{極小値が } 4-\frac{4\sqrt{6}}{9} \text{ と } 0, \text{ 極大値が } 4+\frac{4\sqrt{6}}{9} \quad \cdots\cdots\text{(答)}$$

〔注〕　グラフ C と直線 l が O 以外の共有点をもつための t の範囲を正確に求めなければならない。その条件は〔解法〕中の 2 次方程式①が少なくとも 1 つの 0 以外の実数解をもつことであり，単にその判別式が 0 以上というだけでは十分ではない。結果としては同じなのだが，根拠の記述に気をつけなければならない。

86

2012 年度 〔4〕 Level B

ポイント (1) C 上の点 $(p,\ p^2+1)$ における接線が点 $(s,\ t)$ を通るための p の条件を求め，これを利用する。

(2) $l_1,\ l_2$ と C の接点の x 座標 $p_1,\ p_2$ を用いて面積を表した後に，これをさらに $s,\ t$ で表した式を利用する。

解 法

(1) $y=x^2+1$ より，$y'=2x$ であるから，C 上の点 $(p,\ p^2+1)$ における接線の方程式は
$$y=2p(x-p)+p^2+1 \quad \text{すなわち} \quad y=2px-p^2+1$$
これが点 $(s,\ t)$ を通るための p の条件は
$$t=2ps-p^2+1 \quad \text{すなわち} \quad p^2-2sp+t-1=0 \quad \cdots\cdots①$$
$t<0$ であるから，これを満たす異なる実数 p の値は 2 つあり
$$p=s\pm\sqrt{s^2-t+1}$$
$l_1,\ l_2$ は傾き $2p$ で点 $(s,\ t)$ を通るので，その方程式は $y=2p(x-s)+t$ とも表されるので
$$y=2(s\pm\sqrt{s^2-t+1})(x-s)+t \quad \cdots\cdots（答）$$

〔注1〕 ① から，$-p^2+1=-2sp+t=-2s(s\pm\sqrt{s^2-t+1})+t$ なので，接線の方程式 $y=2px-p^2+1$ から，$l_1,\ l_2$ の方程式を $y=2(s\pm\sqrt{s^2-t+1})x-2s(s\pm\sqrt{s^2-t+1})+t$ （複号同順）としてもよい。

(2) $p_1=s-\sqrt{s^2-t+1},\ p_2=s+\sqrt{s^2-t+1}$ とおき
$$g_1(x)=2p_1x-p_1{}^2+1,\quad g_2(x)=2p_2x-p_2{}^2+1$$
とおく。$f(x)=x^2+1$ とおくと，放物線 C と直線 $l_1,\ l_2$ で囲まれる領域の面積は
$$\int_{p_1}^{s}\{f(x)-g_1(x)\}dx+\int_{s}^{p_2}\{f(x)-g_2(x)\}dx$$
$$=\int_{p_1}^{s}(x-p_1)^2dx+\int_{s}^{p_2}(x-p_2)^2dx$$
$$=\frac{1}{3}\Big[(x-p_1)^3\Big]_{p_1}^{s}+\frac{1}{3}\Big[(x-p_2)^3\Big]_{s}^{p_2}$$
$$=\frac{1}{3}(s-p_1)^3+\frac{1}{3}(p_2-s)^3 \quad \cdots\cdots②$$
ここで，①の解と係数の関係から $p_1+p_2=2s$ すなわち $s=\dfrac{p_1+p_2}{2}$
したがって $s-p_1=\dfrac{p_2-p_1}{2},\ p_2-s=\dfrac{p_2-p_1}{2}$
よって

$$② = \frac{1}{12}(p_2 - p_1)^3 = \frac{1}{12}(2\sqrt{s^2 - t + 1})^3 = \frac{2}{3}(s^2 - t + 1)^{\frac{3}{2}}$$

これが a に等しくなるための条件は

$$\frac{2}{3}(s^2 - t + 1)^{\frac{3}{2}} = a$$

これより $t = s^2 + 1 - \left(\frac{3}{2}a\right)^{\frac{2}{3}}$ ……③

$t < 0$ より，これを満たす実数 s，t が存在するための実数 a の条件は，③を st 平面での放物線とみて，その頂点の t 座標が負となることなので

$$1 - \left(\frac{3}{2}a\right)^{\frac{2}{3}} < 0 \qquad \text{すなわち} \qquad \frac{3}{2}a > 1$$

より $a > \dfrac{2}{3}$

したがって

$$\begin{cases} 0 < a \leqq \dfrac{2}{3} \text{ のとき，条件を満たす } (s,\ t) \text{ は存在しない。} \\[2mm] a > \dfrac{2}{3} \text{ のとき，放物線 } t = s^2 + 1 - \left(\dfrac{3}{2}a\right)^{\frac{2}{3}} \text{ 上の } t < 0 \text{ を満たす点 } (s,\ t) \end{cases}$$

　……(答)

〔注2〕　②を得る際に，a，b を定数，n を正の整数として以下の式（数学Ⅲ）が成り立つことを用いた。

$$\int (ax+b)^n dx = \frac{1}{(n+1)a}(ax+b)^{n+1} + C \quad （C \text{ は積分定数}）$$

n 乗を展開して項ごとに積分して因数分解するという手間を大幅に省ける公式なので，ぜひ知っておきたい。

〔注3〕　(2)の面積の求め方はいわゆる $\dfrac{1}{12}$ 公式であるが，いきなりこれを用いることは避けたい。［解法］にあるようにまずは面積の立式をきちんと記した上で，被積分関数が $(x - p_1)^2$ となることを利用できるようにしたい。これは，$y = g_1(x)$ が $y = f(x)$ の $x = p_1$ における接線であることから，$f(x) - g_1(x) = 0$ が $x = p_1$ を重解にもつことによる。

〔注4〕　結論を述べる際に a の値の場合分けで答えるところが文系には少し難しいかもしれない。また，条件 $t < 0$ を考慮しなければならない。本問に対してどのような表現で答えるかで迷った受験生も少なくなかったのではないかと思われる。

〔注5〕　$t = s^2 - \left(\dfrac{3}{2}a\right)^{\frac{2}{3}} + 1$ において，$t < 0$ であるための条件は $s^2 < \left(\dfrac{3}{2}a\right)^{\frac{2}{3}} - 1$ と同値であるから，$a > \dfrac{2}{3}$ のときの答は

「放物線 $t = s^2 + 1 - \left(\dfrac{3}{2}a\right)^{\frac{2}{3}}$ 上の $|s| < \sqrt{\left(\dfrac{3}{2}a\right)^{\frac{2}{3}} - 1}$ を満たす点 $(s,\ t)$」

としてもよい。また，放物線という言葉はなくてもよい。

87

ポイント 条件から $f(x)$ の係数を a で表すことができ，I は a の多項式となる。

解法

$$f(x) = ax^3 + bx^2 + cx + d$$

$f(1) = 1$ から $\quad a + b + c + d = 1 \quad \cdots\cdots①$

$f(-1) = -1$ から $\quad -a + b - c + d = -1 \quad \cdots\cdots②$

また $\quad \displaystyle\int_{-1}^{1} (bx^2 + cx + d)\, dx = 2\int_{0}^{1} (bx^2 + d)\, dx = 2\left[\frac{b}{3}x^3 + dx\right]_0^1 = 2\left(\frac{b}{3} + d\right)$

よって，$\displaystyle\int_{-1}^{1} (bx^2 + cx + d)\, dx = 1$ から

$$2\left(\frac{b}{3} + d\right) = 1 \quad \cdots\cdots③$$

①，②，③から $\quad b = -\dfrac{3}{4}, \quad d = \dfrac{3}{4}, \quad c = 1 - a$

また

$$f'(x) = 3ax^2 + 2bx + c, \quad f''(x) = 6ax + 2b = 6ax - \frac{3}{2}$$

よって

$$I = \int_{-1}^{\frac{1}{2}} \{f''(x)\}^2\, dx = \int_{-1}^{\frac{1}{2}} \left\{3\left(2ax - \frac{1}{2}\right)\right\}^2 dx = 9\int_{-1}^{\frac{1}{2}} \left(4a^2x^2 - 2ax + \frac{1}{4}\right) dx$$

$$= 9\left[\frac{4}{3}a^2x^3 - ax^2 + \frac{1}{4}x\right]_{-1}^{\frac{1}{2}}$$

$$= 9\left\{\left(\frac{1}{6}a^2 - \frac{1}{4}a + \frac{1}{8}\right) - \left(-\frac{4}{3}a^2 - a - \frac{1}{4}\right)\right\}$$

$$= 9\left(\frac{3}{2}a^2 + \frac{3}{4}a + \frac{3}{8}\right) = \frac{27}{8}(4a^2 + 2a + 1) = \frac{27}{8}\left\{4\left(a + \frac{1}{4}\right)^2 + \frac{3}{4}\right\}$$

$$\geqq \frac{81}{32}$$

等号成立条件は $a = -\dfrac{1}{4}$ であり，I を最小にする $f(x)$ は

$$f(x) = -\frac{1}{4}x^3 - \frac{3}{4}x^2 + \frac{5}{4}x + \frac{3}{4} \quad \cdots\cdots(答)$$

であり，そのときの I の値は $\quad \dfrac{81}{32} \quad \cdots\cdots(答)$

88

ポイント　積分変数以外の文字を積分記号の外に出して計算する。

解 法

$$f(x+1) = (x+1)^2 + a(x+1) + b$$
$$= x^2 + (2+a)x + a + b + 1 \quad \cdots\cdots\text{①}$$

また

$$c\int_0^1 (3x^2 + 4xt)f'(t)\,dt = 3cx^2\int_0^1 f'(t)\,dt + 4cx\int_0^1 tf'(t)\,dt \quad \cdots\cdots\text{②}$$

ここで

$$\int_0^1 f'(t)\,dt = \Big[f(t)\Big]_0^1 = \Big[t^2 + at + b\Big]_0^1 = 1 + a$$

$$\int_0^1 tf'(t)\,dt = \int_0^1 (2t^2 + at)\,dt = \Big[\frac{2}{3}t^3 + \frac{a}{2}t^2\Big]_0^1 = \frac{2}{3} + \frac{a}{2}$$

よって

$$\text{②} = 3c(1+a)x^2 + 4c\Big(\frac{2}{3} + \frac{a}{2}\Big)x$$

したがって，①＝②が x の恒等式となる条件は

$$\begin{cases} 3c(1+a) = 1 & \cdots\cdots\text{③} \\ 2+a = 4c\Big(\frac{2}{3} + \frac{a}{2}\Big) & \cdots\cdots\text{④} \\ a+b+1 = 0 & \cdots\cdots\text{⑤} \end{cases}$$

③から $c \neq 0$ であるから，③，④より

$$3(1+a)(2+a) = 4\Big(\frac{2}{3} + \frac{a}{2}\Big)$$

これより

$$9a^2 + 21a + 10 = 0 \qquad (3a+5)(3a+2) = 0$$

$$a = -\frac{5}{3},\ -\frac{2}{3}$$

よって，③，⑤より

$$(a,\ b,\ c) = \Big(-\frac{5}{3},\ \frac{2}{3},\ -\frac{1}{2}\Big),\ \Big(-\frac{2}{3},\ -\frac{1}{3},\ 1\Big) \quad \cdots\cdots\text{(答)}$$

〔注〕　条件式の右辺を普通に展開すると

$$c\int_0^1 (3x^2 + 4xt)f'(t)\,dt = c\int_0^1 (3x^2 + 4xt)(2t + a)\,dt$$

$$= c\int_0^1 \{8xt^2 + (6x^2 + 4ax)t + 3ax^2\}\,dt$$

$$= c\left[\frac{8}{3}xt^3 + (3x^2 + 2ax)\,t^2 + 3ax^2t\right]_0^1$$

$$= c\left\{\frac{8}{3}x + (3x^2 + 2ax) + 3ax^2\right\}$$

$$= 3c\,(a+1)\,x^2 + c\left(2a+\frac{8}{3}\right)x$$

これと①の係数を比較して③，④，⑤を得ることもできる。

89

 $y=f'(x)$ のグラフは a の値にかかわらず，定点 $(1, 1)$ を通る直線である。また，S は直線 $x=0$，直線 $x=2$，x 軸および $y=|f'(x)|$ のグラフで囲まれる図形の面積である。直線 $y=f'(x)$ が原点と点 $(2, 0)$ を端点とする線分と交点をもつかどうかについて場合分けをする。

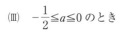

(1)　$0 = f(0) = c$, $2 = f(2) = 4a + 2b + c$ より

$$c = 0, \quad b = 1 - 2a$$

よって

$$f(x) = ax^2 + (1-2a)x$$
$$f'(x) = 2ax + (1-2a) = 2a(x-1) + 1$$

したがって $y = f'(x)$ のグラフは，a の値にかかわらず点 $(1, 1)$ を通る直線である。また，S は直線 $x=0$，直線 $x=2$，x 軸および $y=|f'(x)|$ のグラフで囲まれる図形の面積である。

(I)　$0 \leq a \leq \dfrac{1}{2}$ のとき

右図より

$$S(a) = \frac{1}{2} \cdot 2 \cdot \{(1-2a) + (1+2a)\} = 2$$

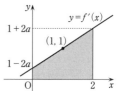

(II)　$\dfrac{1}{2} < a$ のとき

右図より

$$S = \frac{1}{2}\left\{(2a-1)\left(1 - \frac{1}{2a}\right)\right\} + \frac{1}{2}\left\{2 - \left(1 - \frac{1}{2a}\right)\right\}(1+2a)$$
$$= 2a + \frac{1}{2a}$$

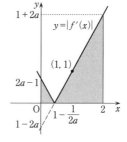

(III)　$-\dfrac{1}{2} \leq a \leq 0$ のとき

右図より

$$S = \frac{1}{2} \cdot 2 \cdot \{(1-2a) + (1+2a)\} = 2$$

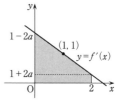

(IV) $a < -\dfrac{1}{2}$ のとき

右図より

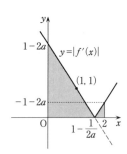

$$S = \dfrac{1}{2}\left\{(1-2a)\left(1-\dfrac{1}{2a}\right)\right\} + \dfrac{1}{2}\left\{2-\left(1-\dfrac{1}{2a}\right)\right\}(-1-2a)$$

$$= -2a - \dfrac{1}{2a}$$

以上より

$$S = \begin{cases} 2 & \left(0 \leqq |a| \leqq \dfrac{1}{2} \text{ のとき}\right) \\ 2|a| + \dfrac{1}{2|a|} & \left(|a| > \dfrac{1}{2} \text{ のとき}\right) \end{cases} \quad \cdots\cdots(\text{答})$$

〔注1〕 $y = f'(x)$ のグラフは直線であり，この直線が a の値にかかわらず，定点 $(1, 1)$ を通ることから，求める定積分の値が 2 つの三角形または台形の面積となることに気付くと，積分計算を行うことなく正答を得る。[解法1] では，念のため 4 つの場合に分けているが，点 $(1, 1)$ を通る直線の傾きが 0 以下の場合（(III)と(IV)）は傾きが 0 以上の場合と同じ結果になることは図形的に明らかであるから，もう少し簡略化した記述も考えられる。また，答えは絶対値を用いて表現しておくほうが(2)で相加・相乗平均の関係を用いることにつながる利点もある。

(2) 一般に，0 でない実数 a に対して $|a| > 0$ より，相加・相乗平均の関係から

$2|a| + \dfrac{1}{2|a|} \geqq 2$ である。

したがって，(1)の結果より，S の最小値は 2 である。 $\cdots\cdots(\text{答})$

解法 2

((1)は［解法1］に同じ)

(2) ＜(1)を利用しない解法＞

$$S = \int_0^2 |f'(x)|\,dx \geqq \int_0^2 f'(x)\,dx = \Big[f(x)\Big]_0^2 = \Big[ax^2 + (1-2a)\,x\Big]_0^2 = 2$$

等号は例えば $a = 0$（このとき，条件より $b = 1$，$c = 0$）のときに成り立つ。

ゆえに，S の最小値は 2 である。 $\cdots\cdots(\text{答})$

〔注2〕 この［解法2］によれば(1)は不要となる。ここでは(1)の誘導があるために，この解法には気付きにくいかもしれない。

90

ポイント 素直に計算を進める。α の値の範囲に気をつける。

解 法

$$\int_{-1}^{1} f(x)\,dx = \int_{-1}^{1} \{x^2 - (\alpha+\beta)x + \alpha\beta\}\,dx = 2\left[\frac{1}{3}x^3 + \alpha\beta x\right]_0^1 = \frac{2}{3} + 2\alpha\beta$$

これと $\displaystyle\int_{-1}^{1} f(x)\,dx = 1$ より，$\dfrac{2}{3} + 2\alpha\beta = 1$ となり

$$\alpha\beta = \frac{1}{6} \quad \cdots\cdots ①$$

よって

$$S = \int_0^{\alpha} f(x)\,dx = \left[\frac{1}{3}x^3 - \frac{1}{2}(\alpha+\beta)x^2 + \alpha\beta x\right]_0^{\alpha}$$

$$= \frac{1}{3}\alpha^3 - \frac{1}{2}(\alpha^3 + \alpha^2\beta) + \alpha^2\beta = -\frac{1}{6}\alpha^3 + \frac{1}{12}\alpha \quad (\because ①) \quad \cdots\cdots(答)$$

また，①より $\alpha \neq 0$，$\beta \neq 0$ で，$\beta = \dfrac{1}{6\alpha}$ と $0 \leqq \alpha \leqq \beta$ から $0 < \alpha \leqq \dfrac{1}{6\alpha}$

これより，$0 < \alpha \leqq \dfrac{1}{\sqrt{6}}$ となり

$$\frac{dS}{d\alpha} = -\frac{1}{2}\alpha^2 + \frac{1}{12} = -\frac{1}{2}\left(\alpha^2 - \frac{1}{6}\right) \geqq 0$$

したがって，S は単調増加であり，$\alpha = \dfrac{1}{\sqrt{6}}$ で最大値をとる。

その最大値は

$$-\frac{1}{6}\alpha^3 + \frac{1}{12}\alpha = -\frac{1}{6}\left(\frac{1}{\sqrt{6}}\right)^3 + \frac{1}{12}\cdot\frac{1}{\sqrt{6}} = \frac{\sqrt{6}}{108} \quad \cdots\cdots(答)$$

91

ポイント (1) $|x|\geqq\sqrt{5}$ と $|x|\leqq\sqrt{5}$ で場合分けをして得られる領域を図示する。「または」と「かつ」を正しく組み合わせる。

(2) 境界の上下関係に注意して積分を行う。

解 法

(1) $y(y-|x^2-5|+4)\leqq 0$ ……①

　　　 $y+x^2-2x-3\leqq 0$ ……②

(i) $|x|\geqq\sqrt{5}$ では

　　　① $\Longleftrightarrow y(y-x^2+9)\leqq 0$

　　　　$\Longleftrightarrow$ 「$y\geqq 0$ かつ $y\leqq x^2-9$」または「$y\leqq 0$ かつ $y\geqq x^2-9$」 ……①′

　$|x|\geqq\sqrt{5}$ かつ①′かつ②を図示すると図1の網かけ部分（境界を含む）となる。

(ii) $|x|\leqq\sqrt{5}$ では

　　　① $\Longleftrightarrow y(y+x^2-1)\leqq 0$

　　　　$\Longleftrightarrow$ 「$y\geqq 0$ かつ $y\leqq -x^2+1$」または「$y\leqq 0$ かつ $y\geqq -x^2+1$」 ……①″

　$|x|\leqq\sqrt{5}$ かつ①″かつ②を図示すると図2の網かけ部分（境界を含む）となる。

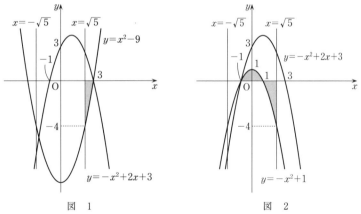

図 1　　　　　　　　　　　　図 2

(i)または(ii)の場合を図示して，D は図3の網かけ部分（境界を含む）となる。

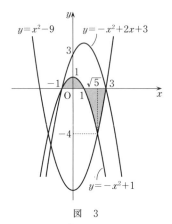

図　3

(2)　D の面積 $= 2\displaystyle\int_0^1 (-x^2+1)\,dx + \int_1^{\sqrt5} (x^2-1)\,dx + \int_{\sqrt5}^3 (-x^2+9)\,dx$

$= 2\left[-\dfrac{x^3}{3} + x \right]_0^1 + \left[\dfrac{x^3}{3} - x \right]_1^{\sqrt5} + \left[-\dfrac{x^3}{3} + 9x \right]_{\sqrt5}^3$

$= 2\left(-\dfrac{1}{3} + 1 \right) + \left(\dfrac{5\sqrt5}{3} - \sqrt5 \right) - \left(\dfrac{1}{3} - 1 \right) + (-9+27) - \left(-\dfrac{5\sqrt5}{3} + 9\sqrt5 \right)$

$= 20 - \dfrac{20}{3}\sqrt5$　……(答)

92

ポイント x と $\cos 2\theta$ との大小で場合を分けて絶対値記号をはずす。各場合で導関数 $f'(x)$ の符号を調べて増減表を考え，$-1 \leqq x \leqq \cos 2\theta$ で $f'(x)=0$ を満たす x がただひとつ存在することを示し，これを利用する。

解 法

$0° < \theta < 45°$ より $0 < \cos 2\theta < 1$ であるから
$-1 \leqq x \leqq 1$ において

$$f(x) = (x+1)^3 + |x-\cos 2\theta|^3 - (x-1)^3$$
$$= 6x^2 + 2 + |x-\cos 2\theta|^3$$
$$= \begin{cases} 6x^2 + 2 + (x-\cos 2\theta)^3 & (0 < \cos 2\theta \leqq x \leqq 1 \text{ のとき}) \quad \cdots\cdots(\text{I}) \\ 6x^2 + 2 - (x-\cos 2\theta)^3 & (-1 \leqq x \leqq \cos 2\theta \text{ のとき}) \quad \cdots\cdots(\text{II}) \end{cases}$$

（I）の場合
$$f'(x) = 12x + 3(x-\cos 2\theta)^2 > 0 \quad (\because \quad 0 < \cos 2\theta \leqq x)$$

（II）の場合
$$f'(x) = 12x - 3(x-\cos 2\theta)^2$$
$$= -3\{x^2 - 2(2+\cos 2\theta)x + \cos^2 2\theta\} \quad \cdots\cdots①$$

x がすべての実数をとるときの $y=f'(x)$ のグラフは上に凸な放物線で，その軸の式は
$$x = 2 + \cos 2\theta$$

また $f'(0) = -3\cos^2 2\theta < 0$

$f'(\cos 2\theta) = 12\cos 2\theta > 0$

よって，$f'(\alpha) = 0$，$0 < \alpha < \cos 2\theta$ となる実数 α がただひとつ存在する。

以上から，$f(x)$ の増減表は下のようになる。

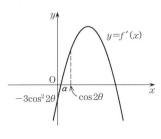

x	-1	$\cdots$	α	$\cdots$	$\cos 2\theta$	$\cdots$	1
$f'(x)$		$-$	0	$+$	$+$	$+$	
$f(x)$		↘		↗		↗	

したがって，$f(x)$ が最小値をとるときの x の値は α であり，その値は（II）の場合の $f'(x)=0$ の小さい方の解であるから

$$\alpha = \cos 2\theta + 2 - \sqrt{(2+\cos 2\theta)^2 - \cos^2 2\theta}$$
$$= \cos 2\theta + 2 - 2\sqrt{\cos 2\theta + 1}$$
$$= 2\cos^2\theta + 1 - 2\sqrt{2\cos^2\theta}$$

$$= 2\cos^2\theta + 1 - 2\sqrt{2}\cos\theta \quad (\because \quad \cos\theta > 0)$$
$$= 2\cos^2\theta - 2\sqrt{2}\cos\theta + 1 \quad \cdots\cdots (答)$$

〔注〕 ［解法］のように放物線のグラフを利用する方法のほかに，2 階微分
$$f''(x) = \{f'(x)\}' = 12 + 6(\cos 2\theta - x) > 0 \quad (-1 \leqq x \leqq \cos 2\theta)$$
より，$f'(x)$ が $-1 \leqq x \leqq \cos 2\theta$ で単調増加であることを利用する方法もある。

この方法によるときは，$f'(-1) = -12 - 3(1 + \cos 2\theta)^2 < 0$ と $f'(\cos 2\theta) = 12\cos 2\theta > 0$ をあわせて述べて α の唯一性を得ることになる。

最後に α の値は $\cos 2\theta + 2 - 2\sqrt{\cos 2\theta + 1}$ のままでも許されるが，倍角の公式によって，［解法］のように与えておくのがよいであろう。

93

ポイント $f(x) = px^2 + qx$ とおき，与式を p, q, a, b で表す。その値が最小となるときの a, b を p, q で表し，$g(-1)$, $g(1)$, $f(-1)$, $f(1)$ を計算する。

[解法1] 上記の方針による。

[解法2] $f(x) = px^2 + qx$ とおくことはしない解法による。$A = \int_{-1}^{1} \{f'(x)\}^2 dx$ として式変形を行う。

解法 1

$f(0) = 0$ より，$f(x) = px^2 + qx$（p, q は実数，$p \neq 0$）とおけるから

$$\int_{-1}^{0} \{f'(x) - g'(x)\}^2 dx = \int_{-1}^{0} (2px + q - a)^2 dx$$

$$= \int_{-1}^{0} \{4p^2 x^2 + 4p(q-a)x + (q-a)^2\} dx$$

$$= \left[\frac{4}{3}p^2 x^3 + 2p(q-a)x^2 + (q-a)^2 x \right]_{-1}^{0}$$

$$= \frac{4}{3}p^2 - 2p(q-a) + (q-a)^2$$

$$= \{(q-a) - p\}^2 + \frac{1}{3}p^2 = \{a - (q-p)\}^2 + \frac{1}{3}p^2$$

また

$$\int_{0}^{1} \{f'(x) - g'(x)\}^2 dx = \int_{0}^{1} (2px + q - b)^2 dx$$

$$= \int_{0}^{1} \{4p^2 x^2 + 4p(q-b)x + (q-b)^2\} dx$$

$$= \left[\frac{4}{3}p^2 x^3 + 2p(q-b)x^2 + (q-b)^2 x \right]_{0}^{1}$$

$$= \frac{4}{3}p^2 + 2p(q-b) + (q-b)^2$$

$$= \{(q-b) + p\}^2 + \frac{1}{3}p^2 = \{b - (p+q)\}^2 + \frac{1}{3}p^2$$

よって

$$\int_{-1}^{0} \{f'(x) - g'(x)\}^2 dx + \int_{0}^{1} \{f'(x) - g'(x)\}^2 dx$$

$$= \{a - (q-p)\}^2 + \{b - (p+q)\}^2 + \frac{2}{3}p^2$$

a, b を変化させたとき，この値は

$a = q - p$　かつ　$b = p + q$　……①

で最小値をとる。

また　　$g(-1) = -a$,　$g(1) = b$,　$f(-1) = p - q$,　$f(1) = p + q$　……②

①, ②より

　　$g(-1) = f(-1)$,　$g(1) = f(1)$　　　　　　　　　　　　　　　　（証明終）

解法 2

$$\int_{-1}^{0} \{f'(x) - g'(x)\}^2 dx + \int_{0}^{1} \{f'(x) - g'(x)\}^2 dx$$

$$= \int_{-1}^{0} \{f'(x) - a\}^2 dx + \int_{0}^{1} \{f'(x) - b\}^2 dx$$

$$= \int_{-1}^{1} \{f'(x)\}^2 dx + a^2 \int_{-1}^{0} dx - 2a \int_{-1}^{0} f'(x)\, dx + b^2 \int_{0}^{1} dx - 2b \int_{0}^{1} f'(x)\, dx$$

$$= A + a^2 - 2a\{f(0) - f(-1)\} + b^2 - 2b\{f(1) - f(0)\} \quad \left(A = \int_{-1}^{1} \{f'(x)\}^2 dx \text{ とおく} \right)$$

$$= A + a^2 + 2a \cdot f(-1) + b^2 - 2b \cdot f(1)$$

$$= \{a + f(-1)\}^2 + \{b - f(1)\}^2 + A - \{f(-1)\}^2 - \{f(1)\}^2$$

A は定数だから，この値は $a = -f(-1)$,　$b = f(1)$ のときに最小値をとる。

一方，$g(x)$ の定義より

　　$g(-1) = -a$,　$g(1) = b$

ゆえに

　　$g(-1) = f(-1)$,　$g(1) = f(1)$　　　　　　　　　　　　　　　　（証明終）

94

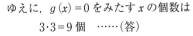
2004 年度　〔3〕　(文理共通(一部))　　　　Level　B

ポイント　(1)　$y=f(x)$ のグラフによる。

(2)　$g(x)=\{f(x)\}^3-3f(x)=0$ から $f(x)$ のとりうる値を考え，それらの各々の値に対して $f(x)$ がその値をとるときの x の個数を考える。

(3)　$h(x)=\{g(x)\}^3-3g(x)=0$ から $g(x)$ のとりうる値を考え，それらの各々の値に対して $g(x)$ がその値をとるときの x の個数を考える。

〔解法1〕　(3)　上記の方針による。

〔解法2〕　(3)　$x=2\cos\theta$ とおけて，このとき $f(x)=2\cos3\theta$ となることを利用する。

解法 1

(1)　$f'(x)=3x^2-3=3(x+1)(x-1)$
であるから，$f(x)$ の増減表は右のようになる。よって，$y=f(x)$ のグラフは右下図のようになる。

x	$\cdots$	-1	$\cdots$	1	$\cdots$
$f'(x)$	$+$	0	$-$	0	$+$
$f(x)$	↗	2	↘	-2	↗

このグラフと直線 $y=a$ のグラフの共有点の個数から，$f(x)=a$ をみたす実数 x の個数は

$|a|>2$ のとき　1個 ⎫

$|a|=2$ のとき　2個 ⎬ ……(答)

$|a|<2$ のとき　3個 ⎭

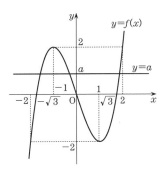

(2)　$g(x)=\{f(x)\}^3-3f(x)$ より

$\qquad g(x)=f(f(x))$

$g(x)=0 \iff f(f(x))=0$ より

$\qquad f(x)=-\sqrt{3},\ 0,\ \sqrt{3}$　……①

①の右辺の3つのどの値もその絶対値は2より小さいから，(1)より右辺の3つの各値に対して①をみたす x の値は3個ずつ存在する。

ここで，$t \neq t'$ であるならば，$f(x)=t$ となる x の値と，$f(x')=t'$ となる x' の値は異なる（もし $x=x'$ なら $f(x)=f(x')$ から $t=t'$ となり $t \neq t'$ に矛盾する）。

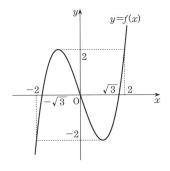

ゆえに，$g(x)=0$ をみたす x の個数は

$\qquad 3\cdot3=9$ 個　……(答)

(3)　$h(x)=\{g(x)\}^3-3g(x)$ より

$h(x) = f(g(x))$

$h(x) = 0 \iff f(g(x)) = 0 \iff g(x) = -\sqrt{3},\ 0,\ \sqrt{3}$

ここで

$g(x) = \sqrt{3} \iff f(f(x)) = \sqrt{3}$　……②

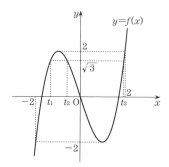

であるから，右図より，②をみたす $f(x)$ の値は
3個存在し，それらを t_1, t_2, t_3 とすると，その
絶対値はいずれも2より小さい。

よって，(1)から各 t_i $(i=1,\ 2,\ 3)$ に対して，
$f(x) = t_i$ となる x が3個ずつ存在する。ここで異
なる t_i の値に対して，$f(x) = t_i$ となる x の値は互
いに異なる（理由は(2)と同様）。

したがって，$g(x) = \sqrt{3}$ をみたす x の個数は
$3 \cdot 3 = 9$ 個であり，$g(x) = -\sqrt{3}$, $g(x) = 0$ をみたす x の個数も同様に9個である。こ
こで，一般に $t \neq u$ なら $g(x) = t$ となる x の値と，$g(x) = u$ となる x の値が異なるこ
とは(2)における理由と同様である。

ゆえに，$h(x) = 0$ をみたす x の個数は

$3 \cdot 9 = 27$ 個　……(答)

解法 2

((1)，(2)は［解法1］に同じ)

(3) $y = f(x)$ のグラフより，$|x| > 2$ のとき

$|f(x)| > 2$

これより

$|g(x)| = |f(f(x))| > 2,\quad |h(x)| = |f(g(x))| > 2$

よって，$|x| > 2$ の範囲に $h(x) = 0$ をみたす x は存在しない。

ゆえに，$h(x) = 0$ をみたす実数 x は $x = 2\cos\theta$ $(-180° \leqq \theta \leqq 0°)$ で表される x で考
えてよい。

$f(x) = 2(4\cos^3\theta - 3\cos\theta) = 2\cos 3\theta$

$g(x) = f(f(x)) = f(2\cos 3\theta) = 2(4\cos^3 3\theta - 3\cos 3\theta) = 2\cos 3^2\theta$

$h(x) = f(g(x)) = f(2\cos 3^2\theta) = 2(4\cos^3 3^2\theta - 3\cos 3^2\theta) = 2\cos 3^3\theta$

θ	-180°	$\rightarrow$	$-180^\circ+\dfrac{1}{3^3}\cdot180^\circ$	$\rightarrow$	$\cdots$	$\rightarrow$	$-180^\circ+\dfrac{26}{3^3}\cdot180^\circ$	$\rightarrow$	$-180^\circ+\dfrac{27}{3^3}\cdot180^\circ$
$x=2\cos\theta$	-2	$\rightarrow$	$-2\cos\dfrac{180^\circ}{3^3}$	$\rightarrow$	$\cdots$	$\rightarrow$	$-2\cos\dfrac{26}{3^3}\cdot180^\circ$	$\rightarrow$	2
$3^3\theta$	$-3^3\cdot180^\circ$	$\rightarrow$	$(-3^3+1)\cdot180^\circ$	$\rightarrow$	$\cdots$	$\rightarrow$	-180°	$\rightarrow$	0
$h(x)=2\cos3^3\theta$	-2	$\rightarrow$	2	$\rightarrow$	$\cdots$	$\rightarrow$	-2	$\rightarrow$	2
$y=h(x)$ のグラフ	-2	$\nearrow$	2	$\searrow$	$\cdots$	$\searrow$	-2	$\nearrow$	2

ここで $\nearrow$ または $\searrow$ は -2 と 2 の間の連続かつ単調な増減を表す。これらの区間は全部で 3^3 個あるので，$h(x)=0$ となる x の値は $3^3=27$ 個存在する。 ……(答)

〔注〕 $y=f(x)$ のグラフはいわゆる 3 次のチェビシェフの多項式 $4x^3-3x$ から得られるグラフを両軸方向にそれぞれ 2 倍に拡大したものである。3 次のチェビシェフの多項式とは，$\cos3\theta$ を $x=\cos\theta$ で表した式である。一般に $\cos n\theta$ を $x=\cos\theta$ で表した x の n 次の多項式を n 次のチェビシェフ多項式という。そのグラフは $|x|\leqq1$ の範囲では $y=1$ と $y=-1$ の間を往復するグラフ（n 個の単調な部分に分けられ，n が奇数なら奇関数，n が偶数なら偶関数）となる。

このことを念頭におくと，[解法 2] のように $x=2\cos\theta$ （$-180^\circ\leqq\theta\leqq0^\circ$）のもとで $h(x)=2\cos3^3\theta$ となることを導き，θ の値の変化と x および $3^3\theta$ の値の変化の関係をみると，$h(x)=0$ となる x の値が 3^3 個存在することがわかる。なお，この考え方によれば，(2)も同様に解決する。

95

2003 年度 〔1〕（文理共通(一部)）　　　Level　A

ポイント　条件(A)の第 1・2 式から $f(x)$ の係数を a で表すと，I は a の式となる。次に，条件(B)が成り立つための a の範囲を求める。条件(A)の第 3 式も利用する。

解 法

条件(A)より，$f(x)-x=0$ は $x=\pm 1$ を解にもつ。
因数定理より

$$f(x)-x=a(x+1)(x-1)$$

$$\therefore \quad f(x)=ax^2+x-a, \quad f'(x)=2ax+1$$

さらに，条件 $f'(1)\leqq 6$ から

$$a\leqq \frac{5}{2} \quad \cdots\cdots\text{①}$$

また

$$I=\int_{-1}^{1}(2ax+1)^2 dx=\int_{-1}^{1}(4a^2x^2+4ax+1)\,dx$$

$$=2\int_{0}^{1}(4a^2x^2+1)\,dx=2\left[\frac{4}{3}a^2x^3+x\right]_0^1$$

$$=\frac{8}{3}a^2+2 \quad \cdots\cdots\text{②}$$

条件(B)は

「$-1\leqq x\leqq 1$ で，つねに　　$3x^2-1-f(x)\geqq 0$

　　　すなわち　　$(3-a)x^2-x+a-1\geqq 0$」

と同値である。このための a の条件を求める。

$g(x)=(3-a)x^2-x+a-1$ とおくと，①から，$y=g(x)$ のグラフは下に凸な放物線であり，軸の方程式は

$$x=\frac{1}{2(3-a)}$$

ここで

$$0<\frac{1}{2(3-a)}\leqq 1 \quad (\because \quad \text{①より} \quad 2(3-a)\geqq 1)$$

であるから，条件(B)が成り立つための条件は，$g(x)=0$ の判別式

$$D=1-4(3-a)(a-1)=4a^2-16a+13$$

が 0 以下となることである。

$a\leqq \dfrac{5}{2}$ かつ $4a^2-16a+13\leqq 0$ より

$$(0<)\ \frac{4-\sqrt{3}}{2} \leqq a \leqq \frac{5}{2} \quad \cdots\cdots ③$$

②と③より，I の値のとりうる範囲は

$$\frac{8}{3}\left(\frac{4-\sqrt{3}}{2}\right)^2 + 2 \leqq I \leqq \frac{8}{3}\left(\frac{5}{2}\right)^2 + 2$$

$$\therefore \quad \frac{44-16\sqrt{3}}{3} \leqq I \leqq \frac{56}{3} \quad \cdots\cdots(答)$$

96

ポイント　5 つの条件から 1 文字を用いて残りの文字を表す。計算を慎重に。

解 法

$f(x) = ax^3 + bx^2 + cx,\quad g(x) = px^3 + qx^2 + rx$ より

$\qquad f'(x) = 3ax^2 + 2bx + c,\quad g'(x) = 3px^2 + 2qx + r$

$f'(0) = g'(0)$ より　　$c = r$　……①

$f(-1) = -1$ より　　$-a + b - c = -1$　……②

$f'(-1) = 0$ より　　$3a - 2b + c = 0$　……③

$g(1) = 3$ より　　$p + q + r = 3$　……④

$g'(1) = 0$ より　　$3p + 2q + r = 0$　……⑤

②，③より　　$b = 2a + 1,\quad c = a + 2$

よって，①より $r = a + 2$ であるから，④，⑤より

$\qquad p = a - 4,\quad q = -2a + 5$

次に，$f''(x) = 6ax + 2b = 2(3ax + b),\ g''(x) = 6px + 2q = 2(3px + q)$ であるから

$$\int_{-1}^{0} \{f''(x)\}^2 dx + \int_{0}^{1} \{g''(x)\}^2 dx$$

$$= 4\left\{ \int_{-1}^{0} (9a^2x^2 + 6abx + b^2)\,dx + \int_{0}^{1} (9p^2x^2 + 6pqx + q^2)\,dx \right\}$$

$$= 4\left(\left[3a^2x^3 + 3abx^2 + b^2x \right]_{-1}^{0} + \left[3p^2x^3 + 3pqx^2 + q^2x \right]_{0}^{1} \right)$$

$$= 4(3a^2 - 3ab + b^2 + 3p^2 + 3pq + q^2)$$

$$= 4\{3a^2 - 3a(2a+1) + (2a+1)^2 + 3(a-4)^2 - 3(a-4)(2a-5) + (2a-5)^2\}$$

$$= 4(2a^2 - 4a + 14) = 8(a-1)^2 + 48 \geqq 48 \quad (\text{等号は，} a=1 \text{ のときに限り成り立つ})$$

上式を最小にする a の値は　　$a = 1$

ゆえに　　$f(x) = x^3 + 3x^2 + 3x,\quad g(x) = -3x^3 + 3x^2 + 3x$　……（答）

97

ポイント (1) $0<t<3$ と $t>3$ の場合に分けて考える。

(2) (1)のグラフを利用する。

解法

(1) (i) $0<t<3$ のとき

点Bは y 軸上にあり

$$BC=3-t$$

点Aから直線BCへ下ろした垂線の長さは t^2 であるから

$$S(t)=\frac{1}{2}(3-t)t^2=\frac{3}{2}t^2-\frac{1}{2}t^3$$

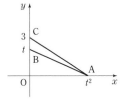

このとき

$$S'(t)=3t-\frac{3}{2}t^2=\frac{3}{2}t(2-t)$$

であるから，増減表は右のようになる。

t	(0)	⋯	2	⋯	(3)
$S'(t)$		+	0	−	
$S(t)$	(0)	↗	2 極大	↘	(0)

(ii) $3<t$ のとき

点Bは半直線 $y=3$ $(x>0)$ の上にあり BC$=t-3$

点Aから直線BCへ下ろした垂線の長さは3である

るから

$$S(t)=\frac{3}{2}(t-3)$$

なお，$t=3$ のときは，三角形 ABC は存在しない。

(i)，(ii)により，関数 $y=S(t)$ $(t>0)$ のグラフを描

くと，右図のようになる。

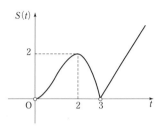

〔注〕 $S(3)$ は存在しないが，$\lim_{t\to 3}S(t)=0$ であるから，$S(3)=0$ と定めてグラフを描いて

もよい。

(2)　$t>3$ で $S(t)=2$ となる t の値は，$\dfrac{3}{2}(t-3)=2$ より

$$t=\dfrac{13}{3}$$

よって，(1)の $S(t)$ のグラフより

$$M(u)=\begin{cases} S(u)=\dfrac{3}{2}u^2-\dfrac{1}{2}u^3 & (0<u\leqq2) \\[2mm] S(2)=2 & \left(2\leqq u\leqq\dfrac{13}{3}\right) \\[2mm] S(u)=\dfrac{3}{2}(u-3) & \left(\dfrac{13}{3}\leqq u\right) \end{cases}$$

ゆえに，関数 $y=M(u)$ $(u>0)$ のグラフは下図のようになる。

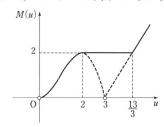

98

ポイント　相似比を用いて，必要な長さを求め，$V(x)$ を立式する。

[解法1]　三角形の相似比を利用する。

[解法2]　直円すい台の体積の公式を導いた上で $V(x)$ を立式する。

解法 1

右図において

$$y : 1 - x = 4x : x = 4 : 1$$

$$\therefore \quad y = 4(1-x)$$

$$z : \frac{1}{2} = 1 - x : \frac{1}{2} - \frac{x}{2} = 1 : \frac{1}{2}$$

$$\therefore \quad z = 1$$

よって

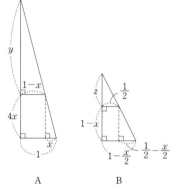

A　　　　　B

$$V(x) = \frac{1}{3}\pi\{4 - 4(1-x)^3\}$$

$$\qquad + \frac{1}{3}\pi\left\{(2-x)\left(1-\frac{x}{2}\right)^2 - \frac{1}{4}\right\}$$

$$\qquad = \frac{4}{3}\pi\{1 - (1-x)^3\} + \frac{1}{12}\pi\{(2-x)^3 - 1\}$$

（$x=0$ のとき A の体積 0，$x=1$ のとき B の体積 0 と考えて，$x=0$，1 でもこの式は成り立つと考える。）

$$V'(x) = 4\pi(1-x)^2 - \frac{1}{4}\pi(2-x)^2 = \frac{\pi}{4}\{4(1-x) + (2-x)\}\{4(1-x) - (2-x)\}$$

$$\qquad = \frac{\pi}{4}(6-5x)(2-3x) = \frac{15}{4}\pi\left(x - \frac{6}{5}\right)\left(x - \frac{2}{3}\right)$$

$0 < x < 1$ において，$V'(x)$ の符号は $x = \dfrac{2}{3}$ の前後で正から負に変化し，また $V'\left(\dfrac{2}{3}\right) = 0$ である。

ゆえに，$V(x)$ の最大値は

$$V\left(\frac{2}{3}\right) = \frac{4}{3}\pi\left(1 - \frac{1}{3^3}\right) + \frac{1}{12}\pi\left(\frac{4^3}{3^3} - 1\right) = \frac{151}{108}\pi \quad \cdots\cdots（答）$$

解法 2

底面の半径 a，上面の半径 b，高さ c の直円すい台の体積を V とする（$a > b > 0$，$c > 0$）。この直円すい台は，底面の半径 a，高さ h の直円すいを，底面と平行な高さ c

の平面で切った下の部分である。

ここで，$h - \dfrac{b}{a} h = c$ より　$h = \dfrac{ac}{a-b}$

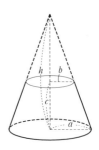

よって

$$V = \frac{\pi}{3} a^2 h - \frac{\pi}{3} b^2 (h-c) = \frac{\pi}{3} \left\{ \frac{(a^2 - b^2) \, ac}{a-b} + b^2 c \right\}$$

$$= \frac{\pi}{3} (a^2 + ab + b^2) \, c$$

したがって

$$V(x) = \frac{\pi}{3} \{1 + (1-x) + (1-x)^2\} \cdot 4x + \frac{\pi}{3} \left\{ \left(1 - \frac{x}{2}\right)^2 + \frac{1}{2} \left(1 - \frac{x}{2}\right) + \left(\frac{1}{2}\right)^2 \right\} (1-x)$$

$$= \frac{\pi}{12} (15x^3 - 42x^2 + 36x + 7) \quad (0 \leqq x \leqq 1)$$

ただし，$x = 0$ のときA，$x = 1$ のときBはいずれも存在しない。これら以外のとき，直円すい台A，Bは存在する（$x = 1$ のときAは直円すいとなる）。

$$V'(x) = \frac{\pi}{4} (15x^2 - 28x + 12) = \frac{\pi}{4} (3x - 2)(5x - 6)$$

であるから，右の増減表ができる。
ゆえに，$V(x)$ の最大値は

$$V\left(\frac{2}{3}\right) = \frac{151}{108} \pi \quad \cdots\cdots(\text{答})$$

x	0	$\cdots$	$\dfrac{2}{3}$	$\cdots$	1
$V'(x)$		+	0	−	
$V(x)$		↗	極大 (最大)　$\dfrac{151}{108}\pi$	↘	

§8 複素数平面ほか

99 2000 年度 〔4〕（文理共通）

解 法 1

$\mathrm{E}(1)$, $\mathrm{T}(\alpha\beta)$ とする。中心 $\mathrm{A}\left(\dfrac{1}{2}\right)$, 半径 $\left(\dfrac{1}{2}\right)$ の円を円 A と書く。

(I)　$w=\alpha\beta$ とする。このとき，R と T は一致する。

(i)　$\alpha\neq1$ かつ $\beta\neq1$ のとき

α は実数ではない。

$\left(\begin{array}{l}\alpha \text{ が実数ならば，} \alpha\neq1 \text{ より } \mathrm{R}(\alpha\beta) \text{ は直線 OQ 上にあり，R は Q と異な}\\ \text{る。よって，直線 OQ は直線 RQ と一致する。R は直線 PQ 上にあるか}\\ \text{ら，直線 PQ は直線 RQ と一致する。よって，直線 OQ と直線 PQ は一}\\ \text{致する。ゆえに O, P, Q は同一直線上にあって，それは実軸である。}\\ \text{すると O}=\mathrm{R} \text{ となり } \alpha\beta=0 \text{ である。これは条件 } \alpha\neq0, \beta\neq0 \text{ に反する。}\end{array}\right)$

同様に β も実数ではない。

よって，O, E, P は同一直線上にない異なる 3 点であるから $\triangle\mathrm{OEP}$ が存在する。
同様に $\triangle\mathrm{OEQ}$ も存在する。

複素数の積の図形的意味から

$$\triangle\mathrm{OEP}\backsim\triangle\mathrm{OQT}\quad\cdots\cdots①$$
$$\triangle\mathrm{OEQ}\backsim\triangle\mathrm{OPT}\quad\cdots\cdots②$$

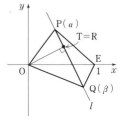

$w=\alpha\beta$ より，$\mathrm{R}=\mathrm{T}$ であるから

①より　　$\angle\mathrm{OPE}=\angle\mathrm{ORQ}=90°$

②より　　$\angle\mathrm{OQE}=\angle\mathrm{ORP}=90°$

ゆえに，P, Q は線分 OE を直径とする円，すなわち円 A 上にある。

(ii)　$\alpha=1$ または $\beta=1$ のとき

(ア)　$\alpha=1$ ならば，$w=\alpha\beta=\beta$ より

$$\mathrm{P}=\mathrm{E}, \quad \mathrm{Q}=\mathrm{R}$$

β は実数ではない。

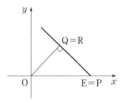

$\left(\begin{array}{l}\beta \text{ が実数なら，O, Q, P は実軸にあり，R は O}\\ \text{に一致するから } \beta=0 \text{ となり条件に反する。}\end{array}\right)$

よって，$\triangle\mathrm{OQP}$ が存在し，$\mathrm{OR}\perp\mathrm{PQ}$ より

$$\angle\mathrm{OQE}=90°$$

§8

ゆえに，Qは円 A 上にある。P＝E も円 A 上にある。

(イ) $\beta=1$ のときも同様に P，Q は円 A 上にある。

(II) P，Q が円 A 上にあるとする。

(i) $\alpha \neq 1$ かつ $\beta \neq 1$ のとき

$\alpha \neq 0$，$\beta \neq 0$ であるから，P，Q は O にも E にも一致せず，したがって実軸上にはなく，△OEP，△OEQ が存在し，やはり①，②が成り立つ。

①より

$\qquad \angle \mathrm{OTQ} = \angle \mathrm{OPE} = 90°$ （∵ P は円 A 上の O，E 以外の点）

②より

$\qquad \angle \mathrm{OTP} = \angle \mathrm{OQE} = 90°$ （∵ Q は円 A 上の O，E 以外の点）

ゆえに $\qquad \mathrm{T} = \mathrm{R}$

よって $\qquad w = \alpha\beta$

(ii) $\alpha = 1$ または $\beta = 1$ のとき

$\alpha = 1$ なら，P＝E で Q (β) は円 A 上の O，E 以外の点であるから

$\qquad \angle \mathrm{OQP} = 90°$

よって，OQ⊥PQ より

$\qquad \mathrm{Q} = \mathrm{R}$

$\alpha = 1$ より $\alpha\beta = \beta$ なので

$\qquad \mathrm{Q} = \mathrm{T}$

ゆえに $\qquad \mathrm{T} = \mathrm{R}$

よって $\qquad w = \alpha\beta$

$\beta = 1$ のときも全く同様に $w = \alpha\beta$ となる。

以上(I)，(II)より，$w = \alpha\beta \Longleftrightarrow$ P，Q は円 A 上にある。 　　　　　(証明終)

解法 2

R (w) が直線 PQ 上にあり，かつ，OR⊥PQ であるという条件から

$$\overline{\left(\frac{w-\alpha}{\beta-\alpha}\right)} = \frac{w-\alpha}{\beta-\alpha} \quad \cdots\cdots①$$

かつ

$$\overline{\left(\frac{w}{\beta-\alpha}\right)} = -\frac{w}{\beta-\alpha} \quad \cdots\cdots②$$

（①の左辺）×（②の右辺）＝（①の右辺）×（②の左辺）を整理して

$\qquad 2w\overline{w} - \overline{\alpha}w - \alpha\overline{w} = 0 \quad \cdots\cdots③$

条件は α と β について対称であるから，次式も成り立つ。

$$2w\overline{w} - \overline{\beta}w - \beta\overline{w} = 0 \quad \cdots\cdots ④$$

（①で α と β を入れ換えた式と②を用いて得られる）

③，④のもとで，与えられた命題が成り立つことを示す。

(I) $w = \alpha\beta$ であるとする。③，④から

$$2\alpha\beta\overline{\alpha}\overline{\beta} - \overline{\alpha}\alpha\beta - \alpha\overline{\alpha}\overline{\beta} = 0 \quad \cdots\cdots ③'$$

$$2\alpha\beta\overline{\alpha}\overline{\beta} - \overline{\beta}\beta\alpha - \beta\overline{\beta}\overline{\alpha} = 0 \quad \cdots\cdots ④'$$

③' を $\alpha\overline{\alpha} \neq 0$ で，④' を $\beta\overline{\beta} \neq 0$ で割って

$$\begin{cases} 2\beta\overline{\beta} - \beta - \overline{\beta} = 0 \\ 2\alpha\overline{\alpha} - \alpha - \overline{\alpha} = 0 \end{cases}$$

すなわち

$$\begin{cases} \left(\beta - \dfrac{1}{2}\right)\left(\overline{\beta} - \dfrac{1}{2}\right) = \dfrac{1}{4} \quad \cdots\cdots ③'' \\ \left(\alpha - \dfrac{1}{2}\right)\left(\overline{\alpha} - \dfrac{1}{2}\right) = \dfrac{1}{4} \quad \cdots\cdots ④'' \end{cases}$$

ゆえに　$\left|\beta - \dfrac{1}{2}\right|^2 = \dfrac{1}{4}$，$\left|\alpha - \dfrac{1}{2}\right|^2 = \dfrac{1}{4}$

となり，$\mathrm{P}(\alpha)$，$\mathrm{Q}(\beta)$ は中心 $\mathrm{A}\left(\dfrac{1}{2}\right)$，半径 $\dfrac{1}{2}$ の円周上にある。　……(∗)

(II) 逆に(∗)が成り立つとする。③''，④'' が成り立ち，それぞれに $\alpha\overline{\alpha}$，$\beta\overline{\beta}$ をかけて，③'，④' を得る。

ここで $u = \alpha\beta$ とおくと

$$2u\overline{u} - \overline{\alpha}u - \alpha\overline{u} = 0 \quad \cdots\cdots ⑤$$

$$2u\overline{u} - \overline{\beta}u - \beta\overline{u} = 0 \quad \cdots\cdots ⑥$$

⑤$\times\overline{\beta}$－⑥$\times\overline{\alpha}$ から

$$\overline{u}\left\{u - \frac{\alpha\overline{\beta} - \overline{\alpha}\beta}{2(\overline{\beta} - \overline{\alpha})}\right\} = 0 \quad (\overline{\alpha} \neq \overline{\beta} \text{ より})$$

$u = \alpha\beta \neq 0$ より　$u = \dfrac{\alpha\overline{\beta} - \overline{\alpha}\beta}{2(\overline{\beta} - \overline{\alpha})}$　……⑦

一方，③，④から同様にして

$$w = 0 \quad \text{または} \quad w = \frac{\alpha\overline{\beta} - \overline{\alpha}\beta}{2(\overline{\beta} - \overline{\alpha})} \quad \cdots\cdots ⑧$$

$w = 0$ のときは，①を整理すると

$$\alpha\overline{\beta} - \overline{\alpha}\beta = 0 \quad \therefore \quad u = 0 \quad (⑦\text{より})$$

これは $u = \alpha\beta \neq 0$ に反する。よって，$w \neq 0$ となり，⑧が成り立つ。

⑦，⑧から，$w = u = \alpha\beta$ となる。

（証明終）

100 1999年度 〔2〕

解法

$z = x + yi$ （x, y は実数）とおき，$2z$ の実部を u，$\dfrac{2}{z}$ の実部を v とおく。

$$u = 2x \quad \cdots\cdots \text{①}$$

$$v = \frac{2x}{x^2 + y^2} \quad \cdots\cdots \text{②} \quad \left(\because \quad \frac{2}{z} = \frac{2\bar{z}}{z\bar{z}} = \frac{2x - 2yi}{x^2 + y^2} \right)$$

②より

$$v = 0 \text{ または} \begin{cases} v \neq 0 \\ \left(x - \dfrac{1}{v} \right)^2 + y^2 = \dfrac{1}{v^2} \end{cases}$$

(ⅰ) $v = 0$ のとき

②より　　$x = 0$

よって $u = v = 0$ であり，(a)は成り立つ。

このとき $|z| = |y|$ であるから，(b)が成り立つための条件は $|y| \geqq 1$ となる。

ゆえに，(a), (b)を満たす z の集合は

$$\{ yi \mid y \leqq -1 \text{ または } y \geqq 1 \}$$

(ⅱ) $v \neq 0$ のとき

$$\left(x - \frac{1}{v} \right)^2 + y^2 = \frac{1}{v^2} \quad \cdots\cdots \text{②}'$$

より，z は，中心 $\left(\dfrac{1}{v}, \ 0 \right)$，半径 $\dfrac{1}{|v|}$ の円周上の点である。

一方，(b)より

$$x^2 + y^2 \geqq 1 \quad \cdots\cdots \text{③}$$

よって，z は原点中心の単位円の周または外部の点である。

②' かつ③を満たす実数の組 (x, y) が存在するような整数 v の値は ± 1，± 2 に限られる。

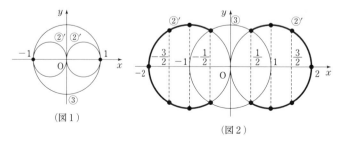

（図1）　　　　（図2）

(ア) $v = \pm 2$ のとき（図1）

②′かつ③を満たす実数の組 (x, y) は $(\pm 1, 0)$ であり，このとき，

$u = v = \pm 1$ より，条件(a)，(b)はともに満たされる。

(イ) $v = \pm 1$ のとき（図2）

②′かつ③を満たす (x, y) は図2の太線部であり

$$\frac{1}{2} \leqq |x| \leqq 2 \quad \therefore \quad 1 \leqq |u| \leqq 4 \quad (\because \quad ①)$$

これを満たす整数 u の値は ± 1，± 2，± 3，± 4 であり，この各々に対して，

$x = \pm\dfrac{1}{2}$，± 1，$\pm\dfrac{3}{2}$，± 2 となる。

これらの x の値に対応する太線部上の黒点が，条件(a)，(b)を満たす (x, y) である。

以上(i)，(ii)(ア)，(イ)より，条件を満たす z を図示すると，図3の太線部および黒点となる。

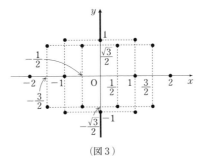

（図3）

付　録

付録1　整数の基礎といくつかの有名定理

　幾何同様，整数のエッセンスは論理配列にあり，繊細です。たとえば整数の定理の中で最重要な定理の一つに「素因数分解の一意性の定理」があります。それは

　　　「2以上のどのような整数も素数のみの有限個の積に一意的に表される」

という定理です。すなわち

　　　「2以上のどのような整数も素数のみの有限個の積に書けて，しかも，どのような方法（理由）のもとで素数のみの積に表したとしてもそこに現れる素数の種類と各素数の個数はもとの数ごとに一通りである」

という定理です。一見，あたりまえに思えるこの定理は多くの整数の問題を考えるときに，商と余りの一意性の定理とともに，それらの解答の根拠として横たわっています。例として，$\sqrt{2}$ は無理数であることの証明を考えてみます。教科書や参考書によく見られる証明でもよいのですが，より簡潔な証明に次のものがあります。

（証明）$\sqrt{2}$ が有理数であるとすると，適当な自然数 a, b を用いて $\sqrt{2} = \dfrac{a}{b}$ とおくことができる。

　両辺を平方し分母を払うと　　　$2b^2 = a^2$ ……(＊)

a^2, b^2 を素因数分解して現れる各素因数の個数はどちらも偶数なので，(＊)の左辺の素因数2の個数は奇数。一方，右辺のどの素因数の個数も偶数。これは矛盾である。ゆえに，$\sqrt{2}$ は無理数である。　　　　　　　　　　　　　　　　（証明終）

(＊)の両辺が表す数の素因数分解の一意性が保証されなければ，この証明が根拠を失うことは明らかです。同じようなことは他の証明でもよく現れます。

　ユークリッドはこの「素因数分解の一意性の定理」を導くために，有名な「ユークリッドの互除法」から始まるほんの僅かな定理による実に印象的な物語を残しました。互除法を2数の最大公約数を求めるアルゴリズムととらえるだけではその真価を理解することにはなりません。「ユークリッドの互除法」から，「2数の最大公約数はもとの2数の整数倍の和で表される」ことを導き，次いで，「a と b が互いに素で，a が bc を割り切るならば a は c を割り切る」こと，さらに，「素数 p が ab を割り切るならば，p は a または b を割り切る」ことを導き，これを用いて「素因数分解の一意性の定理」を導くというストーリーが大切なのです。この流れが整数の基礎の要諦です。

　§1では，これを導くユークリッドの論理と高木貞治の論理を紹介します。現在の日本の学校教育では前者によっていますが，2000年頃までは後者が用いられていました。§2では，いくつかの易しめの有名な定理を取り上げます。§3では，初等整

数論の基本的な有名定理ですが，§2より進んだ定理を取り上げます。特に，互いに素な2数についての「重要定理B」からその後の4つの有名な定理のすべてが一挙に，しかも独立に得られることを味わってください。

なお，整数 m, n に対して，m が n を割り切ることを $m \mid n$ と表すことがあります。また，整数 a と b の最大公約数 (*the greatest common divisor, G. C. D.*) を (a, b) で表すこともあります。いずれも学習指導要領外の記号ですが，整数論では一般的な記号であり，記述が簡略化される利点もあるので用いることとします。

§1 ≪互除法からの帰結≫

> **互除法の原理**：整数 a, b, c, d について $a = bc + d$ が成り立つとき，a と b の最大公約数と b と d の最大公約数は一致する。

この証明にはいくつかのバリエーションがありますが，「p が a と b の公約数」⟺「p が b と d の公約数」を示すことで解決します。

(証明)　・p が a と b の公約数なら，$a = pa'$, $b = pb'$ となる整数 a', b' が存在し，$d = a - bc = p(a' - b'c)$ となり，$p \mid d$ である。一方で，$p \mid b$ であるから，p は b と d の公約数である。

・p が b と d の公約数なら，$b = pb'$, $d = pd'$ となる整数 b', d' が存在し，$a = bc + d = p(b'c + d')$ となり，$p \mid a$ である。一方で，$p \mid b$ であるから，p は a と b の公約数である。

以上から，a と b の公約数の集合と b と d の公約数の集合は一致する。ゆえに，それらの（有限）集合の要素の最大値である最大公約数は一致する。　　(証明終)

この「互除法の原理」から，次の定理が導かれます。

> **ユークリッドの互除法**：a と b を自然数とし，$r_0 = b$ とおく。
> $r_1 = 0$ または $r_0 > r_1 > \cdots > r_n > 0$ となる整数 $r_1, \cdots, r_n$ と $q_0, \cdots, q_n$ が存在し，次式が成り立つ。
> $$a = q_0 r_0 + r_1$$
> $$r_0 = q_1 r_1 + r_2$$
> $$r_1 = q_2 r_2 + r_3$$
> $$\vdots$$
> $$r_{n-2} = q_{n-1} r_{n-1} + r_n$$
> $$r_{n-1} = q_n r_n$$
> このとき，a と b の最大公約数 g について，$r_1 = 0$ のときは $g = b$，$r_1 \neq 0$ のときは $g = r_n$ である。

(証明)　a を b で割ったときの商を q_0，余りを r_1 として，$r_1 = 0$ のときは第1式で終

わり，$r_1 \neq 0$ のときは r_0 を r_1 で割ったときの商を q_1，余りを r_2 とする。同様のことを繰り返していくと，$r_1 \neq 0$ のときには $r_0 > r_1 > \cdots > r_n > 0$ かつ $r_{n-1} = q_n r_n$ となる自然数 n が存在する。

このとき，「互除法の原理」により

$$g = (a,\ b) = (r_0,\ r_1) = \cdots = (r_{n-1},\ r_n) = (r_n,\ 0) = r_n$$

となる。　　　　　　　　　　　　　　　　　　　　　　　　　　　　（証明終）

次いで，最大公約数 $g = (a,\ b)$ に対して，$g = xa + yb$ となる整数 x，y が存在することを示します。これは少し一般化した次の命題の形で証明します。ここでは，a を b で割った商が q_0，余りが r_1 のような設定は必要ないことに注意してください。単に整数からなる一連の関係式が並んでいれば成り立つように一般化してあります。

準備命題A：整数からなる一連の関係式

$$a = q_0 r_0 + r_1$$
$$r_0 = q_1 r_1 + r_2$$
$$r_1 = q_2 r_2 + r_3$$
$$\vdots$$
$$r_{n-2} = q_{n-1} r_{n-1} + r_n$$

が与えられたとき，$b = r_0$ として，任意の自然数 $m\ (1 \leq m \leq n)$ に対して，$r_m = x_m a + y_m b$ となる整数 x_m，y_m が存在する。

証明は m についての帰納法によります。

（証明）　(I)　• $m = 1$ のとき，$r_1 = 1 \cdot a + (-q_0) b$ なので，$x_1 = 1$，$y_1 = -q_0$ とするとよい。

　　　　　• $m = 2$ のとき，$r_2 = r_0 - q_1 r_1 = b - q_1(a - q_0 b) = (-q_1) a + (1 + q_1 q_0) b$ なので，$x_2 = -q_1$，$y_2 = 1 + q_1 q_0$ とするとよい。

(II)　$m = k$，$k - 1\ (2 \leq k \leq n - 1)$ のとき主張が正しいと仮定する。すると，$r_k = x_k a + y_k b$，$r_{k-1} = x_{k-1} a + y_{k-1} b$ となる整数 x_k，y_k，x_{k-1}，y_{k-1} が存在する。これを $r_{k-1} = q_k r_k + r_{k+1}$ に代入すると，$r_{k+1} = r_{k-1} - q_k r_k = (x_{k-1} a + y_{k-1} b) - q_k(x_k a + y_k b) = (x_{k-1} - q_k x_k) a + (y_{k-1} - q_k y_k) b$ となる。

よって，$x_{k+1} = x_{k-1} - q_k x_k$，$y_{k+1} = y_{k-1} - q_k y_k$ とすれば，$m = k + 1$ に対しても主張は成り立つ。

(I)，(II)より，任意の自然数 $m\ (1 \leq m \leq n)$ に対して，$r_m = x_m a + y_m b$ となる整数 x_m，y_m が存在する。　　　　　　　　　　　　　　　　　　（証明終）

この「準備命題A」と「ユークリッドの互除法」によって，次の定理が導かれたことになります。

> **最大公約数の生成定理**：a と b の最大公約数 g に対して，$g = xa + yb$ となる整数 x, y が存在する。

特に a と b が互いに素（正の公約数が 1 のみの自然数）のときには $g = 1$ であるから，次の定理が成り立ちます。

> **1 の生成定理**：a と b が互いに素のとき，$1 = xa + yb$ となる整数 x, y が存在する。

この「1 の生成定理」から，次の「重要定理A」が得られます。

> **重要定理A**：(1) 互いに素な自然数 a, b について，a が bc を割り切るならば，a は c を割り切る。
>
> (2) p を素数，a, b を自然数とする。p が ab を割り切るならば，p は a, b の少なくとも一方を割り切る。

(証明) (1) a と b が互いに素であるから，最大公約数は 1 である。よって，$xa + yb = 1$ となる整数 x, y が存在する。

両辺に c を乗じて，$xac + ybc = c$ であり，ac, bc は a で割り切れるから，左辺は a で割り切れる。ゆえに，a は c を割り切る。　　　　　(証明終)

(2) 素数 p が a の約数でないならば，p と a は互いに素であるから，(1)によって，b が p で割り切れる。また，p が a の約数のときは a が p で割り切れる。

ゆえに，p は a, b の少なくとも一方を割り切る。　　　　　(証明終)

以上の「重要定理A」に至る論理が「ユークリッドの互除法」の真骨頂であり，見事です。

さて，この「重要定理A」から素因数分解の一意性が導かれますが，その前に，ユークリッドはまず，2 以上のどのような整数も有限個の素数のみの積に書けるという「素因数分解の可能性」を準備します。これは論理配列として不可欠であり，その証明も実に鮮やかなのでこれを紹介します。まず，次の「準備命題B」を用意します。

> **準備命題B**：2 以上の任意の自然数 N に対して，N の 1 以外の正の約数のうち最小のものを n とすると，n は素数である。

(証明) n が素数でないとすると，n は 1 でも n でもない正の約数をもつ。その 1 つを m とすると

$$1 < m < n \leqq N \quad \cdots\cdots ①$$

また，$m|n$ かつ $n|N$ より　　$m|N$ $\quad\cdots\cdots②$

①，②から，m は 1 以外の N の約数で n より小となる。これは n の最小性に矛盾する。ゆえに，n は素数である。　　　　　(証明終)

> **素因数分解の可能性**：2以上のどのような自然数もそれ自身が素数であるか，または2個以上の有限個の素数のみの積に書ける。

（証明）　素数でもなく，2個以上の有限個の素数のみの積にも書けないような2以上の自然数があったとする。そのような自然数のうちの最小のものを N とする。このとき，$N \geqq 4$ としてよい。

「準備命題B」により，$N = pN'$ となる素数 p と自然数 N' がある。N は素数ではないので，$2 \leqq N' < N$ である。

N の最小性により，N' は素数であるか，または2個以上の有限個の素数のみの積に書ける。すると，$N = pN'$ より，N は2個以上の有限個の素数のみの積に書ける。これは矛盾である。　　　　　　　　　　　　　　　　　　　　（証明終）

この証明も初めて触れると新鮮です。次いで，目標だった素因数分解の一意性の証明を行います。

> **素因数分解の一意性の定理**：素数からなる有限集合 $S = \{p_1, \cdots, p_s\}$,
> $S' = \{q_1, \cdots, q_t\}$ と自然数 $\alpha_1, \alpha_2, \cdots, \alpha_s, \beta_1, \beta_2, \cdots, \beta_t$ があって，$p_1{}^{\alpha_1}p_2{}^{\alpha_2}\cdots p_s{}^{\alpha_s} = q_1{}^{\beta_1}q_2{}^{\beta_2}\cdots q_t{}^{\beta_t}$ が成り立つならば，$S = S'$ である。このとき，$s = t$ で，$\alpha_k = \beta_k$ $(k = 1, 2, \cdots, s)$ となる。

（証明）　$q_1 | p_1{}^{\alpha_1}p_2{}^{\alpha_2}\cdots p_s{}^{\alpha_s}$ であるから，「重要定理A」の(2)により，q_1 は $p_1, \cdots, p_s$ のいずれかを割り切る。

それを p_1 としても一般性を失わない。q_1, p_1 が素数であることから，$q_1 = p_1$ となり，$q_1 \in S$ である。他の $q_2, \cdots, q_t$ についても同様なので，$S' \subset S$ である。同様に $S \subset S'$ であるから，$S = S'$ である。特に，$s = t$ であり，$p_1{}^{\alpha_1}p_2{}^{\alpha_2}\cdots p_s{}^{\alpha_s} = p_1{}^{\beta_1}p_2{}^{\beta_2}\cdots p_s{}^{\beta_s}$ ……(＊) となる。ここで，$\alpha_1 < \beta_1$ とすると，$s = 1$ のときは(＊)から，$1 = p_1{}^{\beta_1 - \alpha_1}$ となり矛盾。$s \geqq 2$ のときは，約分により，$p_2{}^{\alpha_2}\cdots p_s{}^{\alpha_s} = p_1{}^{\beta_1 - \alpha_1}p_2{}^{\beta_2}\cdots p_s{}^{\beta_s}$ となり，最初と同様に，p_1 は $p_2, \cdots, p_s$ のいずれかに一致するが，これは矛盾。

$\alpha_1 > \beta_1$ としても同じく矛盾が出るので　　$\alpha_1 = \beta_1$

他の α_k, β_k についても同様である。　　　　　　　　　　　　　　（証明終）

「重要定理A」から，$S = S'$ を導くことが上の証明の要です。

この一連のユークリッドの論法とは別に，高木貞治（1875〜1960）は著書『初等整数論講義』において，次のように互除法を準備しない論理で「重要定理A」を導いています。これも見事なので以下に紹介しておきます。

【高木貞治の方法】（事前の準備が約数，倍数，最小公倍数，最大公約数の定義だけであることに注意）

> **定理Ⅰ**：自然数 a, b の任意の公倍数 l は最小公倍数 L の倍数である。

（証明）　l を L で割ったときの商を q, 余りを r とする。$l=Lq+r$, $0\leqq r<L$ である。$r=l-Lq$ と, l も L も a と b の公倍数であることから, r も a と b の公倍数である。$r\neq 0$ とすると, $0<r<L$ であるから, r は L よりも小さい正の整数である。これは L が最小公倍数であることに反する。ゆえに, $r=0$ となり, l は L の倍数である。
　　　　　　　　　　　　　　　　　　　　　　　　　　　　　（証明終）

> **定理Ⅱ**：自然数 a, b の任意の公約数 g は最大公約数 G の約数である。

（証明）　G と g の最小公倍数を L として, L が G であることを示す。すると, g は $G(=L)$ の約数であることになる。

a, b はどちらも G と g の公倍数なので, 「定理Ⅰ」から, L の倍数である。すなわち, L は a と b の公約数である。よって, $L\leqq G$ である。一方, L は G の倍数なので $L\geqq G$ でもある。ゆえに, $L=G$ である。　　　　　（証明終）

> **定理Ⅲ**：2つの自然数 a, b の積 ab は, 最大公約数 G と最小公倍数 L の積 GL に等しい。

（証明）　$L=aa'$, $L=bb'$（a', b' は自然数）　……①と書ける。ab は a と b の公倍数なので, 「定理Ⅰ」から, L の倍数である。

よって, $ab=Lc$（c は自然数）　……②と書け, ①を②に代入して

$$\begin{cases} ab=aa'c \\ ab=bb'c \end{cases} \text{から} \quad \begin{cases} b=a'c \\ a=b'c \end{cases} ……③$$

したがって, c は a, b の公約数で, 「定理Ⅱ」から, $G=cd$（d は自然数）　……④と書ける。

a, b は $G=cd$ で割り切れるので, ③から, a', b' は d で割り切れる。

そこで, $a'=a''d$, $b'=b''d$（a'', b'' は自然数）とおいて, ①に代入すると

$$L=aa''d, \ L=bb''d$$

よって, $\dfrac{L}{d}$ は a, b の公倍数だが, L は a, b の最小公倍数であることから

$$d=1$$

したがって, ④から　　$G=c$

ゆえに, ②から, $ab=LG$ である。　　　　　　　　　　　　（証明終）

> **定理Ⅳ（＝重要定理Ａ）**：互いに素な自然数 a, b について, a が bc を割り切るならば a は c を割り切る。

（証明）　a と b は互いに素なので, a と b の最大公約数は 1 であり, 「定理Ⅲ」により a と b の最小公倍数は ab である。bc が a で割り切れることから, bc は a と b の公

倍数である。よって，「定理Ⅰ」から，bc は ab で割り切れる。

ゆえに，c は a で割り切れる。　　　　　　　　　　　　　　　　　　　（証明終）

〔注1〕　「定理Ⅱ」はユークリッドの「最大公約数の生成定理」を用いて次のように示す
　　ことができる。

　　（証明）　$a=a'g$，$b=b'g$（a'，b' は自然数）とする。$G=xa+yb$ となる整数 x, y が存在
　　　　し，$G=(xa'+yb')g$ となり，$g|G$ である。　　　　　　　　　　（証明終）

〔注2〕　「定理Ⅲ」の高木の証明は少しわかりにくい。少し工夫して，よく知られた次の
　　命題（＊）を準備してから導くほうがわかりやすいかもしれない。

　　（＊）　2つの自然数 a, b とその最大公約数 G に対して，$a=a'G$，$b=b'G$ であるならば，
　　　　$a'b'G$ は a, b の最小公倍数 L に等しい。

　　（（＊）の証明）　$a'b'G=l$ とおく。$l=ab'=a'b$ から，l は a, b の公倍数であり，「定理
　　　Ⅰ」より，$l=Lq$　……①（q は自然数）とおける。$L=am$，$L=bn$（m, n は整数）と
　　　おけるから

$$a'b'G=l=Lq=\begin{cases} amq=a'Gmq & ……② \\ bnq=b'Gnq & ……③ \end{cases}$$

　　②より　　　$b'=mq$　……②′
　　③より　　　$a'=nq$　……③′
　　a', b' が互いに素であることと，②′，③′から，$q=1$ となり，①から，$l=L$ である。
　　　　　　　　　　　　　　　　　　　　　　　　　　　　　　　　　　（証明終）

　　この命題（＊）を用いると，$ab=LG$ が次のように得られる。
　　命題（＊）と $a=a'G$，$b=b'G$ から
　　　　　　$ab=a'G\cdot b'G=a'b'G\cdot G=LG$　　　　　　　　　　　　　（証明終）

§2　≪いくつかの易しい有名定理≫

　　まず，主に素数に関する基礎的な有名定理で，高校生にも易しく理解できるものを
紹介します。

素数の無限定理（ユークリッド）：どんな有限個の相異なる素数が与えられても，
　　　それらと異なる素数が存在する（素数は無限に存在する）。

（証明）　有限個の相異なる素数 a, b, $\cdots$, c が与えられたとする。$N=a\times b\times\cdots$
$\times c+1$ という数 N を考える。

N は a, b, $\cdots$, c のどれよりも大きいから，これらのいずれとも異なる。

・N が素数のとき，N 自身が a, b, $\cdots$, c と異なる素数である。

・N が素数ではないとき，N の任意の素因数 d（この存在はすでに示してある）は
　a, b, $\cdots$, c とは異なる。

　なぜなら，たとえば $d=a$ とすると，$N=a\times b\times\cdots\times c+1$ において，N も
　$a\times b\times\cdots\times c$ も a で割り切れるので，1 も素数 a で割り切れることになり，矛盾。
　よって，d は a, b, $\cdots$, c とは異なる素数である。

以上から，素数が有限個となることはない。　　　　　　　　　　　　　（証明終）

〔注〕　この証明を紹介すると，ときどき「素数を小さいほうから順に有限個乗じたものに 1 を加えたものは素数である」と勘違いする生徒がいるが，これは誤り。$2+1=3$，$2\cdot3+1=7$，$2\cdot3\cdot5+1=31$，$2\cdot3\cdot5\cdot7+1=211$，$2\cdot3\cdot5\cdot7\cdot11+1=2311$ は素数であるが，$2\cdot3\cdot5\cdot7\cdot11\cdot13+1=30031=59\cdot509$ は素数ではない。また，$3\cdot5\cdot7+1=106=2\cdot53$ などの例もある。ユークリッドの証明の優れた点は，$a\times b\times\cdots\times c+1$ という数から，与えられた素数 a, b, $\cdots$, c とは異なる素数の存在を示したことである。なお，上の証明を若干変更した次のような証明もある。

（別証明）　素数の個数が有限であるとして，それらすべてを a, b, $\cdots$, c とする。$N=a\times b\times\cdots\times c+1$ という数 N を考える。N は a, b, $\cdots$, c のどれよりも大きいから，これらのいずれとも異なり，したがって，素数ではない。一方，N には素因数が存在し，それは a, b, $\cdots$, c のいずれかに一致しなければならない。それを a としてもよく，$N=aN'$（N' は自然数）とすると，$1=a(N'-b\times\cdots\times c)$ から，1 が 2 以上の約数 a をもつことになり，矛盾。ゆえに，素数の個数は有限ではない。　　　　（証明終）

> **完全数（ユークリッド）**：n を自然数とし，$p=1+2+2^2+\cdots+2^{n-1}+2^n$，$N=2^np$ とおく。p が素数のとき，N 以外の N の正の約数すべての和を S とすると，$S=N$ である。

（証明）　p は素数であるから，$N=2^np$ の約数は
$$1,\ 2,\ 2^2,\ \cdots,\ 2^{n-1},\ 2^n,\ p,\ 2p,\ 2^2p,\ \cdots,\ 2^{n-1}p,\ 2^np\ (=N)$$
よって
$$S=(1+2+2^2+\cdots+2^{n-1}+2^n)+p(1+2+2^2+\cdots+2^{n-1})$$
$$=p+p\cdot\frac{2^n-1}{2-1}=2^np=N$$
（証明終）

〔注〕　一般に正の整数 N について，N 以外の N の正の約数すべての和が N となるとき，N を完全数という。完全数に関する本定理は高校生にちょうどよいレベルの内容であるが，これはユークリッドの『原論』第 9 巻の最終定理でもある。

また，$p=1+2+\cdots+2^{n-1}+2^n=\dfrac{2^{n+1}-1}{2-1}=2^{n+1}-1$ であるが，一般に 2^k-1（k は自然数）の形の素数をメルセンヌ素数という。メルセンヌ（1588～1648）はフランスの神父で，この形の素数の研究で有名である。メルセンヌ素数とそれから得られる完全数の例として，次のものがある。

- $k=2$ のときの $3\,(=1+2)$
  このとき，$2\cdot3=6$ の正の約数は 1, 2, 3, 6 で　　$1+2+3=6$
- $k=3$ のときの $7\,(=1+2+4)$
  このとき，$4\cdot7=28$ の正の約数は 1, 2, 4, 7, 14, 28 で　　$1+2+4+7+14=28$
- $k=5$ のときの $31\,(=1+2+4+8+16)$
  このとき，$16\cdot31=496$ の正の約数は 1, 2, 4, 8, 16, 31, 62, 124, 248, 496 で
  $1+2+4+8+16+31+62+124+248=496$

> **メルセンヌ素数**：$n(\geqq 2)$ を自然数とする。2^n-1 が素数ならば，n は素数である。

（証明）　$n(\geqq 2)$ が素数ではないとする。$n=ab$（a，b は 2 以上の自然数）と書ける。よって

$$2^n-1=2^{ab}-1=(2^a)^b-1=X^b-1 \quad (2^a=X \text{ とおく})$$
$$=(X-1)(X^{b-1}+X^{b-2}+\cdots+X+1) \quad \cdots\cdots ①$$

$a\geqq 2$，$b\geqq 2$ より，①の 2 つの因数は 2 以上の自然数であり，2^n-1 が素数という仮定に矛盾する。ゆえに，n は素数である。　　　　　　　　　　　　　　　（証明終）

〔注〕　n が素数だからといって，2^n-1 が素数とは限らない。$2^2-1=3$，$2^3-1=7$，2^5-1 $=31$，$2^7-1=127$ は素数だが，$2^{11}-1=2047=23\cdot 89$ は素数ではない。

$2^{2^r}+1$ の形の素数をフェルマー素数といいます。次は，これに関する命題です。

> **フェルマー素数**：自然数 k に対して，2^k+1 が素数であれば，$k=2^r$ となる 0 以上の整数 r が存在する。

（証明）　$k=2^r m$（r は 0 以上の整数，m は正の奇数）とすると，$2^k=2^{2^r m}=(2^{2^r})^m$ となる（k に含まれる素因数 2 の個数を r とすると，k は必ず $2^r m$ の形で表現できる）。$a=2^{2^r}(\geqq 2)$ とおくと，$2^k=a^m$ と表され

$$2^k+1=a^m+1=a^m-(-1)^m$$
$$=(a+1)(a^{m-1}-a^{m-2}+a^{m-3}-\cdots+a^2-a+1) \quad \cdots\cdots (*)$$

ここで，$m\geqq 3$ とすると

$$(*)\text{の第 2 因数}=a^{m-2}(a-1)+a^{m-4}(a-1)+\cdots+a(a-1)+1\geqq 2$$

また，$a+1$ は 3 以上の整数である。これは 2^k+1 が素数という条件に矛盾する。ゆえに，奇数 m は 1 となり，$k=2^r$ である。　　　　　　　　　　　　（証明終）

〔注〕　①　$(*)$ の各因数が 2 以上であることの確認を忘れないこと。

　　　②　$2^{2^r}+1$ の形の数が素数になるとは限らない。実際，$2^1+1=3$，$2^2+1=5$，$2^4+1=17$，$2^8+1=257$，$2^{16}+1=65537$ は素数だが，$2^{32}+1=4294967297=641\times 6700417$ は素数ではない。$r\geqq 5$ ではすべて合成数である，すなわちフェルマー素数は最初の 5 個のみであると思われているが，まだ証明されていない。

§3　≪いくつかの少し進んだ有名定理≫

　このセクションはユークリッドから離れて，互いに素な 2 数についての「重要定理 B」と，それから得られる 4 つの有名な定理（「フェルマーの小定理」，「孫子の定理」，「オイラー関数の乗法性の定理」，「ウィルソンの定理」）を取り上げます。この「重要定理 B」は「素因数分解の一意性の定理」と同様に，§1 の「重要定理 A」から簡単に導かれます。しかも「素因数分解の一意性の定理」と同じようにかなり強力で，例えば，上記の 4 つの定理を独立に一気に導くことができます。

> **重要定理B**：自然数 a （$\geqq 2$）と b が互いに素のとき，b, $2b$, $3b$, $\cdots$, $(a-1)\,b$, ab の a 個の数を a で割った余りはすべて異なる。

（証明）　a で割ったときの余りが等しいような ib と jb（i, j は $1\leqq i<j\leqq a$ をみたす整数）が（1組でも）存在したとする。

このとき，$a\,|\,jb-ib$ から，$a\,|\,(j-i)\,b$ となる。ここで，a と b は互いに素なので，「重要定理A」の(1)から，$a\,|\,j-i$ であるが，一方で，$1\leqq j-i\leqq a-1$ であるから，$j-i$ は a の倍数とはなり得ないので矛盾。ゆえに，余りはすべて異なる。

（証明終）

〔注〕　a で割った余りは 0 から $a-1$ まで a 個あるから，この定理から，b, $2b$, $\cdots$, $(a-1)\,b$, ab を a で割ると，順序を無視して，0 から $a-1$ までのすべての余りがちょうど 1 個ずつ現れる。特に余りが 0 となるのは ab だけなので，b, $2b$, $\cdots$, $(a-1)\,b$ を a で割った余りは全体として 1，2，$\cdots$，$a-1$ に一致することになる。

また，c を任意の整数として，$b+c$, $2b+c$, $\cdots$, $(a-1)\,b+c$, $ab+c$ の a 個の数を a で割るとすべての余りが 1 個ずつ現れるという事実もまったく同様に導かれる。

> **フェルマーの小定理**：自然数 a と素数 p が互いに素のとき，a^{p-1} を p で割った余りは常に 1 である。

（証明）　a と p は互いに素なので，「重要定理B」から，a, $2a$, $\cdots$, $(p-1)\,a$ を p で割った余りは全体として，1, 2, $\cdots$, $p-1$ に等しい。よって，適当な整数 t_1, t_2, $\cdots$, t_{p-1} を用いて

$$a\cdot 2a\cdot\ \cdots\ \cdot(p-1)\,a=(1+t_1p)\,(2+t_2p)\cdots(p-1+t_{p-1}p)\quad\cdots\cdots\text{①}$$

となる。両辺をそれぞれ変形すると

$$1\cdot 2\cdot\ \cdots\ \cdot(p-1)\,a^{p-1}=1\cdot 2\cdot\ \cdots\ \cdot(p-1)+(p\text{ の倍数})$$

となる。この右辺の第 1 項を移項すると，$1\cdot 2\cdot 3\cdot\ \cdots\ \cdot(p-1)\,(a^{p-1}-1)=(p\text{ の倍数})$ となる。

よって，$1\cdot 2\cdot 3\cdot\ \cdots\ \cdot(p-1)\,(a^{p-1}-1)$ は p で割り切れる。ここで，p は素数なので，$1\cdot 2\cdot\ \cdots\ \cdot(p-1)$ は p と互いに素であり，「重要定理A」の(1)から，$a^{p-1}-1$ が p で割り切れなければならない。ゆえに，a^{p-1} を p で割ったときの余りは 1 である。

（証明終）

〔注1〕　p が素数であることは証明の最後のほうで効いていることに注意。

〔注2〕　合同式を使うと記述は簡潔になる。すなわち，上の証明中の①以下を次のようにする。

$$1\cdot 2\cdot\ \cdots\ \cdot(p-1)\,a^{p-1}\equiv 1\cdot 2\cdot\ \cdots\ \cdot(p-1)\ (\mathrm{mod}\,p)$$

ここで，p は素数であるから，$1\cdot 2\cdot\ \cdots\ \cdot(p-1)$ は p と互いに素である。

ゆえに　　$a^{p-1}\equiv 1\ (\mathrm{mod}\,p)$

（証明終）

〔注3〕　この定理の証明をフェルマー（1607～1665）が残したわけではない。オイラー（1707～1783）が少し拡張した命題に直して証明している。その証明は数学的帰納法を明確に意識した最初の例とも言われている。それをそのまま問題にしたものが，京都大学の入試に出題されているので，以下に紹介する。

［問題（京大1977年度文系，原文通り）］

p が素数であれば，どんな自然数 n についても $n^p - n$ は p で割り切れる。このことを，n についての数学的帰納法で証明せよ。

（解答）　(I)　$n = 1$ のとき，明らかに $p \mid n^p - n$ である。

(II)　1以上のある自然数 k に対して，$p \mid k^p - k$ ……① と仮定する。

二項定理から，$(k+1)^p = k^p + \sum_{i=1}^{p-1} {}_p\mathrm{C}_i k^i + 1$ なので

$$(k+1)^p - (k+1) = (k^p - k) + \sum_{i=1}^{p-1} {}_p\mathrm{C}_i k^i \quad \cdots\cdots②$$

ここで，p は素数なので，$i = 1, 2, \cdots, p-1$ に対して

$$p \mid {}_p\mathrm{C}_i \quad \cdots\cdots③$$

①，③より，②の右辺は p で割り切れ，したがって，$p \mid (k+1)^p - (k+1)$ である。

(I)，(II)から，数学的帰納法により，任意の自然数 n に対して，$p \mid n^p - n$ である。

（証明終）

この問題の命題を用いると，素数 p と任意の正の整数 a に対して，$p \mid a^p - a$ すなわち $p \mid a(a^{p-1} - 1)$ が成り立つ。

ここで，a と p が互いに素であるとき $p \mid a^{p-1} - 1$ となり，a^{p-1} を p で割った余りは1である（フェルマーの小定理）。

孫子の定理：2以上の自然数 a, b が互いに素ならば，a で割って r 余り，b で割って s 余るような自然数で ab 以下のものがただ1つ存在する。

（証明）　下表を利用する。

1	2	$\cdots$	s	$\cdots$	$b-2$	$b-1$	b
$1+b$	$2+b$	$\cdots$	$s+b$	$\cdots$	$(b-2)+b$	$(b-1)+b$	$2b$
$1+2b$	$2+2b$	$\cdots$	$s+2b$	$\cdots$	$(b-2)+2b$	$(b-1)+2b$	$3b$
$\vdots$	$\vdots$	$\vdots$	$\vdots$	$\vdots$	$\vdots$	$\vdots$	$\vdots$
$1+(a-1)b$	$2+(a-1)b$	$\cdots$	$s+(a-1)b$	$\cdots$	$(b-2)+(a-1)b$	$(b-1)+(a-1)b$	ab

［I］　表中の数で，b で割って s 余る数は，$s+kb$ $(k = 0, 1, 2, \cdots, a-1)$（表中の囲みの数）の形の数に限る（明らか）。

［II］　一般に任意の自然数 c を固定するごとに，$c, c+b, c+2b, \cdots, c+(a-1)b$（各列の数）の a 個の数を a で割った余りは，順序を無視して，0から $a-1$ までがすべて1個ずつ現れる（「重要定理B」の〔注〕）。よって，表の各列の中には a で割って r 余る数はただ1つ存在する。

［I］，［II］より，表中の数で，a で割って r 余り，b で割って s 余るような自然数で ab 以下のものがただ1つ存在する。　　　　　　　　　　　　（証明終）

2以上の整数Nに対して，Nより小さな自然数でNと互いに素なものの個数をオイラー関数と言い，$\varphi(N)$と表します。これについては次の定理が基本的です。

> **オイラー関数の乗法性の定理**：2以上の自然数a，bが互いに素ならば，
>
> $\varphi(ab) = \varphi(a)\varphi(b)$　である。

（証明）　（次の(A)と(B)は容易なので証明省略）

(A)　a, b, cを自然数とするとき，「cとabが互いに素 $\Longleftrightarrow$ cとaが互いに素かつcとbが互いに素」である。

(B)　k, bを自然数，mを0以上の整数とするとき，「$k+mb$とbが互いに素 $\Longleftrightarrow$ kとbが互いに素」である。

次いで，下表を利用する。

1	2	$\cdots$	k	$\cdots$	$b-2$	$b-1$	b
$1+b$	$2+b$	$\cdots$	$k+b$	$\cdots$	$(b-2)+b$	$(b-1)+b$	$2b$
$1+2b$	$2+2b$	$\cdots$	$k+2b$	$\cdots$	$(b-2)+2b$	$(b-1)+2b$	$3b$
$\vdots$	$\vdots$	$\vdots$	$\vdots$	$\vdots$	$\vdots$	$\vdots$	$\vdots$
$1+(a-1)b$	$2+(a-1)b$	$\cdots$	$k+(a-1)b$	$\cdots$	$(b-2)+(a-1)b$	$(b-1)+(a-1)b$	ab

[I]　(B)から，上の表中の数で，bと互いに素な数は，bと互いに素なkごとに，kを含む縦の列の数（表中の囲みの数）のすべてに限る。このような列はちょうど$\varphi(b)$列ある。

[II]　一般に任意の自然数cを固定するごとに，c, $c+b$, $c+2b$, $\cdots$, $c+(a-1)b$（各列の数）のa個の数をaで割った余りは，順序を無視して，0から$a-1$までがすべて1個ずつ現れる（「重要定理B」の〔注〕）。よって，表の各列の中にはaと互いに素な数がちょうど$\varphi(a)$個ある。

[I]，[II]より，表中の数でbと互いに素かつaと互いに素な数は$\varphi(a)\varphi(b)$個ある。このことと(A)から，$\varphi(ab)=\varphi(a)\varphi(b)$である。　（証明終）

最後は次の定理です。

> **ウィルソンの定理**：pを素数とすると，$(p-1)!$をpで割った余りは$p-1$である。
>
> （合同式を用いると，$(p-1)! \equiv -1 \pmod{p}$）

（証明）　（合同式を用いた記述で行う）

$p=2$のときは明らかなので，$p \geqq 3$とする。kを1, 2, $\cdots$, $p-1$のいずれにとっても，kはpと互いに素なので，$jk \equiv 1 \pmod{p}$となるjが1, 2, $\cdots$, $p-1$の中にただ1つ存在する（「重要定理B」）。このとき

[I]　$k=1$なら$j=1$，$k=p-1$なら$j=p-1$である（$(p-1)(p-1)=p^2-2p+1 \equiv 1 \pmod{p}$より）。

[II]　$2 \leqq k \leqq p-2$なら，$2 \leqq j \leqq p-2$かつ$j \neq k$である。

なぜなら，$j=1$，$p-1$ なら［Ⅰ］で k と j の役割を入れかえて考えると，それぞれ $k=1$，$p-1$ となってしまうことと，$j=k$ なら $k^2 \equiv 1 \pmod{p}$ から，$(k-1)(k+1) \equiv 0 \pmod{p}$ より，$k \equiv 1 \pmod{p}$ または $k \equiv -1 \pmod{p}$ となり，$k=1$ または $k=p-1$ となってしまうからである。

［Ⅰ］と［Ⅱ］によって，$k \neq 1$，$k \neq p-1$ なら，k 毎に $jk \equiv 1 \pmod{p}$ となる j を k とペアにして，$(p-1)!$ を書き直してみると

$$(p-1)! \equiv 1 \cdot (1)^{\frac{p-3}{2}} \cdot (p-1) \equiv p-1 \equiv -1 \pmod{p} \qquad \text{（証明終）}$$

〔注〕　例として，$p=11$ では

$$(p-1)! = 10! = 1 \cdot (2 \cdot 6) \cdot (3 \cdot 4) \cdot (5 \cdot 9) \cdot (7 \cdot 8) \cdot 10 \equiv 10 \equiv -1 \pmod{11}$$

実はこの定理は 2 以上の自然数 p について，p が素数であるための十分条件にもなっている。それが次である。

> **ウィルソンの定理の逆**：自然数 $p\,(\geqq 2)$ について，$(p-1)! \equiv -1 \pmod{p}$ ならば，p は素数である。

（証明）　p が素数でないとすると，$p=ab$ かつ $1 < a \leqq b < p$ となる自然数 a, b が存在する。$a=b$ のときと $a<b$ のときで場合を分けて考える。

- $a=b=2$ ならば，$p=4$ なので，$(p-1)! = 3! = 6 \equiv 2 \pmod{4}$ となり，$(p-1)! \equiv -1 \pmod{p}$ に反する。
- $a=b>2$ ならば，$a<2a<a^2=p$ から，$(p-1)! \equiv 1 \cdot \cdots \cdot a \cdot \cdots \cdot 2a \cdot \cdots \cdot (a^2-1) \equiv 0 \pmod{p}$ となり，$(p-1)! \equiv -1 \pmod{p}$ に反する。
- $a<b$ ならば，$a<b<ab=p$ から，$(p-1)! \equiv 1 \cdot \cdots \cdot a \cdot \cdots \cdot b \cdot \cdots \cdot (ab-1) \equiv 0 \pmod{p}$ となり，$(p-1)! \equiv -1 \pmod{p}$ に反する。

いずれのときも矛盾が生じるので，p は素数でなければならない。　　　　（証明終）

付録 2　空間の公理と基礎定理集

　空間図形を扱ううえでの基礎的な事項を紹介します。各定理についている *Question* は定理の証明の一部分ですが，易しいレベルのものです。必要なものについては最後に略解を付してあります。時間がない場合には略解に目を通しながら読み進めてください。

　まず，最初に必要な最小限の公理をまとめておきます。

空間の公理

Ⅰ．同一直線上にない 3 点を通る平面が唯 1 つ存在する。

　　　　　　　　　　　　　　　　　　　　　（点と平面の関係の規定）

Ⅱ．1 つの直線上の 2 点が 1 つの平面上にあれば，その直線上のすべての点がその平面上にある。　　　　　　　　　　（直線と平面の関係の規定）

Ⅲ．2 つの平面が 1 点を共有するなら，少なくとも別の 1 点を共有する。

　　　　　　　　　　　　　　　　　　　　　（平面と平面の関係の規定）

Ⅳ．4 つ以上の点で 1 つの平面上にはないような 4 点の組が存在する。

　　　　　　　　　　　　　　　　　　（平面を超える存在―空間―の保障）

Ⅴ．空間においても三角形の合同定理が成り立つ。

　これらの諸公理を組み合わせると次のようなことがらを導くことができます。これは難しいことではないので各自で確認してみてください。

・1 つの直線とその上にない 1 点を含む平面が唯 1 つ存在する。　（公理Ⅰ & Ⅱ）

・交わる 2 直線を含む平面が唯 1 つ存在する。　　　　　　　　　（公理Ⅰ & Ⅱ）

・異なる 2 平面が共有点をもつなら，共有点の全体は直線である。

　　　　　　　　　　　　　　　　　　　　　　　　　（公理Ⅰ & Ⅱ & Ⅲ）

さて，空間の幾何の要諦は平面の幾何と同様に垂直・平行・合同・線分の比などです。直線と平面の垂直の定義は次のように与えられます。

定義1　直線と平面の垂直の定義

直線 h が平面 α に垂直であるとは，α 上にあって h と交わる任意の直線と h が垂直であることである。

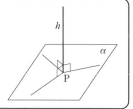

これがユークリッドの与えた定義です。実は平面 α と点Pを共有する直線 h が，Pを通る α 上の異なる2本の直線と垂直でありさえすれば，Pを通る α 上の他の任意の直線と垂直であることを導くことができます（**基礎定理1**）。この基礎定理1によって，直線 h が平面 α と垂直であるための判定条件は

　　　「Pを通る異なる2本の直線と垂直である」

こととなります。

さらに現在では，（α 上の）Pを通らない直線 m について，m と平行でPを通る直線 m' が h と垂直であるとき，$m \perp h$ と約束することもあります。このように約束しておくと，直線 h が平面 α と垂直であるための判定条件は

　　　「α 上の平行ではない2本の直線と垂直である」

こととなります。

それでは基礎定理の紹介に移ります。

基礎定理1：1つの直線 h が，交わる2直線 l, m に垂直ならば，その2直線を含む平面に垂直である。

この証明のためには，l, m の交点をPとして，l, m で定まる平面上のPを通る任意の直線 n に対して，$h \perp n$ となることを示します。

PQ＝PRとなる異なる2点Q, Rを直線 h 上にとり，右図で

　　　$\triangle APQ \equiv \triangle APR$, 　$\triangle CPQ \equiv \triangle CPR$,

　　　$\triangle ACQ \equiv \triangle ACR$, 　$\triangle ABQ \equiv \triangle ABR$,

　　　$\triangle BPQ \equiv \triangle BPR$

を順次示し，最後に $\angle BPQ = \angle BPR = 90°$ を導く。

【*Q1*】これを示せ。

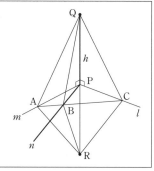

基礎定理 2：1つの直線に1点で直交する3直線は同一平面上にある。

　点Pで直線gと直交する3直線をl, m, nとして，l, m, nが同一平面上にあることを示します。この証明は少々テクニカルです。

　l, mで定まる平面をαとし，g, nで定まる平面をβとします。$n \not\in \alpha$と仮定して矛盾を導きます。

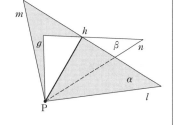

$n \not\in \alpha$，$n \in \beta$よりαとβは異なり，しかも点Pを共有するので，αとβの交線を考えることができる。これをhとする。

・$h \neq n$　……① である（$h \in \alpha$なので，$h = n$なら$n \in \alpha$となってしまう）。

・仮定より，$n \perp g$　……②

・$h \in \alpha$と$g \perp \alpha$より，$h \perp g$　……③

（基礎定理1）

①，②，③から，平面β内の直線gにその上の点Pから平面β内で2本の垂線h，nが引けることになり，矛盾。ゆえに$n \in \alpha$である。

基礎定理 3：1つの平面に垂直な2直線は平行である。

　「2直線が平行である」とは同一平面上にあって共有点をもたないことを意味します。$l \perp \alpha$かつ$m \perp \alpha \Longrightarrow l /\!/ m$を示します（$l$, mが同一平面上にあることを示す。次頁の図も参照）。

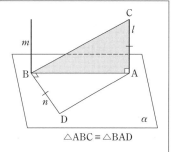

平行な2直線l, mと平面αの交点を各々A，Bとする。l上に点C（$\neq$A）をとり，α上にAB$\perp$DBかつAC＝BDとなる点Dをとる。

【Q2】

(1)　$\triangle$ABC$\equiv\triangle$BADを確認せよ。

(2)　$\triangle$ACD$\equiv\triangle$BDCを確認せよ。

(3)　BD$\perp$BCを確認せよ。

(4)　基礎定理2により，m, lが同一平面上にあることを示せ。

△ABC$\equiv$△BAD

すると，この平面上で$l \perp$ABかつ$m \perp$ABであるから$l /\!/ m$（lとmは共有点をもたない）となる。

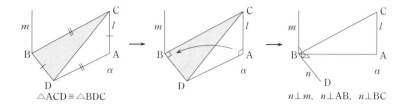

$\triangle \text{ACD} \equiv \triangle \text{BDC}$ 　　　　　　　　　　　$n \perp m,\ n \perp \text{AB},\ n \perp \text{BC}$

基礎定理4：平行な2直線の一方が1つの平面に垂直ならば，他方もその平面に垂直である。

$l /\!/ m$ かつ $l \perp \alpha \implies m \perp \alpha$ を示します。

$l,\ m$ で定まる平面を β とする。

α 上で $\text{AB} \perp \text{DB}$ かつ $\text{AC} = \text{BD}$ となる点 D をとる。

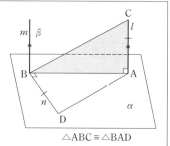

【Q3】

(1)　$\triangle \text{ABC} \equiv \triangle \text{BAD}$ を確認せよ。

(2)　$\triangle \text{ACD} \equiv \triangle \text{BDC}$ を確認せよ。

(3)　$\text{BD} \perp \text{BC}$ を確認せよ。

(4)　$n \perp \beta$, よって $m \perp n$ となることを確認せよ。

(5)　$m \perp \alpha$ を示せ。

$\triangle \text{ABC} \equiv \triangle \text{BAD}$

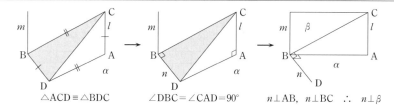

$\triangle \text{ACD} \equiv \triangle \text{BDC}$ 　　　$\angle \text{DBC} = \angle \text{CAD} = 90°$ 　　　$n \perp \text{AB},\ n \perp \text{BC}\ \ \therefore\ \ n \perp \beta$

基礎定理5：1つの直線に平行な2直線は平行である。

この定理は，3直線が同一平面上にあるときは平面の幾何で同位角（錯角）の利用から容易に導くことができます（中学）。3本の直線が同一平面上にあるわけではないときが問題であって，日本では昔から難問とされていますが，ユークリッドの論理に従うと今までの定理から自然に導かれます。結局は何を前提とするかという論理の問題です。

$l /\!/ m$ かつ $n /\!/ m \implies l /\!/ n$ を示します。

l, m で定まる平面上で m に垂線 AB を立てる。
n, m で定まる平面上で m に垂線 CB を立てる。
平面 ABC を α とする。

【Q4】

(1)　基礎定理 4 により，$l \perp \alpha$ と $n \perp \alpha$ を確認せよ。

(2)　基礎定理 3 により，$l \,/\!/\, n$ を確認せよ。

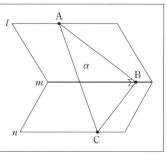

基礎定理 6：平面 α とその上にない点 A に対して以下の手順で α 上の点 P をとる。

①　α 上で直線 l をとる。

②　A から l に垂線 AQ を下ろす。このとき，AQ $\perp \alpha$ ならば P＝Q とする。

そうでないならば，

③　α 上で Q から直線 l の垂線 m を引く。

④　A から m に垂線 AP を下ろす。

このとき，AP $\perp \alpha$ である。

　この定理の内容は，平面 α とその上にない点 A に対して A から α に垂線 AP を作図する方法で，**垂線 AP の存在証明**になっている重要な定理です。日本では**三垂線の定理**と呼ばれています。もちろん，平面上での垂線の作図は前提とします。

AP＝QB となる点 B を l 上にとる。

【Q5】

(1)　$\triangle$APQ ≡ $\triangle$BQP を確認せよ。

(2)　$\triangle$APB ≡ $\triangle$BQA を確認せよ。

(3)　AP $\perp$ BP を確認せよ。

(4)　AP $\perp \alpha$ を確認せよ。

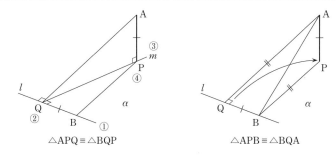

$\triangle$APQ ≡ $\triangle$BQP　　　　$\triangle$APB ≡ $\triangle$BQA

上の証明はユークリッドによるものですが，日本では次の証明が一般的です。

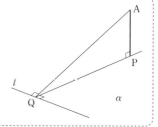

$l \perp \text{AQ}$, $l \perp \text{PQ}$ から

$l \perp$ 平面 APQ

∴　AP$\perp l$

これと AP$\perp$PQ から

AP$\perp \alpha$

三垂線の定理の本来の形と証明はユークリッドの通りですが，これを次のようにまとめ直すことができます。

平面 α とその上にない点A，および α 上の直線 l とその上の点Q，および α 上の点Pに対して，次が成り立つ。

$$\text{AQ} \perp l, \ \text{PQ} \perp l, \ \text{AP} \perp \text{PQ} \implies \text{AP} \perp \alpha$$

現在ではこの他に仮定と結論を一部入れ替えた2つの命題とあわせ，すべてまとめて「三垂線の定理」と呼んでいます。それを次に記しておきます。

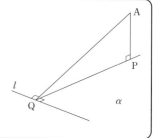

三垂線の定理

平面 α とその上にない点A，および α 上の直線 l とその上の点Q，および α 上の点Pに対して，次が成り立つ。

$$\text{AQ} \perp l, \ \text{PQ} \perp l, \ \text{AP} \perp \text{PQ} \implies \text{AP} \perp \alpha$$
$$\text{AP} \perp \alpha, \ \text{AQ} \perp l \implies \text{PQ} \perp l$$
$$\text{AP} \perp \alpha, \ \text{PQ} \perp l \implies \text{AQ} \perp l$$

第2・3の形の命題の証明も各自で考えてみてください。この第2・3の形の三垂線の定理のほうが応用としては多く用いられますので，記憶にとどめておくようにしてください。

基礎定理7：平行な2平面と第3の平面の交線は平行である。

「平行な2平面」とは共有点をもたない2平面のことです。平行な2平面を α, β, 第3の平面を γ とし，α と γ の交線を l, β と γ の交線を m として，$l /\!/ m$ を示します。

【Q6】
右図を参考にしてこの定理を示せ。

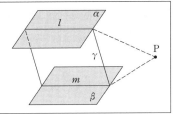

基礎定理8：1つの直線に垂直な2平面は平行である。

直線 AB に垂直な2平面 α, β が交わるとして矛盾を導きます。

【Q7】
右図を参考にしてこの定理を示せ。

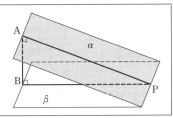

続いて，平面の成す角を取り上げます。

定義2　平面の成す角の定義
交わる2平面の成す角とは，交線上の点から各平面上
で立てた垂線の成す角である。

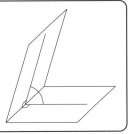

この角は交線上の点のとり方によらず一定です。

【Q8】
右図を参考にしてこの理由を示せ。

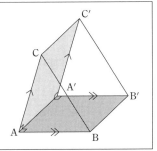

特にこの角が直角のとき，この2平面は垂直であるといいます。

256　付　録

> **基礎定理 9**：ある平面に垂直な直線を含む平面はその平面に垂直である。

直線 l が平面 α に垂直であるとします。l を含む平面を β として $\alpha\perp\beta$ を示します。

【Q9】
右図を参考にしてこの定理を示せ。

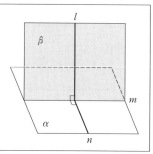

> **基礎定理 10**：交わる 2 平面が第 3 の平面に垂直ならば，その 2 平面の交線は第 3 の平面に垂直である。

平面 α と β が平面 γ に垂直であるとします。α と β の交線を l として，$l\perp\gamma$ を示します。次に α と γ の交線を m，β と γ の交線を n とし，l と γ の交点を P とします。$l\perp\gamma$ ではないとして矛盾を導きます。

この証明は少し立て込んでいますので以下に紹介します。

$l\perp\gamma$ ではないと仮定する。
- P から α 内で m に垂線 g を立て，β 内で n に垂線 h を立てる。
- $\alpha\perp\gamma$，$g\perp m$，定義 1 から $g\perp\gamma$
- $\beta\perp\gamma$，$h\perp n$，定義 1 から $h\perp\gamma$
- g と h は異なる（一致するなら l となり，$l\perp\gamma$）。
- γ に P から 2 本の垂線 g，h が存在することになり矛盾。

ゆえに $l\perp\gamma$ でなければならない。

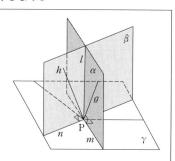

以上で，空間の幾何の基礎定理の紹介を終えます。

【Q1 解答】

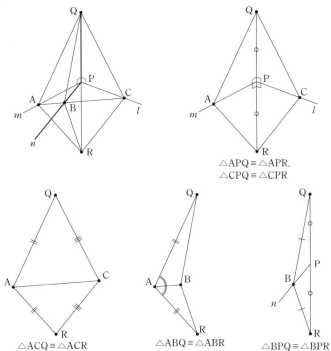

△APQ≡△APR,
△CPQ≡△CPR

△ACQ≡△ACR　　△ABQ≡△ABR　　△BPQ≡△BPR

【Q2(4)解答】

$n\perp m$, $n\perp$AB, $n\perp$BC から直線 m, AB, BC は同一平面上にあるので m と AC(l) はその平面上にある。

【Q3(5)解答】

$m/\!/l$ と $l\perp$AB から　　$m\perp$AB

これと(4)の $m\perp n$ から　　$m\perp\alpha$

【Q6 解答】

l と m は平面 γ 上にある。いま，l と m が共有点Pをもつとする。

Pは l 上の点なので平面 α 上の点である。

一方，Pは m 上の点なので平面 β 上の点でもある。

これは $\alpha/\!/\beta$ に矛盾する。

【Q7 解答】

α と β の共有点が存在するとして，その1点をPとする。

AB⊥AP と AB⊥BP から

　　　　△ABP の内角の和 $> 2\angle R$

三角形の内角の和は $180°$ なので，これは矛盾。

【Q8 解答】

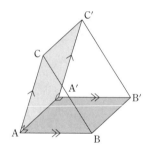

交線上に A′ をとり，そこから交線に垂直な線分 A′B′，
A′C′ を A′B′ = AB，A′C′ = AC となるようにとる。

AB∥A′B′，AC∥A′C′ より四角形 ABB′A′，ACC′A′
は平行四辺形となるので

　　　　AA′∥BB′ かつ AA′∥CC′

よって，基礎定理5により

　　　　BB′∥CC′　……①

また　　　BB′ = CC′（= AA′）　……②

①，②から　　　BC = B′C′

よって　　　△ABC ≡ △A′B′C′（三辺相等）

ゆえに　　　∠BAC = ∠B′A′C′

【Q9 解答】

l と α の交点から α 上で m に垂線 n を立てる。

$l \perp \alpha$ から　　　$l \perp n$

すなわち　　　$\alpha \perp \beta$

平面の方程式・点と平面の距離

一般に空間の点 $Q(x_0, y_0, z_0)$ を通り，ベクトル $\vec{h} = (l, m, n)$ に垂直な平面 α 上の任意の点 $P(x, y, z)$ に対して，$\vec{h} \cdot \overrightarrow{QP} = 0$ ……（＊）が成り立ち，逆に（＊）を満たす点Pは平面 α 上に存在する。

$$（＊）\Longleftrightarrow l(x - x_0) + m(y - y_0) + n(z - z_0) = 0 \quad ……（＊＊）$$

であることから，（＊＊）を平面 α の方程式という。

【（＊＊）で，$lx_0 + my_0 + nz_0 = k$ とおくと　　$lx + my + nz = k$ ……（＊＊＊）

よって，平面の方程式は必ず（＊＊＊）の形に書ける。

逆に $\vec{h} = (l, m, n) \neq \vec{0}$ のとき，この式を満たす点の集合 S は，$\vec{h}$ に垂直な平面となることが次のように示される。

$l \neq 0$ のとき（$m \neq 0$，$n \neq 0$ のときも同様），$\left(\dfrac{k}{l}, 0, 0\right)$ は（＊＊＊）を満たすから

$S \neq \phi$ である。S の任意の点 $P(x_0, y_0, z_0)$ に対して

$$\vec{h} \cdot \overrightarrow{QP} = l\left(x_0 - \frac{k}{l}\right) + my_0 + nz_0 = lx_0 + my_0 + nz_0 - k = 0$$

であるから $P = Q$ または $\vec{h} \perp \overrightarrow{PQ}$ となる。ゆえに，S は $\vec{h}$ に垂直な平面となる。】

平面の方程式は公式として用いてよい。

さらに，（＊＊＊）で与えられる平面と，空間内の点 $A(a, b, c)$ との距離を d とすると，$d = \dfrac{|la + mb + nc - k|}{\sqrt{l^2 + m^2 + n^2}}$ ……① となることが次のように示される（これも公式として用いてよい）。

Aから平面に下ろした垂線の足を $H(x_0, y_0, z_0)$ とする。

$\vec{h_0} = \dfrac{1}{\sqrt{l^2 + m^2 + n^2}}\vec{h}$ とおくと，$|\vec{h_0}| = 1$ で，$\overrightarrow{AH} /\!/ \vec{h_0}$ から $\overrightarrow{AH} = \pm d\vec{h_0}$ である（複号は向きが一致するとき＋，逆のとき－である。以下，複号同順）。

$l_0 = \dfrac{l}{\sqrt{l^2 + m^2 + n^2}}$，$m_0 = \dfrac{m}{\sqrt{l^2 + m^2 + n^2}}$，$n_0 = \dfrac{n}{\sqrt{l^2 + m^2 + n^2}}$ とおくと

$$x_0 = a \pm dl_0, \quad y_0 = b \pm dm_0, \quad z_0 = c \pm dn_0$$

これを（＊＊＊）に代入してまとめると

$$la + mb + nc - k = \mp d\sqrt{l^2 + m^2 + n^2}$$

これと $d \geq 0$ から①を得る。 （証明終）

MEMO

MEMO

MEMO

難関校過去問シリーズ

東大の文系数学
25ヵ年［第12版］

別冊 問題編

教学社

東大の文系数学25ヵ年 [第12版] 別冊 問題編

§1 整　　数

	内　　　容	年度	レベル
1	整数からなる数列の mod 3 での周期性，3つの項の最大公約数	2022〔3〕	B
2	4で割った余りと二項係数	2021〔4〕	D
3	多項式の係数と数列	2020〔4〕	D
4	整数からなる数列の項の大小と不等式	2018〔2〕	A
5	数列の隣接二項の最大公約数・互除法	2017〔4〕	A
6	整数の剰余と数列	2016〔4〕	A
7	命題（不等式）の真偽と反例	2015〔1〕	A
8	数列の漸化式と剰余の数列と論証	2014〔4〕	A
9	実数の小数部分からなる数列	2011〔2〕	B
10	二項係数の最大公約数，フェルマーの小定理の拡張	2009〔2〕	B
11	数列の一般項を含む式で与えられた整数の整除と論証	2008〔4〕	B
12	$5m^4$ の下2桁の数	2007〔3〕	A
13	x, y, z の代数方程式の整数解，不等式	2006〔3〕	A
14	連続2整数の積で 10^4 で割り切れるもの	2005〔2〕	B
15	余りに注目した数列	2003〔3〕	B
16	数列と公約数	2002〔2〕	A

　この分野は倍数・約数といった整除の原理に基づく問題からなります。東大の頻出分野の1つです。

　現行教育課程（2025 年度入試から）では，数学Aの数学と人間の活動で「整数」を項目として扱い，ユークリッドの互除法をもととした基礎付けを学びます。本書ではより深めた内容の基礎付けを付録として解答編の巻末に収録しましたので，理解を深める一助としてください。

　整数の理論は幾何同様に，興味深く，感動をおぼえるものです。しかし，限られた時間，極度の緊張状態のもとでの試験問題になると，気づかないとできないという側面もあり，また，できたと思っても根拠記述に論理的な飛躍があることも稀ではなく，正答率はみなさんが想像するより低いものです。多少勉強してもなかなか解けない時期もあると思いますが，粘り強く勉強されることを期待します。

1

2022 年度　〔3〕　　　　　　　　　　　　　　Level　B

数列 $\{a_n\}$ を次のように定める。

$$a_1 = 4, \quad a_{n+1} = a_n^2 + n\,(n+2) \quad (n = 1,\ 2,\ 3,\ \cdots)$$

(1) a_{2022} を 3 で割った余りを求めよ。

(2) a_{2022}, a_{2023}, a_{2024} の最大公約数を求めよ。

2

2021 年度　〔4〕　（文理共通）　　　　　　　　Level　D

以下の問いに答えよ。

(1) 正の奇数 K, L と正の整数 A, B が $KA = LB$ を満たしているとする。K を 4 で割った余りが L を 4 で割った余りと等しいならば、A を 4 で割った余りは B を 4 で割った余りと等しいことを示せ。

(2) 正の整数 a, b が $a > b$ を満たしているとする。このとき、$A = {}_{4a+1}C_{4b+1}$, $B = {}_aC_b$ に対して $KA = LB$ となるような正の奇数 K, L が存在することを示せ。

(3) a, b は(2)の通りとし、さらに $a - b$ が 2 で割り切れるとする。${}_{4a+1}C_{4b+1}$ を 4 で割った余りは ${}_aC_b$ を 4 で割った余りと等しいことを示せ。

(4) ${}_{2021}C_{37}$ を 4 で割った余りを求めよ。

3 2020 年度 〔4〕（文理共通）　　　　　　　　Level D

n, k を, $1 \leqq k \leqq n$ を満たす整数とする。n 個の整数
$$2^m \quad (m = 0, 1, 2, \cdots, n-1)$$
から異なる k 個を選んでそれらの積をとる。k 個の整数の選び方すべてに対しこのように積をとることにより得られる ${}_nC_k$ 個の整数の和を $a_{n,k}$ とおく。例えば
$$a_{4,3} = 2^0 \cdot 2^1 \cdot 2^2 + 2^0 \cdot 2^1 \cdot 2^3 + 2^0 \cdot 2^2 \cdot 2^3 + 2^1 \cdot 2^2 \cdot 2^3 = 120$$
である。

(1) 2 以上の整数 n に対し, $a_{n,2}$ を求めよ。

(2) 1 以上の整数 n に対し, x についての整式
$$f_n(x) = 1 + a_{n,1} x + a_{n,2} x^2 + \cdots + a_{n,n} x^n$$
を考える。$\dfrac{f_{n+1}(x)}{f_n(x)}$ と $\dfrac{f_{n+1}(x)}{f_n(2x)}$ を x についての整式として表せ。

(3) $\dfrac{a_{n+1,k+1}}{a_{n,k}}$ を n, k で表せ。

4 2018 年度 〔2〕　　　　　　　　　　　　　　Level A

数列 a_1, a_2, $\cdots$ を
$$a_n = \frac{{}_{2n}C_n}{n!} \quad (n = 1, 2, \cdots)$$
で定める。

(1) a_7 と 1 の大小を調べよ。

(2) $n \geqq 2$ とする。$\dfrac{a_n}{a_{n-1}} < 1$ をみたす n の範囲を求めよ。

(3) a_n が整数となる $n \geqq 1$ をすべて求めよ。

5

2017 年度 〔4〕（文理共通）　　　　　　　Level　A

$p = 2 + \sqrt{5}$ とおき，自然数 $n = 1, 2, 3, \cdots$ に対して

$$a_n = p^n + \left(-\frac{1}{p}\right)^n$$

と定める。以下の問いに答えよ。ただし設問(1)は結論のみを書けばよい。

(1) a_1, a_2 の値を求めよ。

(2) $n \geq 2$ とする。積 $a_1 a_n$ を，a_{n+1} と a_{n-1} を用いて表せ。

(3) a_n は自然数であることを示せ。

(4) a_{n+1} と a_n の最大公約数を求めよ。

6

2016 年度 〔4〕　　　　　　　Level　A

以下の問いに答えよ。ただし，(1)については，結論のみを書けばよい。

(1) n を正の整数とし，3^n を 10 で割った余りを a_n とする。a_n を求めよ。

(2) n を正の整数とし，3^n を 4 で割った余りを b_n とする。b_n を求めよ。

(3) 数列 $\{x_n\}$ を次のように定める。

$$x_1 = 1, \quad x_{n+1} = 3^{x_n} \quad (n = 1, 2, 3, \cdots)$$

x_{10} を 10 で割った余りを求めよ。

7

2015 年度 〔1〕　　　　　　　Level　A

以下の命題A，Bそれぞれに対し，その真偽を述べよ。また，真ならば証明を与え，偽ならば反例を与えよ。

命題A　n が正の整数ならば，$\dfrac{n^3}{26} + 100 \geq n^2$ が成り立つ。

命題B　整数 n, m, l が $5n + 5m + 3l = 1$ をみたすならば，$10nm + 3ml + 3nl < 0$ が成り立つ。

6

8 2014 年度 〔4〕 (文理共通(一部)) Level A

r を 0 以上の整数とし，数列 $\{a_n\}$ を次のように定める。

$$a_1=r, \ a_2=r+1, \ a_{n+2}=a_{n+1}(a_n+1) \quad (n=1, \ 2, \ 3, \ \cdots)$$

また，素数 p を 1 つとり，a_n を p で割った余りを b_n とする。ただし，0 を p で割った余りは 0 とする。

(1) 自然数 n に対し，b_{n+2} は $b_{n+1}(b_n+1)$ を p で割った余りと一致することを示せ。

(2) $r=2$，$p=17$ の場合に，10 以下のすべての自然数 n に対して，b_n を求めよ。

(3) ある 2 つの相異なる自然数 n, m に対して

$$b_{n+1}=b_{m+1}>0, \ b_{n+2}=b_{m+2}$$

が成り立ったとする。このとき，$b_n=b_m$ が成り立つことを示せ。

9 2011 年度 〔2〕 (文理共通(一部)) Level B

実数 x の小数部分を，$0\leq y<1$ かつ $x-y$ が整数となる実数 y のこととし，これを記号 $\langle x\rangle$ で表す。実数 a に対して，無限数列 $\{a_n\}$ の各項 a_n $(n=1, \ 2, \ 3, \ \cdots)$ を次のように順次定める。

(i) $a_1=\langle a\rangle$

(ii) $\begin{cases} a_n\neq 0 \text{ のとき，} a_{n+1}=\left\langle\dfrac{1}{a_n}\right\rangle \\ a_n=0 \text{ のとき，} a_{n+1}=0 \end{cases}$

(1) $a=\sqrt{2}$ のとき，数列 $\{a_n\}$ を求めよ。

(2) 任意の自然数 n に対して $a_n=a$ となるような $\dfrac{1}{3}$ 以上の実数 a をすべて求めよ。

10 2009 年度 〔2〕（文理共通 (一部)） Level B

自然数 $m \geqq 2$ に対し，$m-1$ 個の二項係数

$$_m C_1, \ _m C_2, \ \cdots, \ _m C_{m-1}$$

を考え，これらすべての最大公約数を d_m とする。すなわち d_m はこれらすべてを割り切る最大の自然数である。

(1) m が素数ならば，$d_m = m$ であることを示せ。

(2) すべての自然数 k に対し，$k^m - k$ が d_m で割り切れることを，k に関する数学的帰納法によって示せ。

11 2008 年度 〔4〕 Level B

p を自然数とする。次の関係式で定められる数列 $\{a_n\}$, $\{b_n\}$ を考える。

$$\begin{cases} a_1 = p, \ b_1 = p+1 \\ a_{n+1} = a_n + pb_n & (n = 1, 2, 3, \cdots) \\ b_{n+1} = pa_n + (p+1)b_n & (n = 1, 2, 3, \cdots) \end{cases}$$

(1) $n = 1, 2, 3, \cdots$ に対し，次の 2 つの数がともに p^3 で割り切れることを示せ。

$$a_n - \frac{n(n-1)}{2}p^2 - np, \quad b_n - n(n-1)p^2 - np - 1$$

(2) p を 3 以上の奇数とする。このとき，a_p は p^2 で割り切れるが，p^3 では割り切れないことを示せ。

12 2007 年度 〔3〕 Level A

正の整数の下 2 桁とは，100 の位以上を無視した数をいう。たとえば 2000，12345 の下 2 桁はそれぞれ 0，45 である。m が正の整数全体を動くとき，$5m^4$ の下 2 桁として現れる数をすべて求めよ。

13　2006 年度　〔3〕　　　　　　　　　　　Level　A

n を正の整数とする。実数 x, y, z に対する方程式

$$x^n + y^n + z^n = xyz \quad \cdots\cdots ①$$

を考える。

(1) $n=1$ のとき，①を満たす正の整数の組 (x, y, z) で，$x \leqq y \leqq z$ となるものをすべて求めよ。

(2) $n=3$ のとき，①を満たす正の実数の組 (x, y, z) は存在しないことを示せ。

14　2005 年度　〔2〕　（文理共通）　　　　　　　Level　B

3 以上 9999 以下の奇数 a で，$a^2 - a$ が 10000 で割り切れるものをすべて求めよ。

15　2003 年度　〔3〕　（文理共通（一部））　　　　Level　B

2 次方程式 $x^2 - 4x + 1 = 0$ の 2 つの実数解のうち大きいものを α，小さいものを β とする。

$n=1$, 2, 3, $\cdots$ に対し

$$s_n = \alpha^n + \beta^n$$

とおく。

(1) s_1, s_2, s_3 を求めよ。また，$n \geqq 3$ に対し，s_n を s_{n-1} と s_{n-2} で表せ。

(2) s_n は正の整数であることを示し，s_{2003} の 1 の位の数を求めよ。

(3) α^{2003} 以下の最大の整数の 1 の位の数を求めよ。

16 2002年度〔2〕（文理共通）　　Level A

n は正の整数とする。x^{n+1} を x^2-x-1 で割った余りを $a_n x+b_n$ とおく。

(1) 数列 a_n, b_n, $n=1,2,3,\cdots$ は
$$\begin{cases} a_{n+1}=a_n+b_n \\ b_{n+1}=a_n \end{cases}$$
を満たすことを示せ。

(2) $n=1,2,3,\cdots$ に対して，a_n, b_n は共に正の整数で，互いに素であることを証明せよ。

§2 図形と計量・図形と方程式

	内　　容	年度	レベル
17	原点で直交する2接線をもつ放物線の方程式の係数	2022〔1〕	B
18	放物線上の動点と領域，正三角形の頂点の座標	2020〔3〕	B
19	鋭角三角形の成立条件，連立不等式と領域	2016〔1〕	A
20	外接する2円と接線，相加・相乗平均と最小値	2015〔3〕	A
21	線分の長さの和と平方根の処理	2013〔2〕	C
22	放物線上に頂点をもつ二等辺三角形の重心の軌跡	2011〔4〕	B
23	2つの三角形の面積の和の最大値	2010〔1〕	A
24	円周上の3動点が直角二等辺三角形をなす条件と一般角	2010〔4〕	B
25	円の内接・外接ととり得る値の範囲	2009〔1〕	A
26	2組の2定点を見込む角が等しい点の軌跡	2008〔3〕	C
27	円の半径と等比数列	2007〔2〕	A
28	円に内接する四角形の辺の長さ	2006〔1〕	B
29	放物線上の3点が正三角形の頂点となる条件	2004〔1〕	B
30	線対称な2放物線上の2点を結ぶ線分の長さの最小値	1999〔3〕	A

　この分野は，平面上の点・直線・円・放物線および三角形について，図形と計量，平面図形および図形と方程式の範囲で処理できる問題からなります。ただし，接線の傾きあるいは方程式では微分を用います。

　ほとんどが，条件をみたして動く点の距離や図形の面積の最大・最小に関する問題です。

　図形の問題設定や処理には初等幾何・座標設定・三角関数・ベクトル・微積分など多くの手段が考えられます。問題設定や処理に必要とされる知識から，他の分野に分類した図形問題も数多くあります。いろいろな観点から図形を見る目を養ってください。

17 2022年度〔1〕 Level B

a, b を実数とする。座標平面上の放物線 $y=x^2+ax+b$ を C とおく。C は，原点で垂直に交わる2本の接線 l_1, l_2 を持つとする。ただし，C と l_1 の接点 P_1 の x 座標は，C と l_2 の接点 P_2 の x 座標より小さいとする。

(1) b を a で表せ。また a の値はすべての実数をとりうることを示せ。

(2) $i=1$, 2 に対し，円 D_i を，放物線 C の軸上に中心を持ち，点 P_i で l_i と接するものと定める。D_2 の半径が D_1 の半径の2倍となるとき，a の値を求めよ。

18 2020年度〔3〕 Level B

O を原点とする座標平面において，放物線
$$y=x^2-2x+4$$
のうち $x\geqq0$ を満たす部分を C とする。

(1) 点 P が C 上を動くとき，O を端点とする半直線 OP が通過する領域を図示せよ。

(2) 実数 a に対して，直線
$$l: y=ax$$
を考える。次の条件を満たす a の範囲を求めよ。

　　C 上の点 A と l 上の点 B で，3点 O，A，B が正三角形の3頂点となるものがある。

19 2016年度〔1〕 Level A

座標平面上の3点 $P(x, y)$, $Q(-x, -y)$, $R(1, 0)$ が鋭角三角形をなすための (x, y) についての条件を求めよ。また，その条件をみたす点 $P(x, y)$ の範囲を図示せよ。

20 2015 年度 〔3〕 Level A

l を座標平面上の原点を通り傾きが正の直線とする。さらに，以下の 3 条件(i)，(ii)，(iii)で定まる円 C_1，C_2 を考える。

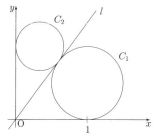

(i) 円 C_1，C_2 は 2 つの不等式 $x \geqq 0$，$y \geqq 0$ で定まる領域に含まれる。

(ii) 円 C_1，C_2 は直線 l と同一点で接する。

(iii) 円 C_1 は x 軸と点 $(1, 0)$ で接し，円 C_2 は y 軸と接する。

円 C_1 の半径を r_1，円 C_2 の半径を r_2 とする。$8r_1 + 9r_2$ が最小となるような直線 l の方程式と，その最小値を求めよ。

21 2013 年度 〔2〕 Level C

座標平面上の 3 点

$$P(0, -\sqrt{2}), \quad Q(0, \sqrt{2}), \quad A(a, \sqrt{a^2+1}) \quad (0 \leqq a \leqq 1)$$

を考える。

(1) 2 つの線分の長さの差 $PA - AQ$ は a によらない定数であることを示し，その値を求めよ。

(2) Q を端点として A を通る半直線と放物線 $y = \dfrac{\sqrt{2}}{8}x^2$ との交点を B とする。点 B から直線 $y = 2$ へ下ろした垂線と直線 $y = 2$ との交点を C とする。このとき，線分の長さの和

$$PA + AB + BC$$

は a によらない定数であることを示し，その値を求めよ。

22   2011年度 〔4〕（文理共通）   Level B

座標平面上の1点 $P\left(\dfrac{1}{2}, \dfrac{1}{4}\right)$ をとる。放物線 $y=x^2$ 上の2点 $Q(\alpha, \alpha^2)$, $R(\beta, \beta^2)$ を，3点 P，Q，R が QR を底辺とする二等辺三角形をなすように動かすとき，$\triangle PQR$ の重心 $G(X, Y)$ の軌跡を求めよ。

23   2010年度 〔1〕   Level A

O を原点とする座標平面上に点 $A(-3, 0)$ をとり，$0° < \theta < 120°$ の範囲にある θ に対して，次の条件(i), (ii)をみたす2点 B，C を考える。

(i) B は $y>0$ の部分にあり，$OB=2$ かつ $\angle AOB = 180° - \theta$ である。

(ii) C は $y<0$ の部分にあり，$OC=1$ かつ $\angle BOC = 120°$ である。ただし $\triangle ABC$ は O を含むものとする。

以下の問(1), (2)に答えよ。

(1) $\triangle OAB$ と $\triangle OAC$ の面積が等しいとき，θ の値を求めよ。

(2) θ を $0° < \theta < 120°$ の範囲で動かすとき，$\triangle OAB$ と $\triangle OAC$ の面積の和の最大値と，そのときの $\sin\theta$ の値を求めよ。

24   2010年度 〔4〕（文理共通）   Level B

C を半径1の円周とし，A を C 上の1点とする。3点 P，Q，R が A を時刻 $t=0$ に出発し，C 上を各々一定の速さで，P，Q は反時計回りに，R は時計回りに，時刻 $t=2\pi$ まで動く。P，Q，R の速さは，それぞれ m，1，2 であるとする。（したがって，Q は C をちょうど一周する。）ただし，m は $1 \leqq m \leqq 10$ をみたす整数である。$\triangle PQR$ が PR を斜辺とする直角二等辺三角形となるような速さ m と時刻 t の組をすべて求めよ。

25 2009 年度 〔1〕 Level A

座標平面において原点を中心とする半径 2 の円を C_1 とし，点 $(1, 0)$ を中心とする半径 1 の円を C_2 とする。また，点 (a, b) を中心とする半径 t の円 C_3 が，C_1 に内接し，かつ C_2 に外接すると仮定する。ただし，b は正の実数とする。

(1) a, b を t を用いて表せ。また，t がとり得る値の範囲を求めよ。

(2) t が(1)で求めた範囲を動くとき，b の最大値を求めよ。

26 2008 年度 〔3〕 Level C

座標平面上の 3 点 A $(1, 0)$，B $(-1, 0)$，C $(0, -1)$ に対し，

$$\angle APC = \angle BPC$$

をみたす点 P の軌跡を求めよ。ただし P ≠ A，B，C とする。

27 2007年度 〔2〕 Level A

r は $0<r<1$ をみたす実数，n は 2 以上の整数とする。平面上に与えられた 1 つの円を，次の条件①，②をみたす 2 つの円で置き換える操作（P）を考える。

① 新しい 2 つの円の半径の比は $r:1-r$ で，半径の和はもとの円の半径に等しい。

② 新しい 2 つの円は互いに外接し，もとの円に内接する。

以下のようにして，平面上に 2^n 個の円を作る。

・最初に，平面上に半径 1 の円を描く。

・次に，この円に対して操作（P）を行い，2 つの円を得る（これを 1 回目の操作という）。

・k 回目の操作で得られた 2^k 個の円のそれぞれについて，操作（P）を行い，2^{k+1} 個の円を得る（$1 \leqq k \leqq n-1$）。

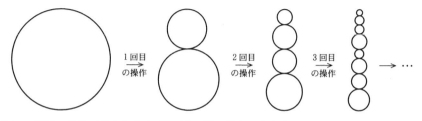

(1) n 回目の操作で得られる 2^n 個の円の周の長さの和を求めよ。

(2) 2 回目の操作で得られる 4 つの円の面積の和を求めよ。

(3) n 回目の操作で得られる 2^n 個の円の面積の和を求めよ。

28 2006年度 〔1〕 Level B

四角形 ABCD が，半径 $\dfrac{65}{8}$ の円に内接している。この四角形の周の長さが 44 で，辺 BC と辺 CD の長さがいずれも 13 であるとき，残りの 2 辺 AB と DA の長さを求めよ。

29 Level B

xy 平面の放物線 $y=x^2$ 上の 3 点 P，Q，R が次の条件をみたしている。

$\triangle$PQR は一辺の長さ a の正三角形であり，点 P，Q を通る直線の傾きは $\sqrt{2}$ である。このとき，a の値を求めよ。

30 Level A

c を $c>\dfrac{1}{4}$ を満たす実数とする。xy 平面上の放物線 $y=x^2$ を A とし，直線 $y=x-c$ に関して A と対称な放物線を B とする。点 P が放物線 A 上を動き，点 Q が放物線 B 上を動くとき，線分 PQ の長さの最小値を c を用いて表せ。

§3 方程式・不等式・領域

	内　　容	年度	レベル
31	２次方程式の２解の対称式の最小値	2023〔1〕	A
32	放物線の通過範囲	2021〔3〕	B
33	不等式と領域，線分と x 軸のなす角	2019〔2〕	B
34	不等式と領域，領域の移動	2019〔4〕	B
35	放物線上の点と２直線の距離，不等式と領域	2018〔1〕	B
36	放物線の一部分の通過範囲と面積	2018〔4〕	A
37	分点の存在範囲とその面積	2017〔2〕	B
38	放物線の通過範囲と面積	2015〔2〕	B
39	線分の通過範囲	2014〔3〕	C
40	領域と２次式の値の最小値	2013〔3〕	B
41	２変数の２次の関係式の一方の変数のとりうる値の範囲	2012〔1〕	A
42	三角形の面積の最大値	2012〔2〕	A
43	複２次方程式の解の値の範囲	2005〔3〕	A
44	２放物線で囲まれた領域での１次式の値の最大・最小	2004〔2〕	B
45	領域の決定と１次式の値の最小値	2003〔2〕	B
46	領域における１次式の値の最小値が正であるための条件	2000〔2〕	B

§3

　この分野は代数方程式の解，不等式と領域，点の存在範囲，曲線（直線）の通過範囲，２次方程式の解の判別と領域，多項式などの問題からなります。一部，積分による面積を求める問題も含まれています。

　「条件Ａを満たすようなＢが存在するためのＣの範囲（条件）」とか，「すべてのＡに対して条件Ｂが成り立つためのＣの範囲（条件）」といった形の問題を，限られた時間で，論理的に正確にとらえて根拠記述に配慮した答案を提示するのは易しいことではありません。また，このような問題では複数の変数（文字）が現れますが，そのうちの１変数（例えば x）のとり得る値の範囲は「与えられた条件を満たす他の変数が実数として存在するためのその変数（x）の条件」として求められる，ということを明確に意識することが大切です。「２点Ｐ，Ｑから得られる点Ｒの存在範囲（や軌跡）とは，Ｒ(x, y) を生み出すＰ，Ｑが存在するための x, y の条件」として求められるという理解も同様です。これに領域の図示が加わると，時間がたちまちのうちに経過するため，設定したレベルよりも時間を要する問題も多いと思います。

31 2023 年度 〔1〕 Level A

k を正の実数とし，2 次方程式 $x^2+x-k=0$ の 2 つの実数解を α，β とする。k が $k>2$ の範囲を動くとき，

$$\frac{\alpha^3}{1-\beta}+\frac{\beta^3}{1-\alpha}$$

の最小値を求めよ。

32 2021 年度 〔3〕（文理共通） Level B

a，b を実数とする。座標平面上の放物線
$$C : y=x^2+ax+b$$
は放物線 $y=-x^2$ と 2 つの共有点を持ち，一方の共有点の x 座標は $-1<x<0$ を満たし，他方の共有点の x 座標は $0<x<1$ を満たす。

(1) 点 (a, b) のとりうる範囲を座標平面上に図示せよ。

(2) 放物線 C の通りうる範囲を座標平面上に図示せよ。

33 2019 年度 〔2〕 Level B

O を原点とする座標平面において，点 A$(2, 2)$ を通り，線分 OA と垂直な直線を l とする。座標平面上を点 P(p, q) が次の 2 つの条件をみたしながら動く。

条件 1：$8 \leqq \overrightarrow{OA} \cdot \overrightarrow{OP} \leqq 17$

条件 2：点 O と直線 l の距離を c とし，点 P(p, q) と直線 l の距離を d とするとき $cd \geqq (p-1)^2$

このとき，P が動く領域を D とする。さらに，x 軸の正の部分と線分 OP のなす角を θ とする。

(1) D を図示し，その面積を求めよ。

(2) $\cos\theta$ のとりうる値の範囲を求めよ。

34 2019 年度 〔4〕 Level B

Oを原点とする座標平面を考える。不等式
$$|x|+|y|\leqq1$$
が表す領域を D とする。また，点P，Qが領域 D を動くとき，$\overrightarrow{OR}=\overrightarrow{OP}-\overrightarrow{OQ}$ をみたす点Rが動く範囲を E とする。

(1) D, E をそれぞれ図示せよ。

(2) a, b を実数とし，不等式
$$|x-a|+|y-b|\leqq1$$
が表す領域を F とする。また，点S，Tが領域 F を動くとき，$\overrightarrow{OU}=\overrightarrow{OS}-\overrightarrow{OT}$ をみたす点Uが動く範囲を G とする。G は E と一致することを示せ。

35 2018 年度 〔1〕 Level B

座標平面上に放物線 C を
$$y=x^2-3x+4$$
で定め，領域 D を
$$y\geqq x^2-3x+4$$
で定める。原点をとおる2直線 l, m は C に接するものとする。

(1) 放物線 C 上を動く点Aと直線 l, m の距離をそれぞれ L, M とする。$\sqrt{L}+\sqrt{M}$ が最小値をとるときの点Aの座標を求めよ。

(2) 次の条件をみたす点P(p, q) の動きうる範囲を求め，座標平面上に図示せよ。
条件：領域 D のすべての点 (x, y) に対し不等式 $px+qy\leqq0$ がなりたつ。

36 2018 年度 〔4〕 Level A

放物線 $y=x^2$ のうち $-1\leqq x\leqq 1$ をみたす部分を C とする。座標平面上の原点Oと点 A$(1,\ 0)$ を考える。

(1) 点Pが C 上を動くとき,

$$\overrightarrow{OQ}=2\overrightarrow{OP}$$

をみたす点Qの軌跡を求めよ。

(2) 点Pが C 上を動き,点Rが線分 OA 上を動くとき,

$$\overrightarrow{OS}=2\overrightarrow{OP}+\overrightarrow{OR}$$

をみたす点Sが動く領域を座標平面上に図示し,その面積を求めよ。

37 2017 年度 〔2〕 Level B

1辺の長さが1の正六角形 ABCDEF が与えられている。点Pが辺 AB 上を,点Q が辺 CD 上をそれぞれ独立に動くとき,線分 PQ を 2:1 に内分する点Rが通りうる 範囲の面積を求めよ。

38 2015 年度 〔2〕 Level B

座標平面上の2点 A$(-1,\ 1)$,B$(1,\ -1)$ を考える。また,Pを座標平面上の点 とし,その x 座標の絶対値は1以下であるとする。次の条件(i)または(ii)をみたす点P の範囲を図示し,その面積を求めよ。

(i) 頂点の x 座標の絶対値が1以上の2次関数のグラフで,点A,P,Bをすべて 通るものがある。

(ii) 点A,P,Bは同一直線上にある。

39　2014年度〔3〕（文理共通(一部)）　Level C

座標平面の原点をOで表す。線分 $y=\sqrt{3}x$ $(0\leqq x\leqq2)$ 上の点Pと，線分 $y=-\sqrt{3}x$ $(-3\leqq x\leqq0)$ 上の点Qが，線分OPと線分OQの長さの和が6となるように動く。このとき，線分PQの通過する領域を D とする。

⑴　s を $-3\leqq s\leqq2$ をみたす実数とするとき，点 $(s,\ t)$ が D に入るような t の範囲を求めよ。

⑵　D を図示せよ。

40　2013年度〔3〕　Level B

$a,\ b$ を実数の定数とする。実数 $x,\ y$ が
$$x^2+y^2\leqq25,\ 2x+y\leqq5$$
をともに満たすとき，$z=x^2+y^2-2ax-2by$ の最小値を求めよ。

41　2012年度〔1〕　Level A

座標平面上の点 $(x,\ y)$ が次の方程式を満たす。
$$2x^2+4xy+3y^2+4x+5y-4=0$$
このとき，x のとりうる最大の値を求めよ。

42　2012年度〔2〕　Level A

実数 t は $0<t<1$ を満たすとし，座標平面上の4点 O$(0,\ 0)$，A$(0,\ 1)$，B$(1,\ 0)$，C$(t,\ 0)$ を考える。また線分AB上の点Dを $\angle ACO=\angle BCD$ となるように定める。

t を動かしたときの三角形ACDの面積の最大値を求めよ。

43 2005 年度 〔3〕 Level A

0 以上の実数 s, t が $s^2 + t^2 = 1$ をみたしながら動くとき，方程式

$$x^4 - 2(s+t)x^2 + (s-t)^2 = 0$$

の解のとる値の範囲を求めよ。

44 2004 年度 〔2〕 Level B

a を正の実数とする。次の 2 つの不等式を同時にみたす点 (x, y) 全体からなる領域を D とする。

$$y \geq x^2$$

$$y \leq -2x^2 + 3ax + 6a^2$$

領域 D における $x + y$ の最大値，最小値を求めよ。

45 2003 年度 〔2〕 Level B

a, b を実数とする。次の 4 つの不等式を同時に満たす点 (x, y) 全体からなる領域を D とする。

$$x + 3y \geq a$$

$$3x + y \geq b$$

$$x \geq 0$$

$$y \geq 0$$

領域 D における $x + y$ の最小値を求めよ。

46 2000 年度 〔2〕 Level B

xy 平面内の領域

$$-1 \leq x \leq 1, \quad -1 \leq y \leq 1$$

において

$$1 - ax - by - axy$$

の最小値が正となるような定数 a, b を座標とする点 (a, b) の範囲を図示せよ。

§4 三角関数

	内　　　容	年度	レベル
47	三角不等式	2002〔1〕	A
48	三角関数の定義と加法定理の証明	1999〔1〕	B

　三角比，三角関数は他分野の多くの問題の解法でも効果的に用いられていますが，ここでは三角関数そのものを題材とした問題を収録しました。このような出題はとても少ないです。

　1999 年度の問題はレベルBとしましたが，証明のアイデアをきちんと吟味して経験しているかどうかで大きく差がでます。さらに，証明中に用いる諸性質を三角関数の定義に基づいて適切にコメントできているかどうかはとても大切なことなのですが，合格した生徒諸君の多くも出来具合は芳しいものではなかったようです。三角関数に限らず，数学の骨組みをなす基本的な諸定理・公式を，用語の正確な定義をはじめ，その導き方のアイデアや論理構成を味わいながら身に付けることが数学の学習の基本中の基本であることを忘れないでください。

§4

47　2002 年度　〔1〕（文理共通（一部））　Level A

2つの放物線

$$y = 2\sqrt{3}\,(x - \cos\theta)^2 + \sin\theta$$
$$y = -2\sqrt{3}\,(x + \cos\theta)^2 - \sin\theta$$

が相異なる2点で交わるような θ の範囲を求めよ。

ただし，$0° \leqq \theta < 360°$ とする。

48　1999 年度　〔1〕（文理共通）　Level B

(1)　一般角 θ に対して $\sin\theta$，$\cos\theta$ の定義を述べよ。
(2)　(1)で述べた定義にもとづき，一般角 α，β に対して

$$\sin(\alpha + \beta) = \sin\alpha\cos\beta + \cos\alpha\sin\beta,$$
$$\cos(\alpha + \beta) = \cos\alpha\cos\beta - \sin\alpha\sin\beta$$

を証明せよ。

§5 空間図形

　この分野は微積分を利用せずに処理ができる空間図形の問題からなります。

　2002年度から2022年度までこの分野の出題はなかったのですが，22年ぶりに出題がありました。そのため過去問が少ないので，空間図形からの出題が多い京都大学の問題などを解いてみるとよいでしょう。

　本書では解答編の巻末に空間幾何の基本的な公理と定理を付録として収録してあります。そこで述べられていることはいろいろな空間の問題を考える際にすべて前提として用いてよいことです。一通り目を通してください。

　空間図形の処理のイメージをつかむのには時間もかかり，その根拠を論理的に説明するのは難しい面がありますが，避けることなく学習し，感覚を熟成させてください。

§5

49 2023 年度 〔4〕 Level B

半径 1 の球面上の相異なる 4 点 A, B, C, D が

$$AB = 1, \quad AC = BC, \quad AD = BD, \quad \cos\angle ACB = \cos\angle ADB = \frac{4}{5}$$

を満たしているとする。

(1) 三角形 ABC の面積を求めよ。

(2) 四面体 ABCD の体積を求めよ。

50 2001 年度 〔1〕 (文理共通) Level B

半径 r の球面上に 4 点 A, B, C, D がある。四面体 ABCD の各辺の長さは，$AB = \sqrt{3}$，$AC = AD = BC = BD = CD = 2$ を満たしている。このとき r の値を求めよ。

§6 確率・個数の処理

	内　　　容	年度	レベル
51	3色の玉12個の並べ方に関する条件付き確率	2023〔3〕	C
52	コインの表裏の出方と点の移動に関する確率	2022〔4〕	C
53	$2N$個の整数から$N-2$個以上連続するN個を選ぶ場合の数	2021〔2〕	C
54	16個の格子点から条件をみたす5個を選ぶ場合の数	2020〔2〕	C
55	正八角形の頂点間を移動する動点と確率	2019〔3〕	B
56	座標平面上の点の移動と確率	2017〔3〕	B
57	巴戦の確率と等比数列の和	2016〔2〕	B
58	文字列と確率	2015〔4〕	C
59	球の出方と確率	2014〔2〕	B
60	コインの表裏の出方と確率	2013〔4〕	C
61	隣り合う図形（部屋）への移動と確率	2012〔3〕	B
62	不等式を満たす3つの整数の組の個数・格子点	2011〔3〕	B
63	箱の中のボールの個数と確率，推移図・漸化式	2010〔3〕	B
64	重複順列と確率	2009〔3〕	B
65	2色のカードの出方と推移図	2008〔2〕	A
66	ブロック積みゲームでのブロックの高さと確率，漸化式	2007〔4〕	B
67	記号○と×の配列と確率，推移図・漸化式	2006〔2〕	B
68	N枚のカードを2人がひいていくときの勝敗の確率，格子点の個数	2005〔4〕	B
69	3枚の板の裏返しと確率，推移図・漸化式	2004〔4〕	B
70	さいころの目による余りの数列と確率，推移図・漸化式	2003〔4〕	B
71	円周上の2色の点の配置と論証	2002〔4〕	B
72	硬貨の表裏の出方と点の移動の場合の数，推移図・漸化式	2001〔3〕	C
73	直線上の2色の碁石の配置と論証	2001〔4〕	B
74	正四面体の頂点と点の移動の確率	2000〔3〕	A
75	四面体の辺の選び方と確率	1999〔4〕	B

§6

　確率や個数の処理においては，数え方を間違えることによる誤った思い込みもよくあることを考慮して，できるだけ立式の根拠を記したので参考にしてください。また，近年の東大入試では，状態の推移図や漸化式の利用が頻出事項となっているのが特色であり，類題の経験が欠かせません。東大のこの分野はやや難〜難の出題が多いです。

28

51 2023 年度 〔3〕（文理共通） Level C

黒玉3個，赤玉4個，白玉5個が入っている袋から玉を1個ずつ取り出し，取り出した玉を順に横一列に12個すべて並べる。ただし，袋から個々の玉が取り出される確率は等しいものとする。

(1) どの赤玉も隣り合わない確率 p を求めよ。

(2) どの赤玉も隣り合わないとき，どの黒玉も隣り合わない条件付き確率 q を求めよ。

52 2022 年度 〔4〕 Level C

Oを原点とする座標平面上で考える。0以上の整数 k に対して，ベクトル $\overrightarrow{v_k}$ を

$$\overrightarrow{v_k} = \left(\cos\frac{2k\pi}{3},\ \sin\frac{2k\pi}{3} \right)$$

と定める。投げたとき表と裏がどちらも $\frac{1}{2}$ の確率で出るコインを N 回投げて，座標平面上に点 X_0, X_1, X_2, ……, X_N を以下の規則(ⅰ), (ⅱ)に従って定める。

(ⅰ) X_0 はOにある。

(ⅱ) n を1以上 N 以下の整数とする。X_{n-1} が定まったとし，X_n を次のように定める。

• n 回目のコイン投げで表が出た場合，
$$\overrightarrow{OX_n} = \overrightarrow{OX_{n-1}} + \overrightarrow{v_k}$$
により X_n を定める。ただし，k は1回目から n 回目までのコイン投げで裏が出た回数とする。

• n 回目のコイン投げで裏が出た場合，X_n を X_{n-1} と定める。

(1) $N=5$ とする。X_5 がOにある確率を求めよ。

(2) $N=98$ とする。X_{98} がOにあり，かつ，表が90回，裏が8回出る確率を求めよ。

53 2021年度 〔2〕 Level C

N を 5 以上の整数とする。1 以上 $2N$ 以下の整数から，相異なる N 個の整数を選ぶ。ただし 1 は必ず選ぶこととする。選んだ数の集合を S とし，S に関する以下の条件を考える。

条件 1：S は連続する 2 個の整数からなる集合を 1 つも含まない。

条件 2：S は連続する $N-2$ 個の整数からなる集合を少なくとも 1 つ含む。

ただし，2 以上の整数 k に対して，連続する k 個の整数からなる集合とは，ある整数 l を用いて $\{l,\ l+1,\ \cdots,\ l+k-1\}$ と表される集合を指す。例えば $\{1,\ 2,\ 3,\ 5,\ 7,\ 8,\ 9,\ 10\}$ は連続する 3 個の整数からなる集合 $\{1,\ 2,\ 3\}$，$\{7,\ 8,\ 9\}$，$\{8,\ 9,\ 10\}$ を含む。

(1) 条件 1 を満たすような選び方は何通りあるか。

(2) 条件 2 を満たすような選び方は何通りあるか。

54 2020年度 〔2〕 Level C

座標平面上に 8 本の直線

$x = a$ $(a = 1,\ 2,\ 3,\ 4)$, $y = b$ $(b = 1,\ 2,\ 3,\ 4)$

がある。以下，16 個の点

$(a,\ b)$ $(a = 1,\ 2,\ 3,\ 4,\quad b = 1,\ 2,\ 3,\ 4)$

から異なる 5 個の点を選ぶことを考える。

(1) 次の条件を満たす 5 個の点の選び方は何通りあるか。

上の 8 本の直線のうち，選んだ点を 1 個も含まないものがちょうど 2 本ある。

(2) 次の条件を満たす 5 個の点の選び方は何通りあるか。

上の 8 本の直線は，いずれも選んだ点を少なくとも 1 個含む。

55 2019年度 〔3〕 Level B

正八角形の頂点を反時計回りにA，B，C，D，E，F，G，Hとする。また，投げたとき表裏の出る確率がそれぞれ $\frac{1}{2}$ のコインがある。

点Pが最初に点Aにある。次の操作を10回繰り返す。

操作：コインを投げ，表が出れば点Pを反時計回りに隣接する頂点に移動させ，裏が出れば点Pを時計回りに隣接する頂点に移動させる。

例えば，点Pが点Hにある状態で，投げたコインの表が出れば点Aに移動させ，裏が出れば点Gに移動させる。

以下の事象を考える。

事象 S：操作を10回行った後に点Pが点Aにある。

事象 T：1回目から10回目の操作によって，点Pは少なくとも1回，点Fに移動する。

⑴ 事象 S が起こる確率を求めよ。

⑵ 事象 S と事象 T がともに起こる確率を求めよ。

56 2017年度 〔3〕 (文理共通（一部）) Level B

座標平面上で x 座標と y 座標がいずれも整数である点を格子点という。格子点上を次の規則(a)，(b)に従って動く点Pを考える。

(a) 最初に，点Pは原点Oにある。

(b) ある時刻で点Pが格子点 (m, n) にあるとき，その1秒後の点Pの位置は，隣接する格子点 $(m+1, n)$，$(m, n+1)$，$(m-1, n)$，$(m, n-1)$ のいずれかであり，また，これらの点に移動する確率は，それぞれ $\frac{1}{4}$ である。

⑴ 最初から1秒後の点Pの座標を (s, t) とする。$t-s=-1$ となる確率を求めよ。

⑵ 点Pが，最初から6秒後に直線 $y=x$ 上にある確率を求めよ。

57

2016 年度 〔2〕 （文理共通（一部）） Level B

A，B，Cの3つのチームが参加する野球の大会を開催する。以下の方式で試合を行い，2連勝したチームが出た時点で，そのチームを優勝チームとして大会は終了する。

(a) 1試合目でAとBが対戦する。

(b) 2試合目で，1試合目の勝者と，1試合目で待機していたCが対戦する。

(c) k 試合目で優勝チームが決まらない場合は，k 試合目の勝者と，k 試合目で待機していたチームが $k+1$ 試合目で対戦する。ここで k は2以上の整数とする。

なお，すべての対戦において，それぞれのチームが勝つ確率は $\frac{1}{2}$ で，引き分けはないものとする。

(1) ちょうど5試合目でAが優勝する確率を求めよ。

(2) n を2以上の整数とする。ちょうど n 試合目でAが優勝する確率を求めよ。

(3) m を正の整数とする。総試合数が $3m$ 回以下でAが優勝する確率を求めよ。

58

2015 年度 〔4〕 Level C

投げたとき表と裏の出る確率がそれぞれ $\frac{1}{2}$ のコインを1枚用意し，次のように左から順に文字を書く。

コインを投げ，表が出たときは文字列 AA を書き，裏が出たときは文字Bを書く。さらに繰り返しコインを投げ，同じ規則に従って，AA，Bをすでにある文字列の右側につなげて書いていく。

たとえば，コインを5回投げ，その結果が順に表，裏，裏，表，裏であったとすると，得られる文字列は

AABBAAB

となる。このとき，左から4番目の文字はB，5番目の文字はAである。

(1) n を正の整数とする。n 回コインを投げ，文字列を作るとき，文字列の左から n 番目の文字がAとなる確率を求めよ。

(2) n を2以上の整数とする。n 回コインを投げ，文字列を作るとき，文字列の左から $n-1$ 番目の文字がAで，かつ n 番目の文字がBとなる確率を求めよ。

a を自然数（すなわち 1 以上の整数）の定数とする。白球と赤球があわせて 1 個以上入っている袋 U に対して，次の操作(∗)を考える。

(∗)　袋 U から球を 1 個取り出し

　(ⅰ)　取り出した球が白球のときは，袋 U の中身が白球 a 個，赤球 1 個となるようにする。

　(ⅱ)　取り出した球が赤球のときは，その球を袋 U へ戻すことなく，袋 U の中身はそのままにする。

はじめに袋 U の中に，白球が $a+2$ 個，赤球が 1 個入っているとする。この袋 U に対して操作(∗)を繰り返し行う。

たとえば，1 回目の操作で白球が出たとすると，袋 U の中身は白球 a 個，赤球 1 個となり，さらに 2 回目の操作で赤球が出たとすると，袋 U の中身は白球 a 個のみとなる。

n 回目に取り出した球が赤球である確率を p_n とする。ただし，袋 U の中の個々の球の取り出される確率は等しいものとする。

(1)　p_1，p_2 を求めよ。

(2)　$n \geq 3$ に対して p_n を求めよ。

60 2013年度 〔4〕（文理共通（一部）） Level C

A, Bの2人がいる。投げたとき表裏が出る確率がそれぞれ $\frac{1}{2}$ のコインが1枚あり, 最初はAがそのコインを持っている。次の操作を繰り返す。

(i) Aがコインを持っているときは, コインを投げ, 表が出ればAに1点を与え, コインはAがそのまま持つ。裏が出れば, 両者に点を与えず, AはコインをBに渡す。

(ii) Bがコインを持っているときは, コインを投げ, 表が出ればBに1点を与え, コインはBがそのまま持つ。裏が出れば, 両者に点を与えず, BはコインをAに渡す。

そしてA, Bのいずれかが2点を獲得した時点で, 2点を獲得した方の勝利とする。たとえば, コインが表, 裏, 表, 表と出た場合, この時点でAは1点, Bは2点を獲得しているのでBの勝利となる。

A, Bあわせてちょうど n 回コインを投げ終えたときにAの勝利となる確率 $p(n)$ を求めよ。

61 2012年度 〔3〕（文理共通） Level B

図のように, 正三角形を9つの部屋に辺で区切り, 部屋P, Qを定める。1つの球が部屋Pを出発し, 1秒ごとに, そのままその部屋にとどまることなく, 辺を共有する隣の部屋に等確率で移動する。球が n 秒後に部屋Qにある確率を求めよ。

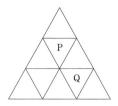

62 2011 年度 〔3〕（文理共通（一部）） Level B

p, q を 2 つの正の整数とする。整数 a, b, c で条件

$$-q \leqq b \leqq 0 \leqq a \leqq p, \quad b \leqq c \leqq a$$

を満たすものを考え，このような a, b, c を $[a, b;c]$ の形に並べたものを (p, q) パターンと呼ぶ。各 (p, q) パターン $[a, b;c]$ に対して

$$w([a, b;c]) = p - q - (a+b)$$

とおく。

(1) (p, q) パターンのうち，$w([a, b;c]) = -q$ となるものの個数を求めよ。また，$w([a, b;c]) = p$ となる (p, q) パターンの個数を求めよ。

以下 $p = q$ の場合を考える。

(2) s を p 以下の整数とする。(p, p) パターンで $w([a, b;c]) = -p+s$ となるものの個数を求めよ。

63 2010 年度 〔3〕（文理共通（一部）） Level B

2 つの箱 L と R，ボール 30 個，コイン投げで表と裏が等確率 $\frac{1}{2}$ で出るコイン 1 枚を用意する。x を 0 以上 30 以下の整数とする。L に x 個，R に $30-x$ 個のボールを入れ，次の操作（♯）を繰り返す。

（♯）　箱 L に入っているボールの個数を z とする。コインを投げ，表が出れば箱 R から箱 L に，裏が出れば箱 L から箱 R に，$K(z)$ 個のボールを移す。ただし，$0 \leqq z \leqq 15$ のとき $K(z) = z$，$16 \leqq z \leqq 30$ のとき $K(z) = 30 - z$ とする。

m 回の操作の後，箱 L のボールの個数が 30 である確率を $P_m(x)$ とする。たとえば $P_1(15) = P_2(15) = \frac{1}{2}$ となる。以下の問(1)，(2)に答えよ。

(1) $m \geqq 2$ のとき，x に対してうまく y を選び，$P_m(x)$ を $P_{m-1}(y)$ で表せ。

(2) n を自然数とするとき，$P_{2n}(10)$ を求めよ。

64

2009年度 〔3〕（文理共通）　　　　　　　　**Level　B**

スイッチを1回押すごとに，赤，青，黄，白のいずれかの色の玉が1個，等確率$\frac{1}{4}$で出てくる機械がある。2つの箱LとRを用意する。次の3種類の操作を考える。

- （A）　1回スイッチを押し，出てきた玉をLに入れる。
- （B）　1回スイッチを押し，出てきた玉をRに入れる。
- （C）　1回スイッチを押し，出てきた玉と同じ色の玉が，Lになければその玉をLに入れ，Lにあればその玉をRに入れる。

(1) LとRは空であるとする。操作（A）を5回おこない，さらに操作（B）を5回おこなう。このときLにもRにも4色すべての玉が入っている確率P_1を求めよ。

(2) LとRは空であるとする。操作（C）を5回おこなう。このときLに4色すべての玉が入っている確率P_2を求めよ。

(3) LとRは空であるとする。操作（C）を10回おこなう。このときLにもRにも4色すべての玉が入っている確率をP_3とする。$\frac{P_3}{P_1}$を求めよ。

65

2008年度 〔2〕（文理共通（一部））　　　　　　**Level　A**

白黒2種類のカードがたくさんある。そのうち4枚を手もとにもっているとき，次の操作（A）を考える。

- （A）　手持ちの4枚の中から1枚を，等確率$\frac{1}{4}$で選び出し，それを違う色のカードにとりかえる。

最初にもっている4枚のカードは，白黒それぞれ2枚であったとする。以下の(1)，(2)に答えよ。

(1) 操作（A）を4回繰り返した後に初めて，4枚とも同じ色のカードになる確率を求めよ。

(2) 操作（A）をn回繰り返した後に初めて，4枚とも同じ色のカードになる確率を求めよ。

36

66 2007年度 〔4〕（文理共通） Level B

表が出る確率が p，裏が出る確率が $1-p$ であるような硬貨がある。ただし，$0<p<1$ とする。この硬貨を投げて，次のルール（R）の下で，ブロック積みゲームを行う。

（R）
① ブロックの高さは，最初は0とする。
② 硬貨を投げて表が出れば高さ1のブロックを1つ積み上げ，裏が出ればブロックをすべて取り除いて高さ0に戻す。

n を正の整数，m を $0\leqq m\leqq n$ をみたす整数とする。

(1) n 回硬貨を投げたとき，最後にブロックの高さが m となる確率 p_m を求めよ。

(2) (1)で，最後にブロックの高さが m 以下となる確率 q_m を求めよ。

(3) ルール（R）の下で，n 回の硬貨投げを独立に2度行い，それぞれ最後のブロックの高さを考える。2度のうち，高い方のブロックの高さが m である確率 r_m を求めよ。ただし，最後のブロックの高さが等しいときはその値を考えるものとする。

67 2006年度 〔2〕（文理共通（一部）） Level B

コンピュータの画面に，記号○と×のいずれかを表示させる操作をくり返し行う。このとき，各操作で，直前の記号と同じ記号を続けて表示する確率は，それまでの経過に関係なく，p であるとする。

最初に，コンピュータの画面に記号×が表示された。操作をくり返し行い，記号×が最初のものも含めて3個出るよりも前に，記号○が n 個出る確率を P_n とする。ただし，記号○が n 個出た段階で操作は終了する。

(1) P_2 を p で表せ。

(2) P_3 を p で表せ。

(3) $n\geqq4$ のとき，P_n を p と n で表せ。

68

N を 1 以上の整数とする。数字 1，2，…，N が書かれたカードを 1 枚ずつ，計 N 枚用意し，甲，乙のふたりが次の手順でゲームを行う。

(ⅰ) 甲が 1 枚カードをひく。そのカードに書かれた数を a とする。ひいたカードはもとに戻す。

(ⅱ) 甲はもう 1 回カードをひくかどうかを選択する。ひいた場合は，そのカードに書かれた数を b とする。ひいたカードはもとに戻す。ひかなかった場合は，$b=0$ とする。$a+b>N$ の場合は乙の勝ちとし，ゲームは終了する。

(ⅲ) $a+b \leqq N$ の場合は，乙が 1 枚カードをひく。そのカードに書かれた数を c とする。ひいたカードはもとに戻す。$a+b<c$ の場合は乙の勝ちとし，ゲームは終了する。

(ⅳ) $a+b \geqq c$ の場合は，乙はもう 1 回カードをひく。そのカードに書かれた数を d とする。$a+b<c+d \leqq N$ の場合は乙の勝ちとし，それ以外の場合は甲の勝ちとする。

(ⅱ)の段階で，甲にとってどちらの選択が有利であるかを，a の値に応じて考える。以下の問いに答えよ。

(1) 甲が 2 回目にカードをひかないことにしたとき，甲の勝つ確率を a を用いて表せ。

(2) 甲が 2 回目にカードをひくことにしたとき，甲の勝つ確率を a を用いて表せ。

ただし，各カードがひかれる確率は等しいものとする。

69 2004 年度 〔4〕（文理共通（一部）） Level B

片面を白色に，もう片面を黒色に塗った正方形の板が3枚ある。この3枚の板を机の上に横に並べ，次の操作を繰り返し行う。

さいころを振り，出た目が1，2であれば左端の板を裏返し，3，4であればまん中の板を裏返し，5，6であれば右端の板を裏返す。

たとえば，最初，板の表の色の並び方が「白白白」であったとし，1回目の操作で出たさいころの目が1であれば，色の並び方は「黒白白」となる。さらに2回目の操作を行って出たさいころの目が5であれば，色の並び方は「黒白黒」となる。

(1) 「白白白」から始めて，3回の操作の結果，色の並び方が「黒白白」となる確率を求めよ。

(2) 「白白白」から始めて，n 回の操作の結果，色の並び方が「黒白白」または「白黒白」または「白白黒」となる確率を p_n とする。

p_{2k+1}（k は自然数）を求めよ。

注意：さいころは1から6までの目が等確率で出るものとする。

70 2003 年度 〔4〕 Level B

さいころを振り，出た目の数で17を割った余りを X_1 とする。

ただし，1で割った余りは0である。

さらにさいころを振り，出た目の数で X_1 を割った余りを X_2 とする。以下同様にして，X_n が決まればさいころを振り，出た目の数で X_n を割った余りを X_{n+1} とする。

このようにして，X_n，$n=1$，2，… を定める。

(1) $X_3=0$ となる確率を求めよ。

(2) 各 n に対し，$X_n=5$ となる確率を求めよ。

(3) 各 n に対し，$X_n=1$ となる確率を求めよ。

注意：さいころは1から6までの目が等確率で出るものとする。

71 2002 年度 〔4〕 Level B

円周上に m 個の赤い点と n 個の青い点を任意の順序に並べる。これらの点により，円周は $m+n$ 個の弧に分けられる。このとき，これらの弧のうち両端の点の色が異なるものの数は偶数であることを証明せよ。

ただし，$m \geqq 1$, $n \geqq 1$ であるとする。

72 2001 年度 〔3〕（文理共通（一部）） Level C

コインを投げる試行の結果によって，数直線上にある2点A，Bを次のように動かす。

表が出た場合：点Aの座標が点Bの座標より大きいときは，AとBを共に正の方向に1動かす。そうでないときは，Aのみ正の方向に1動かす。

裏が出た場合：点Bの座標が点Aの座標より大きいときは，AとBを共に正の方向に1動かす。そうでないときは，Bのみ正の方向に1動かす。

最初2点A，Bは原点にあるものとし，上記の試行を n 回繰り返してAとBを動かしていった結果，A，Bの到達した点の座標をそれぞれ a, b とする。

(1) n 回コインを投げたときの表裏の出方の場合の数 2^n 通りのうち，$a=b$ となる場合の数を X_n とおく。X_{n+1} と X_n の間の関係式を求めよ。

(2) X_n を求めよ。

73 2001 年度 〔4〕 Level B

白石 180 個と黒石 181 個の合わせて 361 個の碁石が横に一列に並んでいる。碁石がどのように並んでいても，次の条件を満たす黒の碁石が少なくとも一つあることを示せ。

その黒の碁石とそれより右にある碁石をすべて除くと，残りは白石と黒石が同数となる。ただし，碁石が一つも残らない場合も同数とみなす。

74
2000 年度 〔3〕 　　　　　　　　　　　　　　　　　　Level A

　正四面体の各頂点を A_1, A_2, A_3, A_4 とする。ある頂点にいる動点Xは，同じ頂点にとどまることなく，1秒ごとに他の3つの頂点に同じ確率で移動する。Xが A_i に n 秒後に存在する確率を $P_i(n)$ $(n=0, 1, 2, \cdots)$ で表す。

$$P_1(0)=\frac{1}{4}, \quad P_2(0)=\frac{1}{2}, \quad P_3(0)=\frac{1}{8}, \quad P_4(0)=\frac{1}{8}$$

とするとき，$P_1(n)$ と $P_2(n)$ $(n=0, 1, 2, \cdots)$ を求めよ。

75
1999 年度 〔4〕（文理共通（一部））　　　　　　　　　Level B

(1)　四面体 ABCD の各辺はそれぞれ確率 $\frac{1}{2}$ で電流を通すものとする。このとき，頂点Aから B に電流が流れる確率を求めよ。ただし，各辺が電流を通すか通さないかは独立で，辺以外は電流を通さないものとする。

(2)　(1)で考えたような2つの四面体 ABCD と EFGH を右の図のように頂点AとEでつないだとき，頂点Bから F に電流が流れる確率を求めよ。

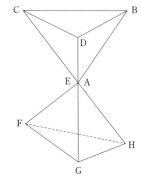

§7 整式の微積分

	内　　容	年度	レベル
76	放物線上の点と直線の距離の関数の定積分値，関数の最大値と最小値	2023〔2〕	A
77	3次関数のグラフの接線に直交する直線と交点，3次関数の増減	2022〔2〕	B
78	3次関数のグラフと単位円の共有点が6個となる条件	2021〔1〕	A
79	3次関数のグラフとx軸で囲まれた領域と格子点の個数	2020〔1〕	B
80	三角形の面積，3文字のとりうる値の範囲，線分比の最大値と最小値	2019〔1〕	A
81	3次方程式の3解の不等式と3次関数のグラフ	2018〔3〕	B
82	2つの放物線と両軸の囲む図形の面積比の最大値	2017〔1〕	A
83	2つの放物線で囲まれた図形の面積とその最大値	2016〔3〕	A
84	2次・3次関数の最大値と最小値	2014〔1〕	A
85	3次曲線と直線の交点の原点からの距離の極値	2013〔1〕	B
86	放物線と接線で囲まれた図形の面積	2012〔4〕	A
87	定積分の値の最小値と3次関数の決定	2011〔1〕	A
88	定積分を含む2次式の恒等式と係数の決定	2010〔2〕	A
89	直線の囲む面積と定積分・最小値	2009〔4〕	B
90	定積分の値の最大値	2008〔1〕	A
91	絶対値記号を含む2次関数と領域の図示，面積	2007〔1〕	B
92	絶対値記号を含む3次関数の最小値を与えるxの値	2006〔4〕	A
93	2次関数の定積分の値の最小値	2005〔1〕	A
94	3次関数の合成と方程式の解の個数	2004〔3〕	B
95	2次式の値の範囲と定積分	2003〔1〕	A
96	3次式の決定と定積分の最小値	2002〔3〕	A
97	三角形の面積とその最大値のグラフ	2001〔2〕	A
98	2つの円錐台の体積の和の最大値	2000〔1〕	A

§7

　この分野は数学Ⅱの整式の微積分を利用する問題からなります。

　レベルは易しいものや標準的なものが大部分なので，計算に注意し，完答を目指してください。

76 2023年度 〔2〕 Level A

座標平面上の放物線 $y = 3x^2 - 4x$ を C とおき，直線 $y = 2x$ を l とおく。実数 t に対し，C 上の点 $\mathrm{P}(t,\ 3t^2 - 4t)$ と l の距離を $f(t)$ とする。

(1) $-1 \leqq a \leqq 2$ の範囲の実数 a に対し，定積分

$$g(a) = \int_{-1}^{a} f(t)\,dt$$

を求めよ。

(2) a が $0 \leqq a \leqq 2$ の範囲を動くとき，$g(a) - f(a)$ の最大値および最小値を求めよ。

77 2022年度 〔2〕 Level B

$y = x^3 - x$ により定まる座標平面上の曲線を C とする。C 上の点 $\mathrm{P}(\alpha,\ \alpha^3 - \alpha)$ を通り，点 P における C の接線と垂直に交わる直線を l とする。C と l は相異なる 3 点で交わるとする。

(1) α のとりうる値の範囲を求めよ。

(2) C と l の点 P 以外の 2 つの交点の x 座標を $\beta,\ \gamma$ とする。ただし $\beta < \gamma$ とする。$\beta^2 + \beta\gamma + \gamma^2 - 1 \neq 0$ となることを示せ。

(3) (2)の $\beta,\ \gamma$ を用いて，

$$u = 4\alpha^3 + \frac{1}{\beta^2 + \beta\gamma + \gamma^2 - 1}$$

と定める。このとき，u のとりうる値の範囲を求めよ。

78 2021年度 〔1〕 Level A

a を正の実数とする。座標平面上の曲線 C を $y = ax^3 - 2x$ で定める。原点を中心とする半径 1 の円と C の共有点の個数が 6 個であるような a の範囲を求めよ。

79 2020 年度 〔1〕 Level B

$a>0$, $b>0$ とする。座標平面上の曲線
$$C : y = x^3 - 3ax^2 + b$$
が，以下の2条件を満たすとする。

　　条件1：C は x 軸に接する。
　　条件2：x 軸と C で囲まれた領域（境界は含まない）に，x 座標と y 座標がともに整数である点がちょうど1個ある。

b を a で表し，a のとりうる値の範囲を求めよ。

80 2019 年度 〔1〕 （文理共通（一部）） Level A

座標平面の原点を O とし，O，A $(1, 0)$，B $(1, 1)$，C $(0, 1)$ を辺の長さが1の正方形の頂点とする。3点 P $(p, 0)$，Q $(0, q)$，R $(r, 1)$ はそれぞれ辺 OA，OC，BC 上にあり，3点 O，P，Q および3点 P，Q，R はどちらも面積が $\frac{1}{3}$ の三角形の3頂点であるとする。

(1) q と r を p で表し，p, q, r それぞれのとりうる値の範囲を求めよ。

(2) $\dfrac{\mathrm{CR}}{\mathrm{OQ}}$ の最大値，最小値を求めよ。

81 2018 年度 〔3〕 （文理共通（一部）） Level B

$a>0$ とし
$$f(x) = x^3 - 3a^2 x$$
とおく。

(1) $x \geqq 1$ で $f(x)$ が単調に増加するための，a についての条件を求めよ。

(2) 次の2条件をみたす点 (a, b) の動きうる範囲を求め，座標平面上に図示せよ。

条件1：方程式 $f(x) = b$ は相異なる3実数解をもつ。

条件2：さらに，方程式 $f(x) = b$ の解を $\alpha < \beta < \gamma$ とすると $\beta > 1$ である。

82   2017 年度 〔1〕   Level A

座標平面において 2 つの放物線 $A : y = s(x-1)^2$ と $B : y = -x^2 + t^2$ を考える。ただ
し s, t は実数で，$0 < s$，$0 < t < 1$ をみたすとする。放物線 A と x 軸および y 軸で囲ま
れる領域の面積を P とし，放物線 B の $x \geqq 0$ の部分と x 軸および y 軸で囲まれる領域
の面積を Q とする。A と B がただ 1 点を共有するとき，$\dfrac{Q}{P}$ の最大値を求めよ。

83   2016 年度 〔3〕   Level A

座標平面上の 2 つの放物線

    $A : y = x^2$

    $B : y = -x^2 + px + q$

が点 $(-1,\ 1)$ で接している。ここで，p と q は実数である。さらに，t を正の実数
とし，放物線 B を x 軸の正の向きに $2t$，y 軸の正の向きに t だけ平行移動して得られ
る放物線を C とする。

(1) p と q の値を求めよ。

(2) 放物線 A と C が囲む領域の面積を $S(t)$ とする。ただし，A と C が領域を囲ま
   ないときは $S(t) = 0$ と定める。$S(t)$ を求めよ。

(3) $t > 0$ における $S(t)$ の最大値を求めよ。

84   2014 年度 〔1〕   Level A

以下の問いに答えよ。

(1) t を実数の定数とする。実数全体を定義域とする関数 $f(x)$ を

    $f(x) = -2x^2 + 8tx - 12x + t^3 - 17t^2 + 39t - 18$

   と定める。このとき，関数 $f(x)$ の最大値を t を用いて表せ。

(2) (1)の「関数 $f(x)$ の最大値」を $g(t)$ とする。t が $t \geqq -\dfrac{1}{\sqrt{2}}$ の範囲を動くとき，

   $g(t)$ の最小値を求めよ。

§7 整式の微積分 45

85

2013 年度 〔1〕   Level B

関数 $y=x(x-1)(x-3)$ のグラフを C,原点Oを通る傾き t の直線を l とし,C と l がO以外に共有点をもつとする。C と l の共有点をO,P,Qとし,$|\overrightarrow{OP}|$ と $|\overrightarrow{OQ}|$ の積を $g(t)$ とおく。ただし,それら共有点の1つが接点である場合は,O,P,Q のうちの2つが一致して,その接点であるとする。関数 $g(t)$ の増減を調べ,その極値を求めよ。

86

2012 年度 〔4〕   Level B

座標平面上の放物線 C を $y=x^2+1$ で定める。s,t は実数とし $t<0$ を満たすとする。点 (s,t) から放物線 C へ引いた接線を l_1,l_2 とする。

(1) l_1,l_2 の方程式を求めよ。

(2) a を正の実数とする。放物線 C と直線 l_1,l_2 で囲まれる領域の面積が a となる (s,t) を全て求めよ。

87

2011 年度 〔1〕   Level A

x の3次関数 $f(x)=ax^3+bx^2+cx+d$ が,3つの条件

$$f(1)=1,\quad f(-1)=-1,\quad \int_{-1}^{1}(bx^2+cx+d)\,dx=1$$

を全て満たしているとする。このような $f(x)$ の中で定積分

$$I=\int_{-1}^{\frac{1}{2}}\{f''(x)\}^2dx$$

を最小にするものを求め,そのときの I の値を求めよ。ただし,$f''(x)$ は $f'(x)$ の導関数を表す。

46

88 2010 年度 〔2〕 Level A

2 次関数 $f(x) = x^2 + ax + b$ に対して

$$f(x+1) = c\int_0^1 (3x^2 + 4xt)f'(t)\,dt$$

が x についての恒等式になるような定数 a, b, c の組をすべて求めよ。

89 2009 年度 〔4〕 Level B

2 次以下の整式 $f(x) = ax^2 + bx + c$ に対し

$$S = \int_0^2 |f'(x)|\,dx$$

を考える。

(1) $f(0) = 0$, $f(2) = 2$ のとき S を a の関数として表せ。

(2) $f(0) = 0$, $f(2) = 2$ をみたしながら f が変化するとき，S の最小値を求めよ。

90 2008 年度 〔1〕 Level A

$0 \leq \alpha \leq \beta$ をみたす実数 α, β と，2 次式 $f(x) = x^2 - (\alpha + \beta)x + \alpha\beta$ について，

$$\int_{-1}^1 f(x)\,dx = 1$$

が成立しているとする。このとき定積分

$$S = \int_0^\alpha f(x)\,dx$$

を α の式で表し，S がとりうる値の最大値を求めよ。

91 2007 年度 〔1〕 Level B

連立不等式

$$y(y - |x^2 - 5| + 4) \leq 0, \quad y + x^2 - 2x - 3 \leq 0$$

の表す領域を D とする。

(1) D を図示せよ。

(2) D の面積を求めよ。

92
2006 年度 〔4〕
Level A

θ は，$0° < \theta < 45°$ の範囲の角度を表す定数とする。$-1 \leqq x \leqq 1$ の範囲で，関数 $f(x) = |x+1|^3 + |x - \cos 2\theta|^3 + |x-1|^3$ が最小値をとるときの変数 x の値を，$\cos \theta$ で表せ。

93
2005 年度 〔1〕
Level A

$f(x)$ を $f(0) = 0$ をみたす 2 次関数とする。a, b を実数として，関数 $g(x)$ を次で与える。

$$g(x) = \begin{cases} ax & (x \leqq 0) \\ bx & (x > 0) \end{cases}$$

a, b をいろいろ変化させ

$$\int_{-1}^{0} \{f'(x) - g'(x)\}^2 dx + \int_{0}^{1} \{f'(x) - g'(x)\}^2 dx$$

が最小になるようにする。このとき

$$g(-1) = f(-1), \quad g(1) = f(1)$$

であることを示せ。

94
2004 年度 〔3〕（文理共通（一部））
Level B

関数 $f(x)$, $g(x)$, $h(x)$ を次で定める。

$$f(x) = x^3 - 3x$$
$$g(x) = \{f(x)\}^3 - 3f(x)$$
$$h(x) = \{g(x)\}^3 - 3g(x)$$

このとき，以下の問いに答えよ。

(1) a を実数とする。$f(x) = a$ をみたす実数 x の個数を求めよ。

(2) $g(x) = 0$ をみたす実数 x の個数を求めよ。

(3) $h(x) = 0$ をみたす実数 x の個数を求めよ。

48

48

95

2003 年度 〔1〕（文理共通(一部)） Level A

a, b, c を実数とし, $a \neq 0$ とする。

2 次関数 $f(x) = ax^2 + bx + c$ が次の条件(A), (B)を満たすとする。

(A) $f(-1) = -1$, $f(1) = 1$, $f'(1) \leq 6$

(B) $-1 \leq x \leq 1$ を満たすすべての x に対し,

$\qquad f(x) \leq 3x^2 - 1$

このとき, 積分 $I = \displaystyle\int_{-1}^{1} (f'(x))^2 dx$ の値のとりうる範囲を求めよ。

96

2002 年度 〔3〕 Level A

2つの関数

$\qquad f(x) = ax^3 + bx^2 + cx$

$\qquad g(x) = px^3 + qx^2 + rx$

が次の5つの条件を満たしているとする。

$\qquad f'(0) = g'(0)$, $f(-1) = -1$, $f'(-1) = 0$,

$\qquad g(1) = 3$, $g'(1) = 0$

ここで, $f(x)$, $g(x)$ の導関数をそれぞれ $f'(x)$, $g'(x)$ で表している。

このような関数のうちで, 定積分 $\displaystyle\int_{-1}^{0} \{f''(x)\}^2 dx + \int_{0}^{1} \{g''(x)\}^2 dx$ の値を最小にする

ような $f(x)$ と $g(x)$ を求めよ。

ただし, $f''(x)$, $g''(x)$ はそれぞれ $f'(x)$, $g'(x)$ の導関数を表す。

97 2001 年度 〔2〕 Level A

時刻 0 に原点を出発した 2 点 A，B が xy 平面上を動く。点 A の時刻 t での座標は $(t^2,\ 0)$ で与えられる。点 B は，最初は y 軸上を y 座標が増加する方向に一定の速さ 1 で動くが，点 C $(0,\ 3)$ に到達した後は，その点から x 軸に平行な直線上を x 座標が増加する方向に同じ速さ 1 で動く。

$t>0$ のとき，三角形 ABC の面積を $S(t)$ とおく。

(1) 関数 $S(t)$ $(t>0)$ のグラフの概形を描け。

(2) u を正の実数とするとき，$0<t\leqq u$ における $S(t)$ の最大値を $M(u)$ とおく。関数 $M(u)$ $(u>0)$ のグラフの概形を描け。

98 2000 年度 〔1〕 Level A

図のように底面の半径 1，上面の半径 $1-x$，高さ $4x$ の直円すい台 A と，底面の半径 $1-\dfrac{x}{2}$，上面の半径 $\dfrac{1}{2}$，高さ $1-x$ の直円すい台 B がある。ただし，$0\leqq x\leqq1$ である。A と B の体積の和を $V(x)$ とするとき，$V(x)$ の最大値を求めよ。

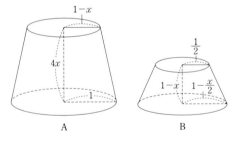

A   B

§8 複素数平面ほか

　この分野は，現在の東大文科入試では範囲外になる問題からなります。

　例えば，行列，1次変換，複素数平面，積分による体積計算などの分野がここに含まれます。

　すべての問題を収載するために参考資料としてまとめたものであり，分野分けやレベル付けは行っていません。

　なんらかの参考になれば幸いです。

99 2000年度 〔4〕（文理共通）

複素数平面上の原点以外の相異なる2点 P(α)，Q(β) を考える。P(α)，Q(β) を通る直線を l，原点から l に引いた垂線と l の交点を R(w) とする。ただし，複素数 γ が表す点Cを C(γ) とかく。このとき，「$w=\alpha\beta$ であるための必要十分条件は，P(α)，Q(β) が中心 A$\left(\dfrac{1}{2}\right)$，半径 $\dfrac{1}{2}$ の円周上にあることである。」を示せ。

100 1999年度 〔2〕

次の2つの条件(a)，(b)を同時に満たす複素数 z 全体の集合を複素数平面上に図示せよ。

(a)　$2z$，$\dfrac{2}{z}$ の実部はいずれも整数である。

(b)　$|z|\geqq 1$ である。

年度別出題リスト

MEMO

MEMO